剪映
短视频剪辑

从入门到精通

宣传短片＋电商视频＋产品广告＋活动庆典

龙飞 王静 编著

化学工业出版社
·北京·

内 容 简 介

本书从基础开始讲起，通过两个案例介绍了利用剪映进行短视频剪辑的全流程，然后通过10个热门案例，深入介绍商业性短视频的剪辑，让读者能边学边用，最后介绍AI短视频的3个生成方法。随书赠送71集同步教学视频、160个素材效果文件、130张PPT教学课件、12课电子教案。

本书内容从以下两条线展开。

一是技能线：讲解了在剪映软件中导入文件、添加转场、调色、制作动画、添加字幕、添加音频、添加特效、添加关键帧等视频剪辑技巧，帮助大家从入门到精通剪映操作。

二是案例线：详细讲解了企业宣传、品牌宣传、门店宣传、主图视频、详情视频、种草视频、产品广告、产品宣传、学校庆典、晚会记录和节日活动等主题效果的制作方法，帮助大家从新手快速成为实战高手。

需要特别说明的是，最后安排了一章案例，介绍了利用AI生成视频的3种方法：文本生成视频、图片生成视频和视频生成视频，让大家了解AI的强大功能。

本书结构清晰，案例丰富，适合对学习剪映软件感兴趣的读者，特别是制作宣传短片、电商视频、产品广告、活动庆典等效果的读者，还可以作为各大院校相关专业的学习教材使用。

图书在版编目（CIP）数据

剪映短视频剪辑从入门到精通 ： 宣传短片+电商视频+产品广告+活动庆典 / 龙飞， 王静编著. -- 北京 ： 化学工业出版社， 2024. 8. -- ISBN 978-7-122-45845-2

Ⅰ. TP317.53

中国国家版本馆CIP数据核字第2024VW8794号

责任编辑：吴思璇　李　辰　　封面设计：异一设计
责任校对：宋　玮　　装帧设计：盟诺文化

出版发行：化学工业出版社（北京市东城区青年湖南街13号　邮政编码100011）
印　　装：北京瑞禾彩色印刷有限公司
710mm×1000mm　1/16　印张13　字数261千字　2025年1月北京第1版第1次印刷

购书咨询：010-64518888　　售后服务：010-64518899
网　　址：http://www.cip.com.cn
凡购买本书，如有缺损质量问题，本社销售中心负责调换。

定　　价：88.00元

前 言

★ 写作起因

近年来，短视频行业越来越兴盛，平常一个简单的小视频可能只是为了记录生活，或者传递创作者的心情，但同时它也可能会得到广泛传播，甚至走红网络。此外，如今短视频的商业价值越来越高，所以短视频已经不只是人们记录生活的方式，更是商业变现的手段之一。

笔者曾编写出版“剪映短视频剪辑从入门到精通”系列图书，市场反响非常好，同时有很多读者表示，希望学习更具商业性的视频剪辑，以便获得收益。因此，笔者做了相关的市场调研，发现市场需求很大，而这类书籍在市场上又相对稀缺。

笔者在深入了解读者需求、收集大量资料之后，精选了人们在日常生活中使用频率较高的 10 类商业性视频，制作了相关的视频案例，编写了本书。

★ 本书内容

本书从宣传短片、电商视频、产品广告和活动庆典 4 个维度出发，一共为大家展示了 15 个视频，并且提供了 71 集视频教学资源，详细地讲解了每个短视频的剪辑制作。相信大家在学习之后，不仅能精通剪映电脑版的使用，还能掌握一定的商业剪辑思路，将所学运用到实际，自己创作出更加精美的短视频。

笔者考虑到部分读者可能是新手，对剪映电脑版并不熟悉，所以本书在第 1 章通过两个简单的案例，带大家熟悉剪映电脑版的剪辑界面，了解视频剪辑的全流程，先打好基础，再慢慢深入。如果学起来还是有点吃力，建议购买《剪映短视频剪辑从入门到精通：调色 + 特效 + 字幕 + 配音》这本比较基础的书来学习。

此外，AI 行业的迅猛发展，为短视频行业带来了一定的冲击，AI 短视频也将成为短视频制作中的一个重要分支。为帮助读者学习了解最新技术，笔者在最后特意增加了一章内容来介绍 AI 短视频的生成方法，这样不仅可以帮助大家学习最先进的潮流技术，还可以提高视频剪辑的效率。

★ 本书特色

本书的具体特色有以下 3 点。

① 全案例实战。

从入门掌握剪映软件的基础操作，到视频剪辑的全流程，再到 10 大热门案例的制作，最后利用 AI 生成视频，都是通过案例实战来讲解的，让读者在实操中成为高手。

② 全视频教学。

笔者为书中所有案例都录制了同步教学视频，一共 71 集，大家扫码就可以观看视频，高效、轻松学习。

③ 全自动生成。

本书最后一章介绍了利用 AI 自动生成视频的 3 种方法——文生视频、图生视频和视频生成视频，是国内目前剪映书中首次、原创讲解。

★ 温馨提示

在编写本书时，是基于当前各软件所截的实际操作图片，但书从编辑到出版需要一段时间，在这段时间里，软件界面与功能可能会有调整与变化，比如有的内容删除了，有的内容增加了，这是软件开发商所做的软件更新，请在阅读时，根据书中的思路，举一反三，进行学习。本书使用的剪映电脑版为 4.3.0 版，使用的 ChatGPT 为 3.5 版，使用的 Midjourney 为 Niji Model V5 版。最后再提醒大家，即使是相同的关键词，AI 模型每次生成的文案、图片或视频内容也会有差别。

★ 作者售后

本书由龙飞与济南市教育招生考试院的王静编著，参与本书编写的人员还有周腾，提供视频素材和拍摄帮助的人员还有邓陆英、李玲、向小红、杨菲、巧慧等人，在此表示感谢。由于作者知识水平有限，书中难免有疏漏之处，恳请广大读者批评、指正，联系微信：2633228153。

编　者

目　录

第 1 章　剪映：短视频剪辑全流程

在剪映电脑版中制作视频非常方便，因为界面比手机版大，用户可以导入很多素材进行加工，剪映电脑版比剪映手机版更加专业。本章将从具体案例《欢迎来到健身房》和《实景探房》两个视频的制作入手，帮助大家了解在剪映电脑版中制作视频的流程，帮大家轻松上手剪映电脑版。

1.1 《欢迎来到健身房》后期剪辑全流程

视频《欢迎来到健身房》由 10 段视频素材组成，本节将通过展示成品视频的制作流程带大家认识剪映电脑版的操作界面，熟悉如何在剪映电脑版中制作出精美的视频。图 1-1 所示为视频《欢迎来到健身房》的效果展示图。

图 1-1　视频《欢迎来到健身房》效果展示图

1.1.1 认识剪映工作界面

用户在电脑上安装好剪映后，需要先对软件的工作界面进行全面的认识，这样才能在剪辑时快速又准确地找到需要的功能。在电脑桌面上双击剪映图标，打开剪映软件，即可进入剪映首页，如图 1-2 所示。

在剪映首页，可以单击左上角的“点击登录账户”按钮，登录抖音账号，从而获取用户在抖音上的公开信息（头像、昵称等）和在抖音内收藏的音乐；也可以单击“模板”“我的云空间”“热门活动”按钮，切换至对应的面板。

在首页的右侧单击“开始创作”按钮，则可以进入视频剪辑界面；也可以单击“创作脚本”“一起拍”“图文成片”按钮，编写视频脚本、套用视频模板或者制作图文视频；还可以在“草稿”面板中查看和管理创建的草稿文件。

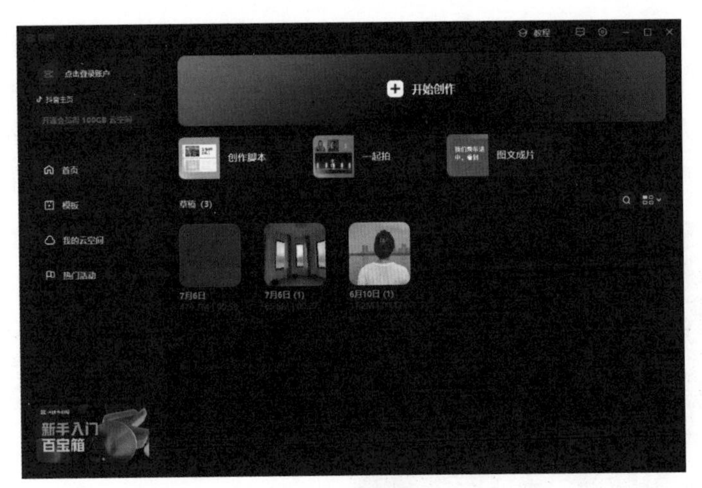

图 1-2　剪映首页

在剪映首页单击“开始创作”按钮或者选择一个草稿文件，即可进入视频剪辑界面，其界面组成如图 1-3 所示。

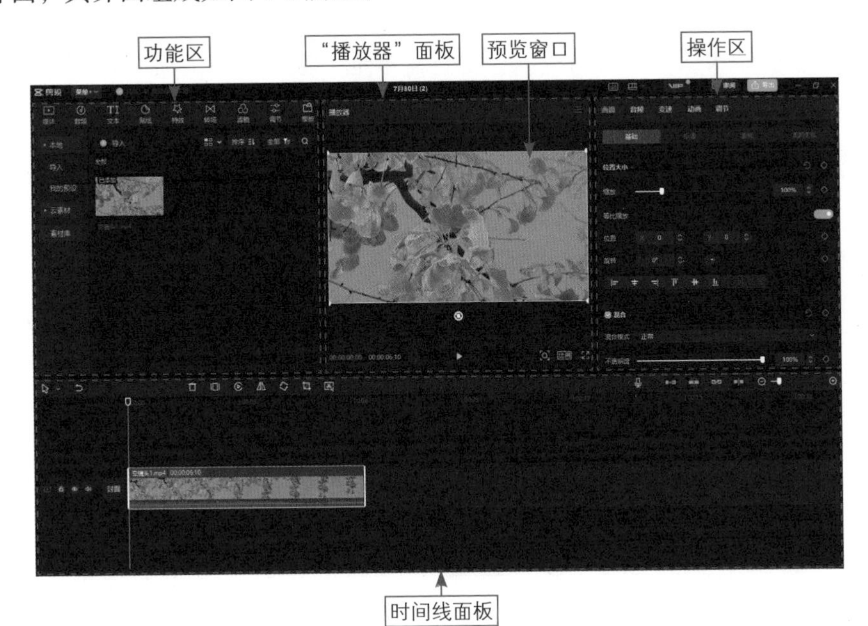

图 1-3　视频剪辑界面

1.1.2　导入视频素材

扫码看教程

想要创作视频，首先需要将视频或者图片素材导入剪映之中。下面就为大家介绍导入视频素材的操作方法。

步骤 01 进入剪辑界面，在“媒体”功能区单击“导入”按钮，如图 1-4 所示。

步骤 02 在视频素材所在的文件夹中，❶按【Ctrl+A】组合键全选文件夹中的所有视频素材；❷单击“打开”按钮，如图 1-5 所示，把素材全部导入剪映的“本地”选项卡中。

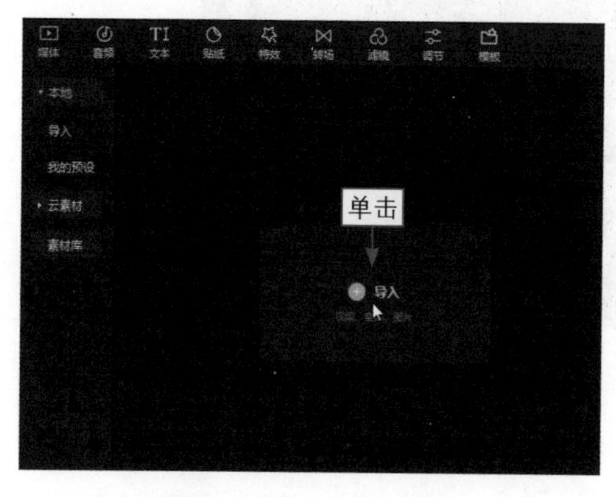

图 1-4 单击“导入”按钮

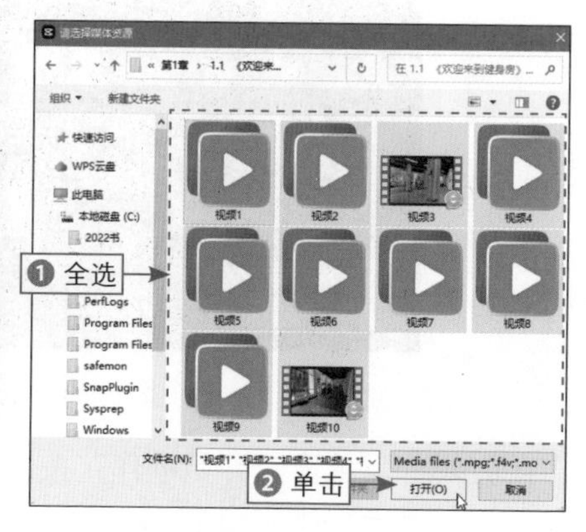

图 1-5 单击“打开”按钮

步骤 03 导入视频素材后，默认全选“本地”选项卡中的所有视频素材，单击“视频 1”素材右下角的“添加到轨道”按钮，如图 1-6 所示，即可把视频素材全部添加到视频轨道中。

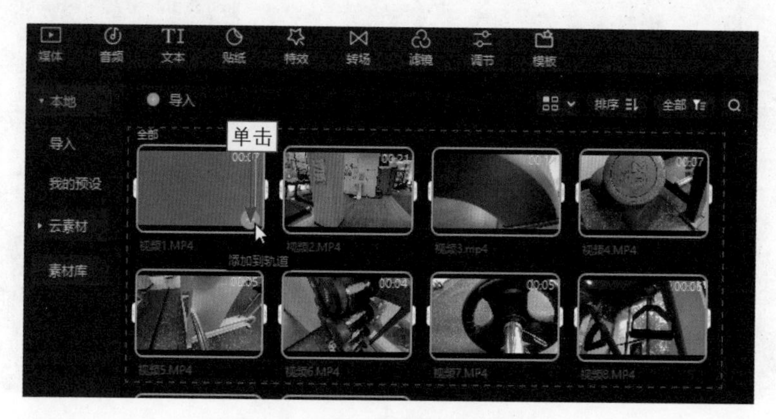

图 1-6 单击“添加到轨道”按钮

★ 专家提醒 ★

当同时导入多个素材时，剪映会默认全选导入的素材，单击任意素材的“添加到轨道”按钮，会将所有素材添加到轨道中。用户若不想将所有素材一次性添加到轨道，可以单击空白处，取消全选。若想一次添加多个素材，可以按住【Ctrl】键，依次选择需要添加的素材，再单击“添加到轨道”按钮。

1.1.3　调整素材的顺序

扫码看教程

将视频素材添加到视频轨道中之后，可以对素材的顺序进行一定的调整，让视频的衔接看上去更加自然、合理。

下面介绍在剪映中调整素材顺序的具体操作步骤。

确定好需要调整位置的视频素材（本次案例展示中需要调整位置的素材是第5段视频素材），❶ 拖曳“视频5”素材；❷ 将其拖曳至“视频6”素材后面的位置，释放鼠标左键，如图1-7所示，即可成功调整素材位置。

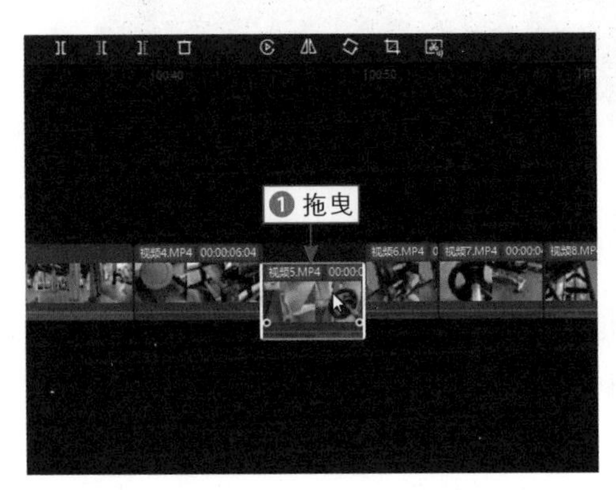

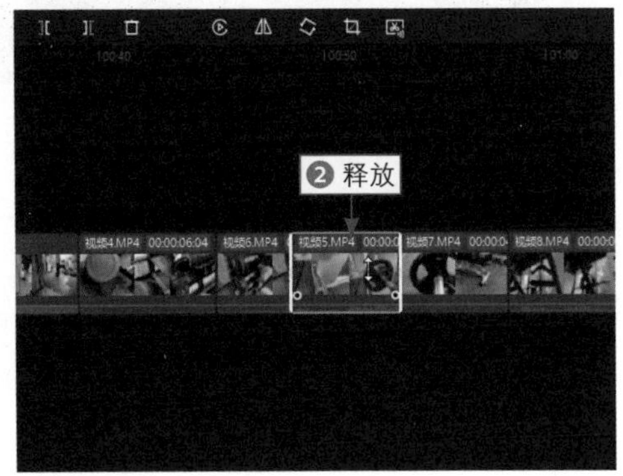

图1-7　释放鼠标左键

★ 专家提醒 ★

“拖曳”是剪映中非常实用、方便的一种操作方法，不止可以调整素材的顺序，用户用拖曳的方式还可以把素材添加到轨道中，并且可以通过拖曳添加滤镜、特效等，大部分需要单击“添加到轨道”按钮实现的操作，同样可以通过拖曳的方式实现。

1.1.4　删除多余的素材

扫码看教程

在拍摄视频素材时，为了给后期剪辑留有更大的处理空间，有时会将素材拍得长一点，或者在剪辑时觉得素材中有不需要的部分，这时就可以对多余的素材进行删减。在该案例展示中，需要对“视频3”素材进行一定的删减。

下面介绍在剪映中删除多余素材的具体操作方法。

❶ 拖曳时间轴至00:00:32:19的位置；❷ 选择“视频3”素材；❸ 单击“分割”按钮；❹ 默认选择分割后的第2段素材，单击“删除”按钮，如图1-8所示，即可将多余的素材删除。

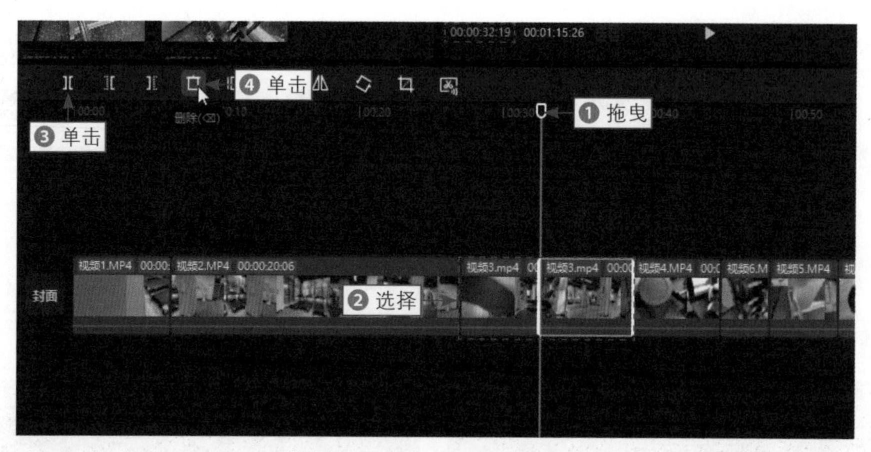

图 1-8　单击“删除”按钮

1.1.5　为素材设置变速

扫码看教程

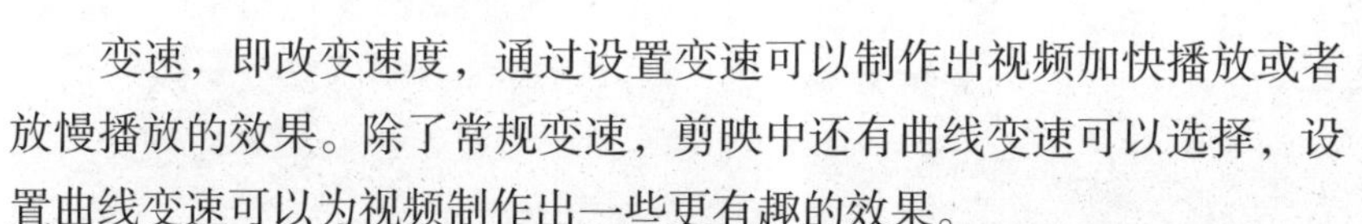

变速，即改变速度，通过设置变速可以制作出视频加快播放或者放慢播放的效果。除了常规变速，剪映中还有曲线变速可以选择，设置曲线变速可以为视频制作出一些更有趣的效果。

下面介绍在剪映中为视频素材设置变速的具体操作方法。

步骤 01 ❶ 选择“视频 2”素材；❷ 切换至“变速”操作区；❸ 在“常规变速”选项卡中，设置“倍数”参数为 2.0x，如图 1-9 所示，即可将该段素材的播放速度变成原本的两倍。用同样的方法，设置“视频 10”素材的“常规变速”的“倍数”参数为 2.0x。

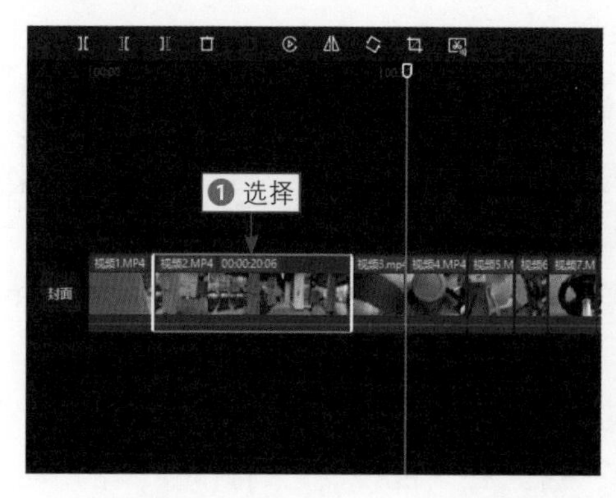

图 1-9　设置“倍数”参数

步骤 02 ❶ 选择“视频 8”素材；❷ 在“变速”操作区中，展开“曲线变速”选项卡，如图 1-10 所示。

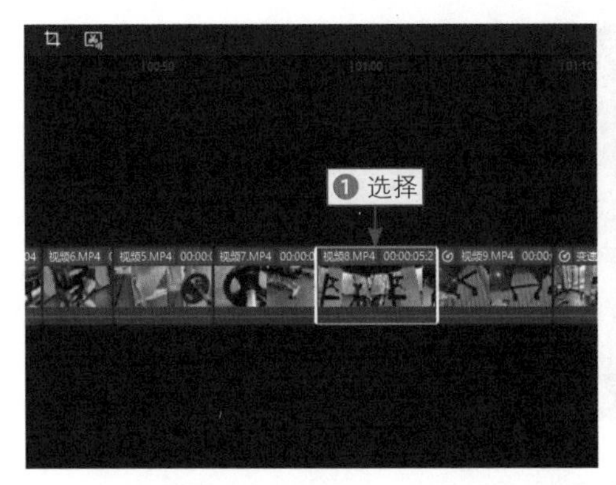

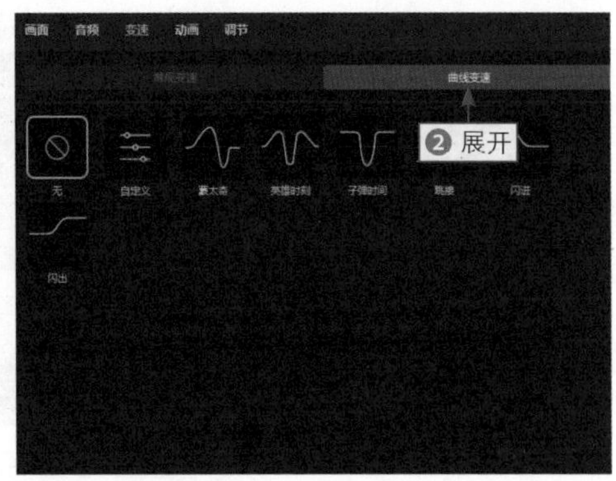

图 1-10　展开“曲线变速”选项卡

步骤 03 ❶ 选择“蒙太奇”变速效果；❷ 选中“智能补帧”复选框，如图 1-11 所示，执行操作后，即可应用该变速效果，并生成顺滑的慢动作。用同样的方法，为“视频 9”素材设置“蒙太奇”变速效果。

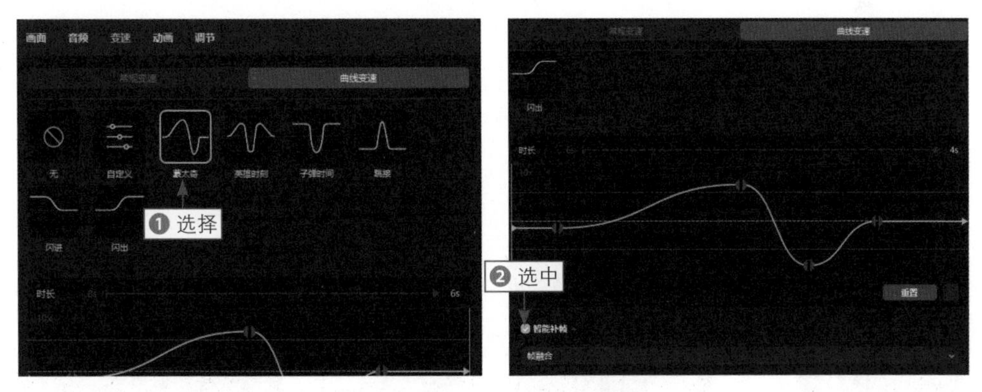

图 1-11　选中“智能补帧”复选框

1.1.6　为素材设置倒放

扫码看教程

倒放，顾名思义就是让视频倒着播放。在剪辑视频时，可能会发现有些素材倒放比正着放更合适，与前后素材的衔接度会更高，或者需要利用倒放制造一种时间倒流的效果。在该案例展示中，需要对“视频 9”和“视频 10”两段素材设置倒放。

下面介绍在剪映中为视频素材设置倒放的具体操作方法。

❶ 选择“视频 9”素材；❷ 单击“倒放”按钮，如图 1-12 所示，执行操作后，等待倒放完成即可。为“视频 9”设置倒放之后，“视频 9”和“视频 8”便形成了反方向运镜效果。用同样的操作方法，为“视频 10”素材设置倒放。

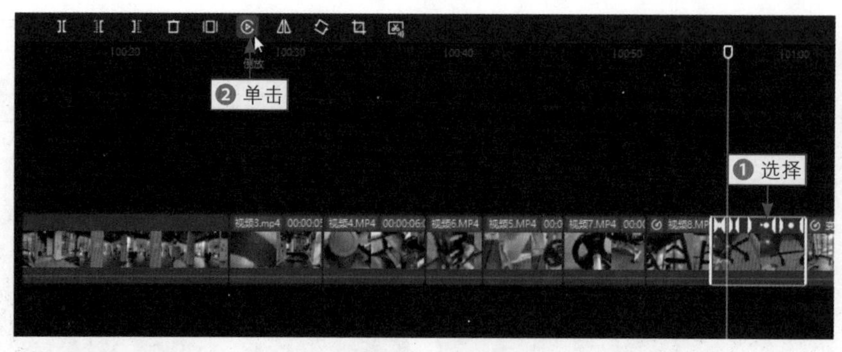

图 1-12　单击“倒放”按钮

1.1.7　添加片头片尾

扫码看教程

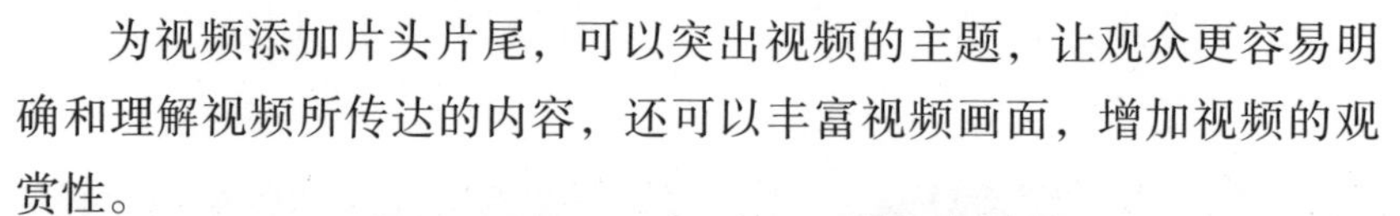
为视频添加片头片尾，可以突出视频的主题，让观众更容易明确和理解视频所传达的内容，还可以丰富视频画面，增加视频的观赏性。

下面介绍在剪映中为视频添加片头片尾的操作方法。

步骤 01 拖曳时间轴至视频起始位置，❶ 在功能区中，单击“文本”按钮；❷ 单击“默认文本”右下角的“添加到轨道”按钮；❸ 调整文字素材时长，使其结束位置和“视频 1”素材的结束位置对齐，如图 1-13 所示。

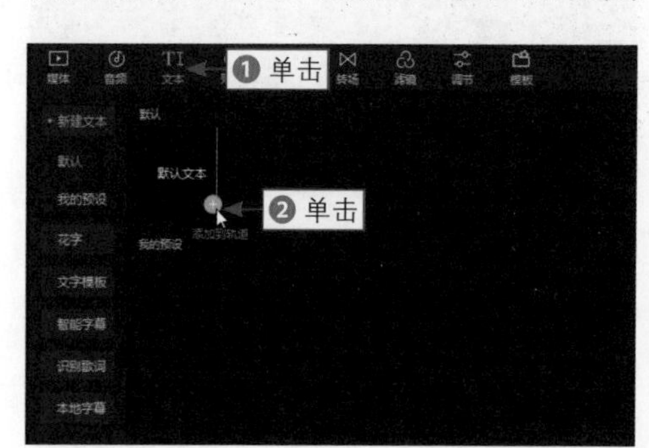

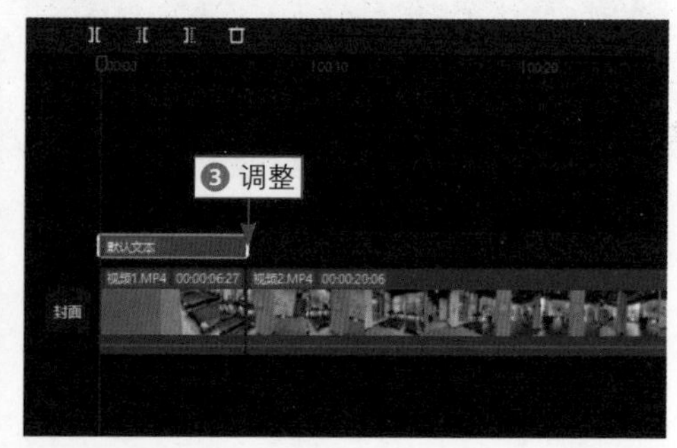

图 1-13　调整文字素材时长

步骤 02 ❶ 在“文本”操作区中，修改文字内容；❷ 选择一个合适的字体；❸ 展开“花字”选项卡；❹ 选择一个合适的花字效果，如图 1-14 所示，即可为文字素材设置相应的字体效果。

步骤 03 ❶ 切换至“动画”操作区；❷ 在“入场”选项卡中选择“逐字旋转”动画效果；❸ 设置“动画时长”参数为 1.0s；❹ 在“出场”选项卡中选择“逐字旋转”动画效果；❺ 设置“动画时长”参数为 1.0s，如图 1-15 所示，即成功为文字添加入场和出场动画效果。

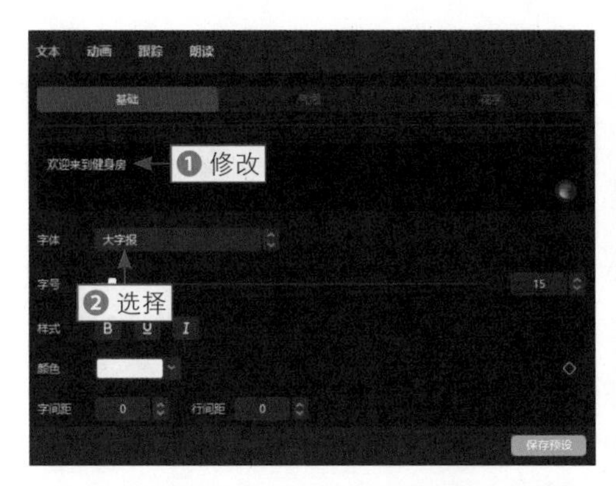

图 1-14　选择一个合适的花字效果

图 1-15　设置“动画时长”参数（1）

步骤 04 ❶ 在“循环”选项卡中选择“钟摆”动画效果；❷ 设置“动画快慢”参数为 4.0s，如图 1-16 所示，让文字摆动速度放慢一点。

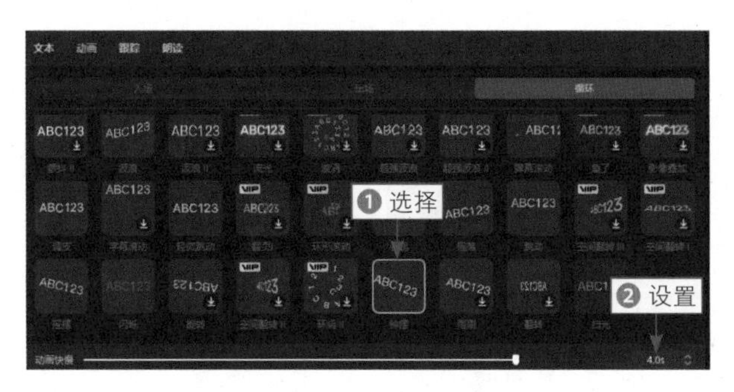

图 1-16　设置“动画快慢”参数

步骤 05 ❶ 按【Ctrl+C】组合键复制文字素材；❷ 拖曳时间轴至“视频 10”素材的起始位置；❸ 按【Ctrl+V】组合键粘贴文字素材，如图 1-17 所示，即可将文字内容和动画效果全部复制过来。

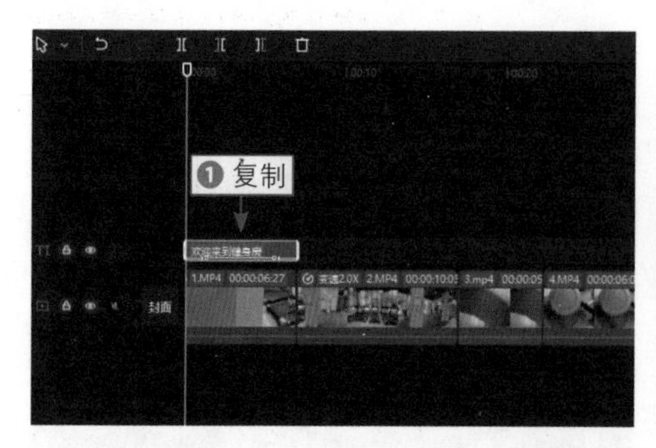

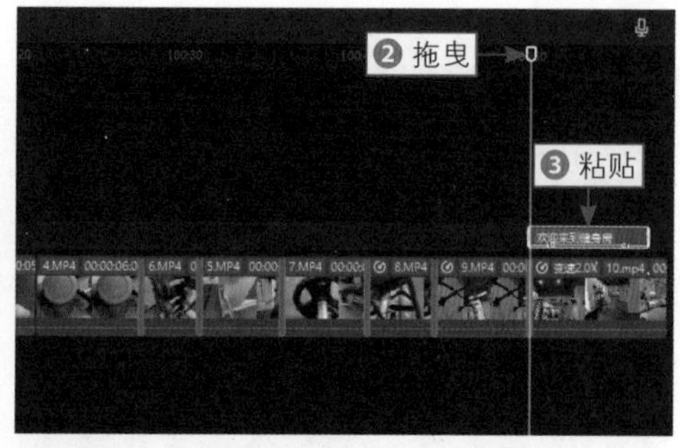

图 1-17　粘贴文字素材

步骤 06 ❶在操作区中修改文字内容；❷在“动画”操作区中，设置“逐字旋转”入场动画的“动画时长”参数为4.0s，如图1-18所示。

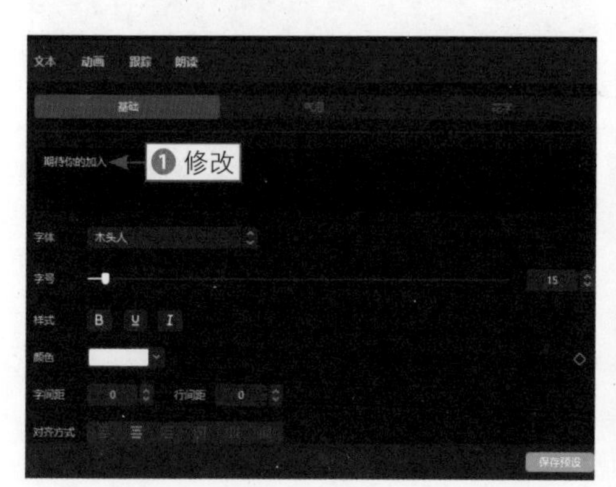

图 1-18　设置“动画时长”参数（2）

步骤 07 依次在“出场”和“循环”选项卡中选择禁用图标⊘，将文字素材的“出场”和“循环”动画取消，如图 1-19 所示。

图 1-19　选择禁用图标

步骤 08 调整文字素材的时长为 6s 左右，并使其结束位置和视频素材结束位置对齐，如图 1-20 所示，即可成功添加片尾。

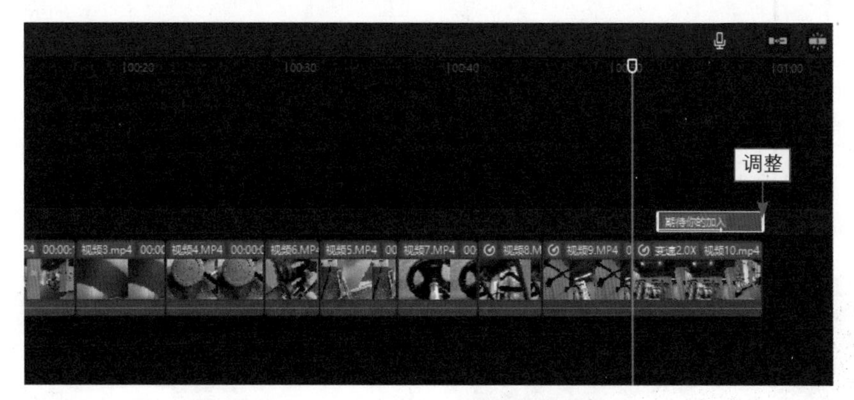

图 1-20　调整文字素材的时长和位置

1.1.8　添加转场效果

扫码看教程

转场即素材与素材之间的过渡或者转换，为视频素材添加相应的转场效果，能够让素材与素材之间的衔接与转换更加自然。

下面介绍在剪映中为视频添加转场的操作方法。

拖曳时间轴至视频起始位置，❶ 在功能区中单击“转场”按钮；❷ 展开“运镜”选项卡；❸ 单击“推近”效果右下角的“添加到轨道”按钮；❹ 在操作区中单击“应用全部”按钮，如图 1-21 所示，将转场效果应用到所有素材之间。

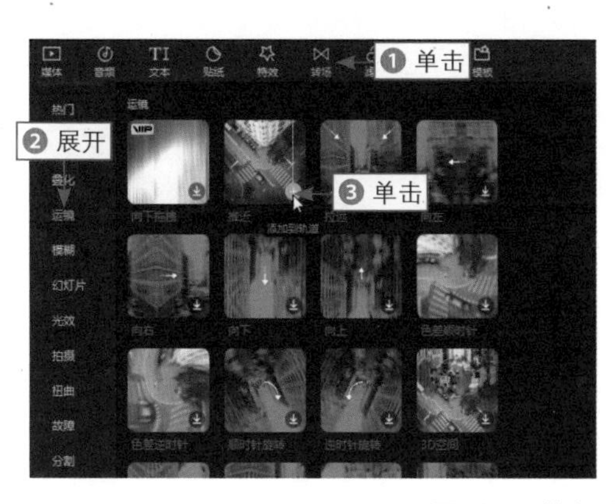

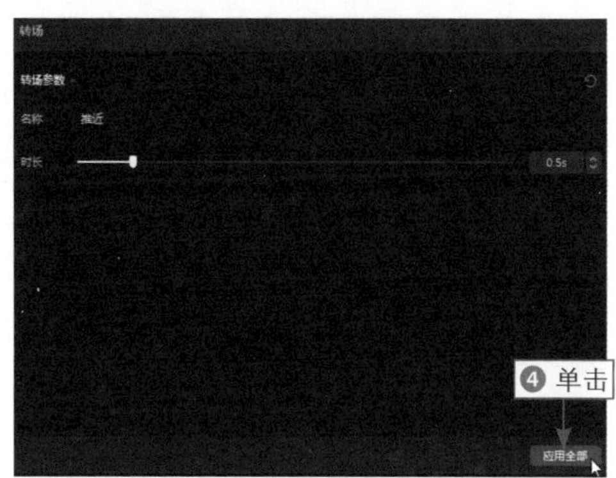

图 1-21　单击“应用全部”按钮

★ 专家提醒 ★

剪映中的转场分为很多不同的类型，用户可以根据自己想要制作的视频效果，选择不同的转场类型，在每个素材之间都可以添加不同的转场效果。

1.1.9 添加背景音乐

扫码看教程

剪映中有非常丰富的背景音乐曲库，而且还有十分细致的分类，用户可以根据自己的视频内容或主题来快速选择合适的背景音乐。

下面介绍在剪映中为短视频添加背景音乐的操作方法。

步骤 01 ❶ 单击视频轨道左侧的“关闭原声”按钮，关闭视频素材的原声；❷ 在功能区中单击“音频”按钮；❸ 单击“音乐素材”按钮，如图 1-22 所示，展开音乐类型选项卡。

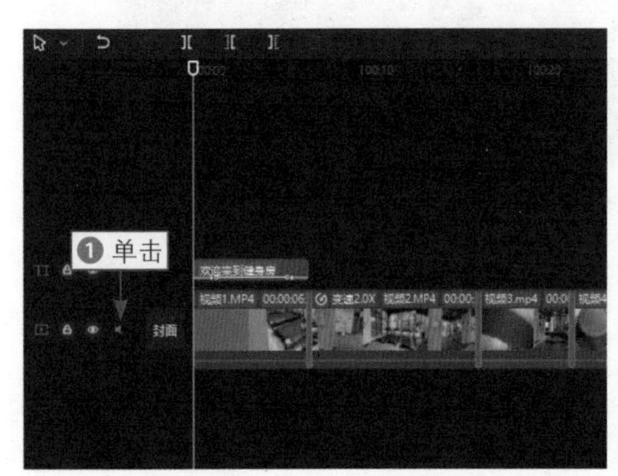

图 1-22 单击“音乐素材”按钮

步骤 02 ❶ 展开“运动”选项卡；❷ 在其中选择一个合适的背景音乐，单击“添加到轨道”按钮；❸ 调整音乐素材的时长，使其结束位置和视频结束位置对齐，如图 1-23 所示，即可成功为视频添加背景音乐。

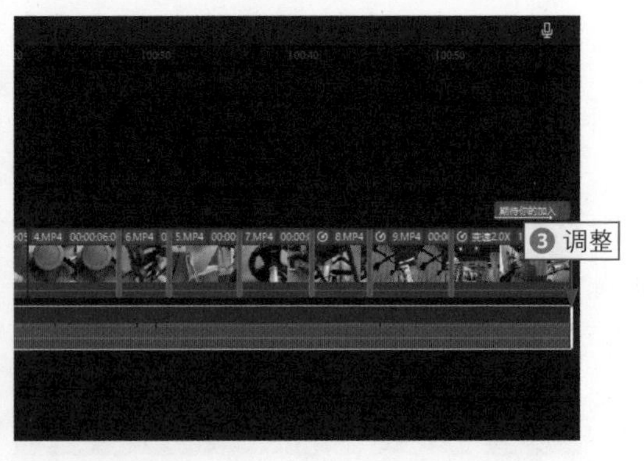

图 1-23 调整音乐素材的时长

步骤 03 ❶ 单击操作区上方的“导出”按钮；❷ 在弹出的面板中根据需要修改视频标题，为视频设置相应的参数；❸ 单击“导出”按钮，如图 1-24 所示，执行操作后即可导出视频文件。

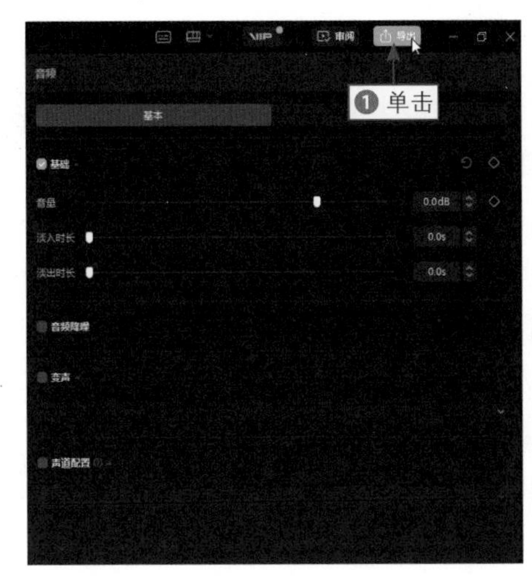

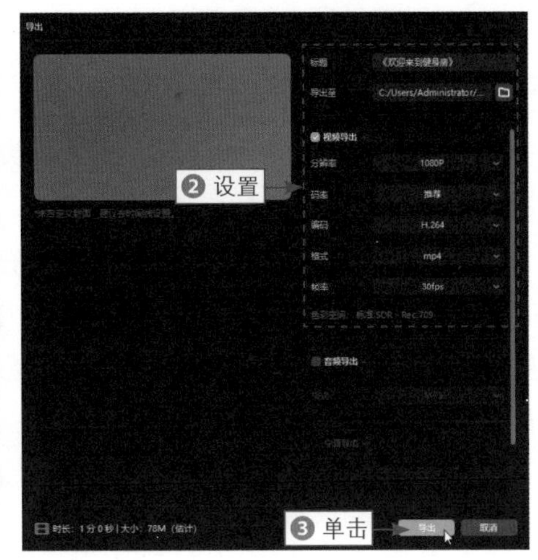

图 1-24　单击“导出”按钮

1.2　《实景探房》后期剪辑全流程

在 1.1 节已经通过一个视频的剪辑，带大家认识了在剪映中剪辑视频的一些基本操作，本节将通过案例《实景探房》进一步讲解视频剪辑的流程。

视频《实景探房》由 9 段视频素材组成，本节将通过这个视频来讲解添加滤镜、设置动画、添加特效、添加片头片尾、添加音效和设置淡化效果的操作方法。

图 1-25 所示为视频《实景探房》的效果展示图。

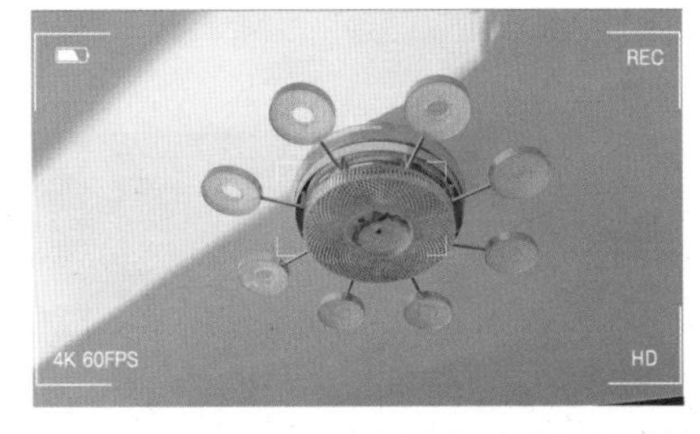

图 1-25　视频《实景探房》效果展示图

1.2.1 为视频添加滤镜

扫码看教程

剪映滤镜库中的滤镜素材十分丰富，而且滤镜类型丰富多样，用户可以根据视频的风格类型选择不同种类的滤镜，从而精准地给视频添加滤镜。

下面介绍在剪映中为短视频添加滤镜的操作方法。

步骤 01 ❶ 将视频素材导入剪映，并按顺序添加到轨道之中；❷ 在功能区单击“滤镜”按钮；❸ 展开“室内”选项卡；❹ 选择“梦境”滤镜，单击“添加到轨道”按钮，如图 1-26 所示，将滤镜效果添加至视频轨道中。

步骤 02 拖曳“梦境”滤镜素材右侧的白色拉杆，调整滤镜素材的时长，使其结束位置和视频素材的结束位置对齐，如图 1-27 所示，将该滤镜效果应用到所有视频素材中。

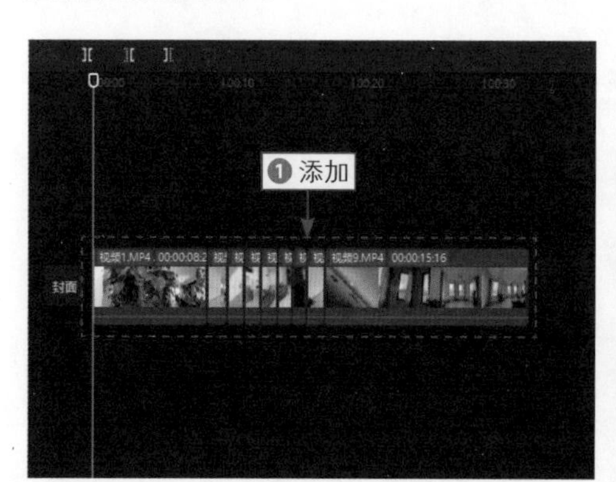

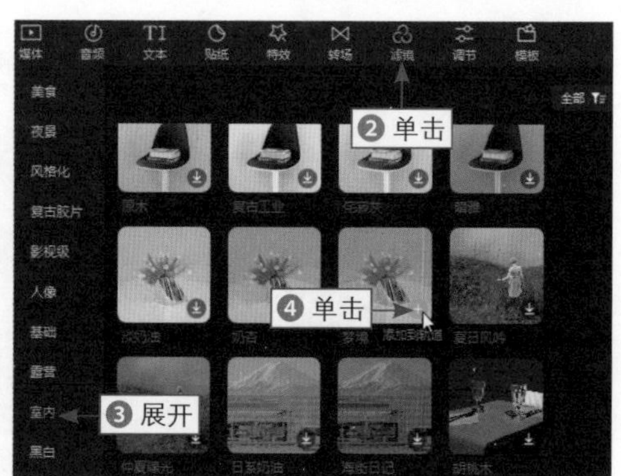

图 1-26　单击“添加到轨道”按钮

图 1-27　拖曳白色拉杆

1.2.2　为视频设置动画

扫码看教程

在剪映软件中可以为视频设置一定的动画效果，可以让视频呈现出更别致的效果。例如，在视频开头和结尾分别设置入场动画和出场动画效果，可以让视频的开始和结束更加自然，给人一种有始有终的感觉。

下面介绍在剪映中为短视频设置动画的操作方法。

步骤 01 ❶ 选择“视频 1”素材；❷ 在操作区中单击“动画”按钮；❸ 在“入场”选项卡中选择“折叠开幕”动画效果；❹ 设置“动画时长”参数为 1.0s，如图 1-28 所示，即可为视频添加入场动画。

步骤 02 ❶ 选择“视频 9”素材；❷ 在“动画”操作区中展开“出场”选项卡；❸ 选择“折叠闭幕”动画效果；❹ 设置“动画时长”参数为 1.0s，如图 1-29 所示，即可为视频成功设置出场动画效果。

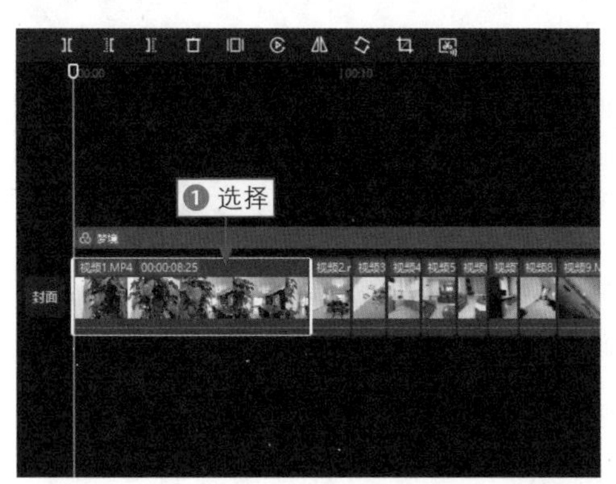

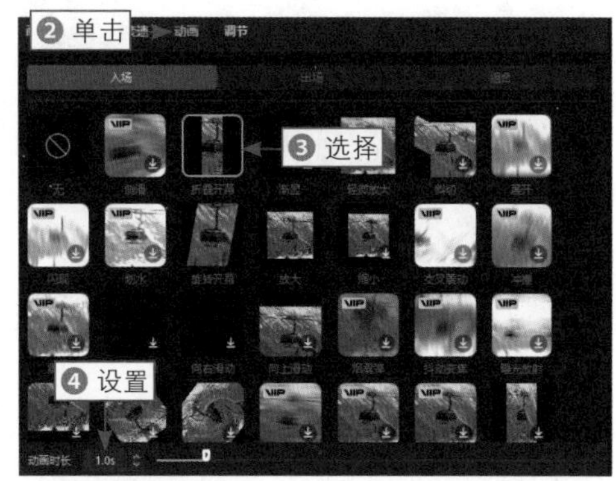

图 1-28　设置“动画时长”参数（1）

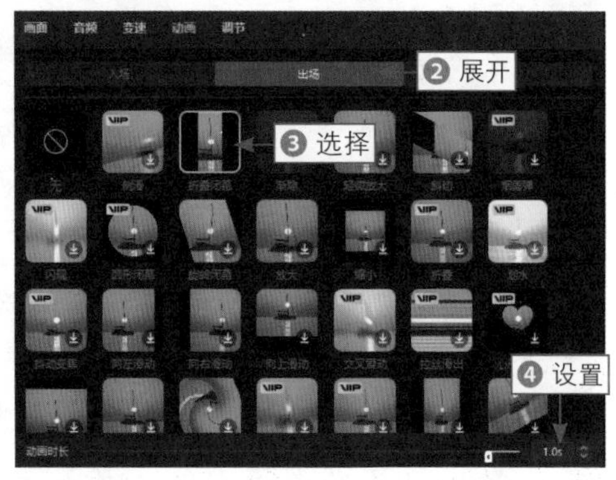

图 1-29　设置“动画时长”参数（2）

1.2.3 为视频添加特效

扫码看教程

特效，即特殊的效果，添加合适的特效可以增强视频的感染力，丰富视频的画面。剪映中有非常丰富的特效可以选择，分为画面特效和人物特效两类，用户可以根据需要自行选择。

下面介绍在剪映中为短视频添加特效的操作方法。

步骤 01 拖曳时间轴至视频起始位置，❶ 在功能区中，单击“特效”按钮；❷ 单击“画面特效”按钮；❸ 展开“边框”选项卡；❹ 选择“录制边框Ⅲ”特效，单击“添加到轨道”按钮，如图 1-30 所示，将该特效添加到轨道之中。

图 1-30 单击“添加到轨道”按钮

步骤 02 拖曳特效素材右侧的白色拉杆，调整特效素材的时长，使其结束位置和视频素材的结束位置对齐，如图 1-31 所示，将该特效应用到整个视频之中。

图 1-31 调整特效素材时长

1.2.4　添加片头片尾

添加片头片尾的操作方法，在 1.1.7 一节中已经介绍过，但本节会在之前的基础上，增加一些新的内容进行讲解。

下面介绍在剪映中为视频添加片头片尾的操作方法。

步骤 01 ❶ 从“文本”功能区添加一个“默认文本”到轨道；❷ 在操作面板中修改文字内容；❸ 选择一个合适的字体；❹ 设置“字间距”参数为 1，如图 1-32 所示，将文字之间的间距拉开一点，看上去更美观。

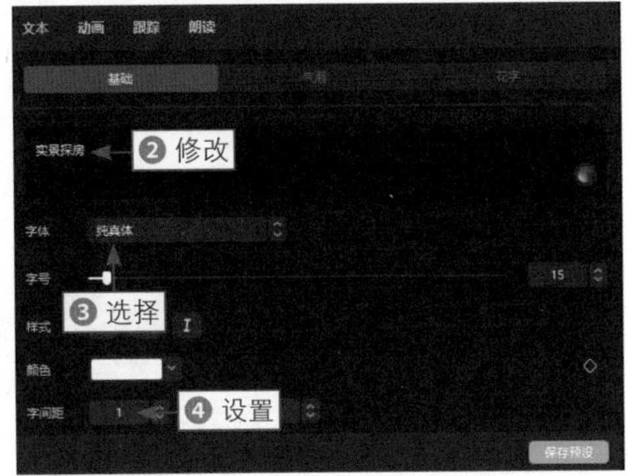

图 1-32　设置“字间距”参数

步骤 02 ❶ 展开“花字”选项卡；❷ 选择一个合适的花字效果，如图 1-33 所示，即可改变文字素材的字体效果。

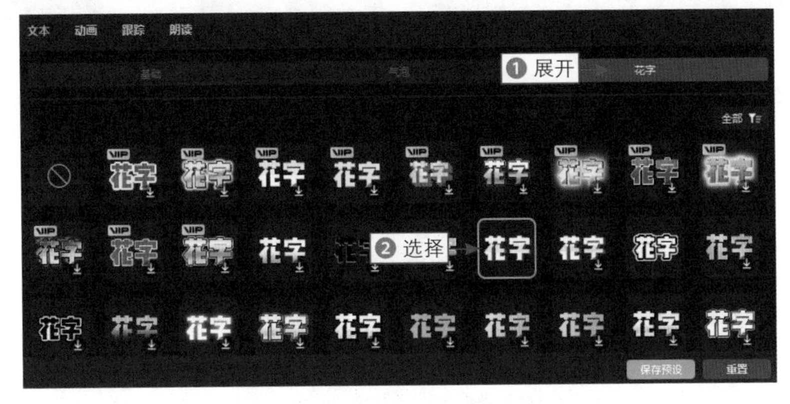

图 1-33　选择一个合适的花字效果

步骤 03 ❶ 切换至“动画”操作区；❷ 在“入场”选项卡中选择“向上露出”动画效果；❸ 在“出场”选项卡中选择“右下擦除”动画效果，如图 1-34 所示，成功为片头文字素材设置相应的动画效果。

图 1-34　选择“右下擦除”动画效果

步骤 04 ❶ 拖曳时间轴至视频的结束位置；❷ 在“媒体”功能区中展开“素材库”选项卡，如图 1-35 所示。

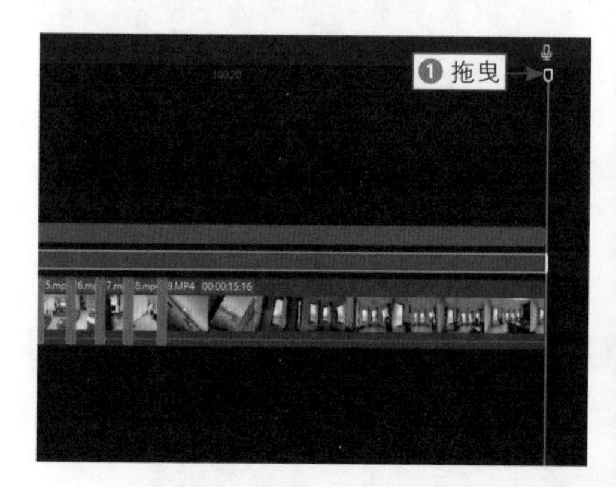

图 1-35　展开“素材库”选项卡

步骤 05 在“片尾”选项卡中，选择一个合适的片尾素材，单击“添加到轨道”按钮，如图 1-36 所示，即可为视频成功添加片尾。

图 1-36　单击“添加到轨道”按钮

1.2.5　添加音效

剪映中提供了很多有趣的音效，用户可以根据短视频的情境来添加相应的音效，从而让视频画面更有感染力。

下面介绍在剪映中为视频添加音效的操作方法。

步骤01 ❶ 拖曳时间轴至00:00:35:02的位置；❷ 在“音频”功能区中单击“音效素材”按钮，如图1-37所示，即可在“音效素材”选项卡中选择或者搜索相应的音效效果。

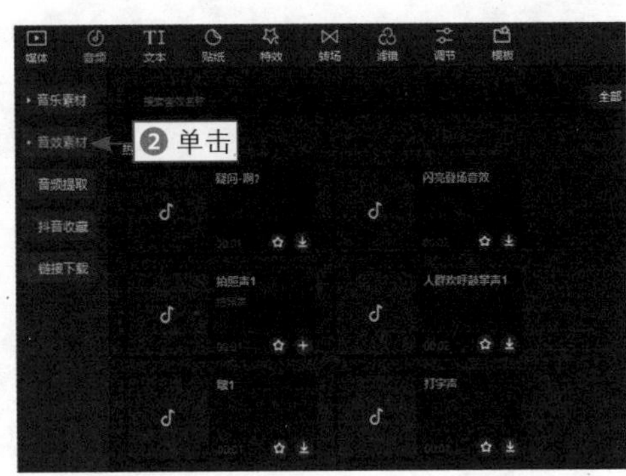

图1-37　单击“音效素材”按钮

步骤02 ❶ 在搜索框中搜索“点击”；❷ 选择“系统叮正确按钮点击开关”音效，单击“添加到轨道”按钮，如图1-38所示，即可成功添加音效效果。

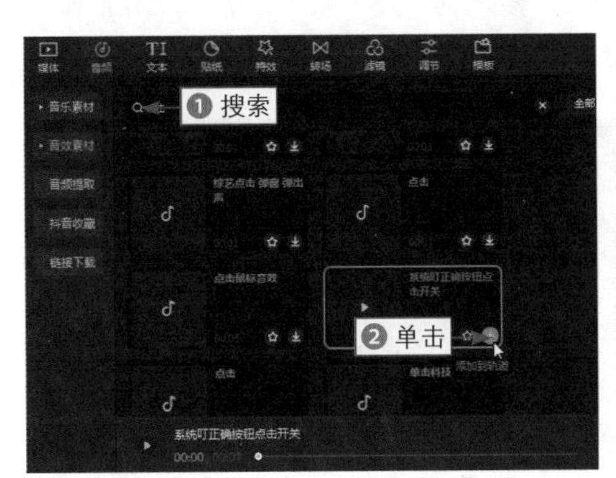

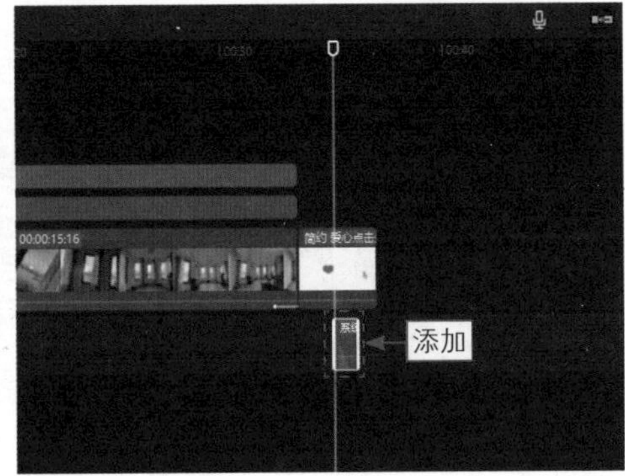

图1-38　单击“添加到轨道”按钮

1.2.6　设置淡化效果

在剪映中可以为音乐设置淡化效果，剪映中的“淡化”功能包括“淡入”和“淡出”两个选项。“淡入”是指背景音乐开始响起的时候，

声音会缓缓变大；“淡出”则是指背景音乐即将结束的时候，声音会渐渐消失。设置音频淡化效果后，可以让短视频的背景音乐在起始和结束时不那么突兀，让音乐更加悦耳。

下面介绍在剪映中设置淡化效果的操作方法。

步骤 01 ❶ 关闭视频素材的原声；❷ 从“音频”功能区中，为视频添加一段合适的背景音乐，如图 1-39 所示。

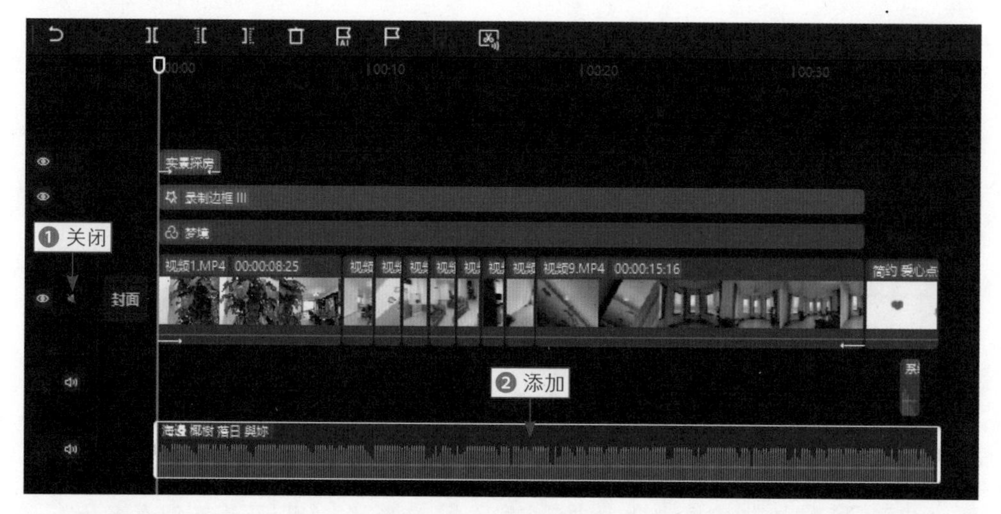

图 1-39 添加背景音乐

步骤 02 ❶ 在操作区中设置“淡入时长”参数为 2.0s；❷ 设置“淡出时长”参数为 4.0s，如图 1-40 所示，即可成功为音乐设置淡化效果。

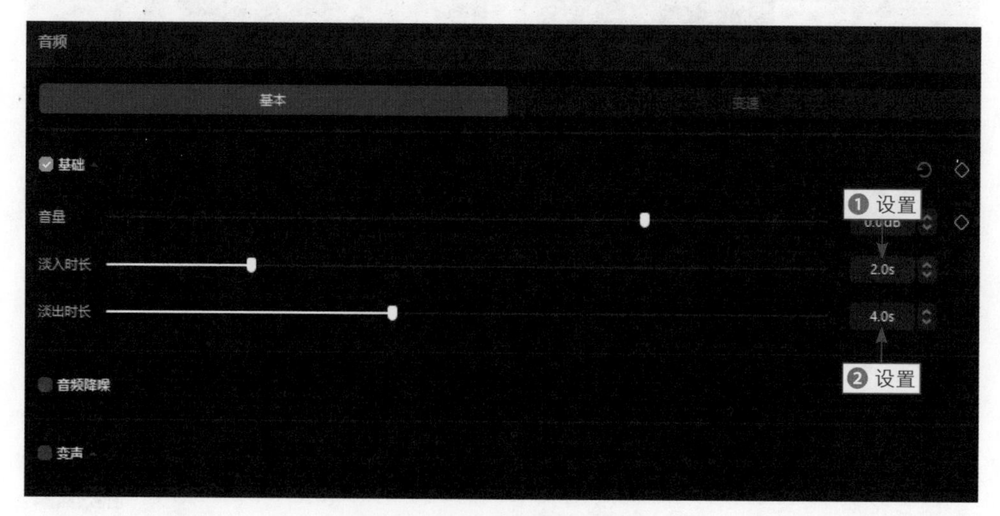

图 1-40 设置“淡出时长”参数

第 2 章 企业宣传：《拾光写真馆》

随着视频传媒的发展，各类商业宣传短片也开始频繁出现在各大荧幕中，一个好的宣传视频，能让人记忆深刻，回味无穷。本章将以企业宣传视频《拾光写真馆》为例，介绍在剪映中制作企业宣传短片的方法，该短片既是企业宣传视频，同时也能起到一定的广告效用。

2.1 欣赏视频效果

企业宣传视频要根据企业的具体性质、宣传需求来制作。本章为大家展示的案例，是一个写真馆的宣传视频，这就需要突出该写真馆的特色、竞争亮点，让观众看到之后会愿意选择来到该写真馆拍摄写真照片。

本节将先为大家展示视频效果，并简单介绍在剪映中将会用到的一些操作。

2.1.1 效果赏析

视频《拾光写真馆》由 9 段视频素材和 4 张图片素材组成，该视频很好地展示了如何将图片和视频巧妙地融合在一起。

图 2-1 所示为企业宣传视频《拾光写真馆》效果展示。

图 2-1　企业宣传视频《拾光写真馆》效果展示

2.1.2　技术提炼

制作该宣传视频主要在剪映中运用了添加滤镜、设置背景效果、添加字幕、添加关键帧，以及制作画中画素材并为其添加蒙版这几个操作。

添加滤镜可以美化视频画面，调节画面色彩。

图 2-2 所示是为视频《拾光写真馆》添加滤镜前后效果对比，可以明显看出，添加了滤镜的画面变得更加明亮鲜艳，视觉体验感更好。

图 2-2　为视频《拾光写真馆》添加滤镜前后效果对比

设置统一的背景效果，可以增强画面的协调度。在该视频中主要是为图片素材设置模糊的背景效果，该视频中所使用的图片是竖幅图片，而视频画面是横幅，所以可以通过为图片设置背景这一操作，在不用改变图片比例、画布比例的前提下将画面填满。

图 2-3 所示为视频《拾光写真馆》模糊背景的效果展示。

图 2-3　视频《拾光写真馆》模糊背景效果展示

字幕在该视频中主要是配合画面进行解说，以突出宣传的重点，让观众对写真馆有更多了解。

图 2-4 所示为视频《拾光写真馆》中部分字幕效果展示，文字和画面相得益彰，让视频主题更加明确。

利用关键帧可以让图片也变成视频，在该宣传视频中，主要是通过添加关键帧让图片素材动起来的，这样图片和视频结合在一起就不会显得突兀。

图 2-5 所示为在视频《拾光写真馆》中添加关键帧制作的动画效果展示，通过添加关键帧制作出图片一边旋转一边变大的效果。

图 2-4　视频《拾光写真馆》中部分字幕效果展示

图 2-5　在视频《拾光写真馆》中添加关键帧制作的动画效果展示

画中画，顾名思义就是画面中的画面。在该宣传视频中，添加画中画主要是用在视频的片尾。通过为画中画添加蒙版和关键帧，制作出“人走字出现”的效果。该画中画素材也是通过剪映制作的。

图 2-6 所示为视频《拾光写真馆》中为画中画素材添加蒙版和关键帧制作的效果展示。

图 2-6　视频《拾光写真馆》中为画中画素材添加蒙版和关键帧制作的效果展示

2.2 视频制作过程

在前面一节中，已经为大家展示了企业宣传视频《拾光写真馆》的效果，那么这个视频是如何制作出来的呢？本节就来为大家具体讲这个视频的制作方法，一步一步地告诉大家在剪映中如何操作，用简单快捷的方法，制作出好看的视频效果。

2.2.1 制作画中画素材

本节制作的素材会用到片尾的画中画素材，将利用该素材在最后制作出“人走字出”的画面效果。将制作该素材放到最前面，是为了避免在后面的操作中反复退出软件，打断整体的剪辑思路。

下面介绍在剪映中制作画中画素材的操作方法。

步骤 01 进入剪映视频剪辑界面，❶ 在功能区中单击“素材库”按钮；❷ 选择“热门”选项卡中的第一个黑场素材，单击“添加到轨道”按钮；❸ 将该素材时长调整为9s，如图2-7所示。

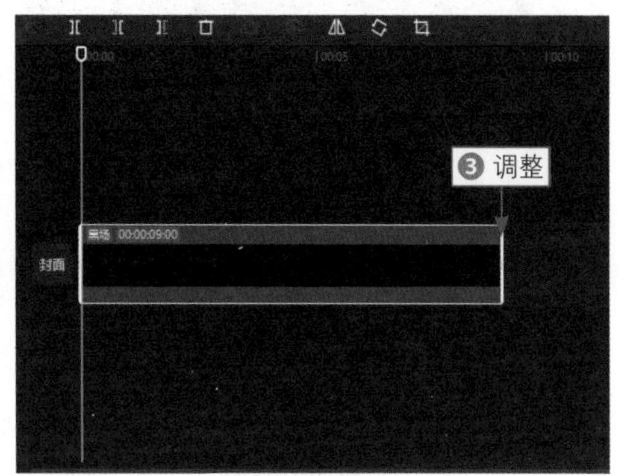

图 2-7 调整素材的时长

步骤 02 从“文本”功能区添加一个“默认文本”到轨道，❶ 在操作区中修改文字内容；❷ 选择一个合适的字体；❸ 设置“缩放”参数为104%，如图2-8所示。

步骤 03 ❶ 在“花字”选项卡中，选择一个合适的花字效果；❷ 调整文字素材时长，使其和“黑场”素材的时长保持一致，如图2-9所示，最后将该视频导出即可。

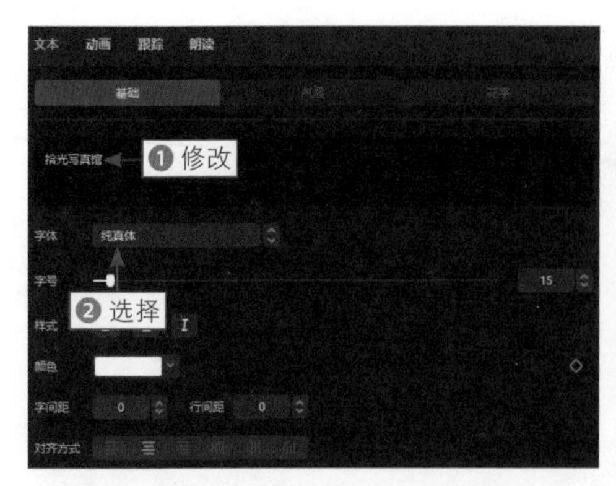

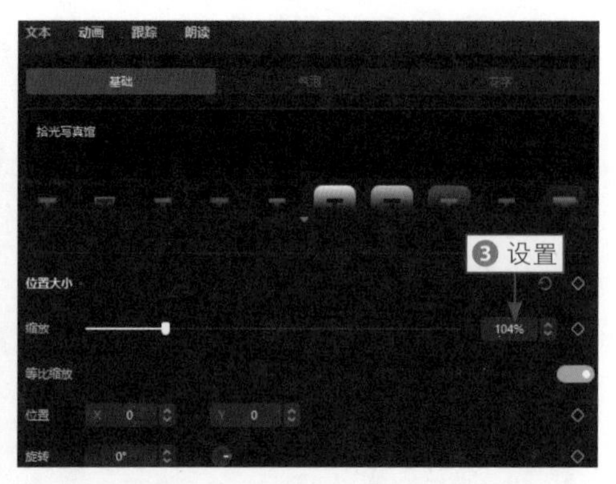

图 2-8　设置“缩放”参数

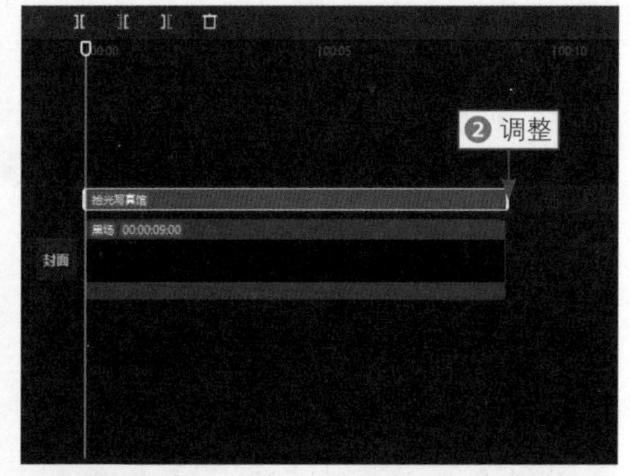

图 2-9　调整文字素材的时长

2.2.2　为视频添加滤镜

扫码看教程

剪映中内置了很多滤镜，可以满足用户对不同色调的需求，大家可以根据视频主题、画面来选择合适的滤镜来达到一定的调色效果。

下面介绍在剪映中为视频添加滤镜的操作方法。

步骤 01 重新进入剪映视频剪辑界面，❶ 将视频素材、图片素材和刚刚制作的画中画素材都导入剪映中；❷ 将视频素材按顺序添加到轨道中，如图 2-10 所示。

步骤 02 将 4 张图片素材按顺序插在“视频 7”和“视频 8”素材之间，并将每张图片素材的时长都调整为 1s 左右，如图 2-11 所示，此时已将所有需要的素材都添加到了轨道中。

步骤 03 ❶ 拖曳时间轴至视频起始位置；❷ 切换至“滤镜”功能区；❸ 在“风景”选项卡中，选择“仲夏”滤镜，单击“添加到轨道”按钮，如图 2-12 所示。

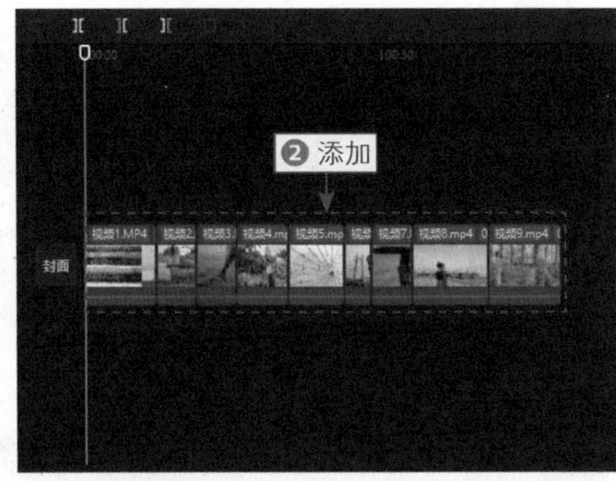

图 2-10　将视频素材添加到轨道中

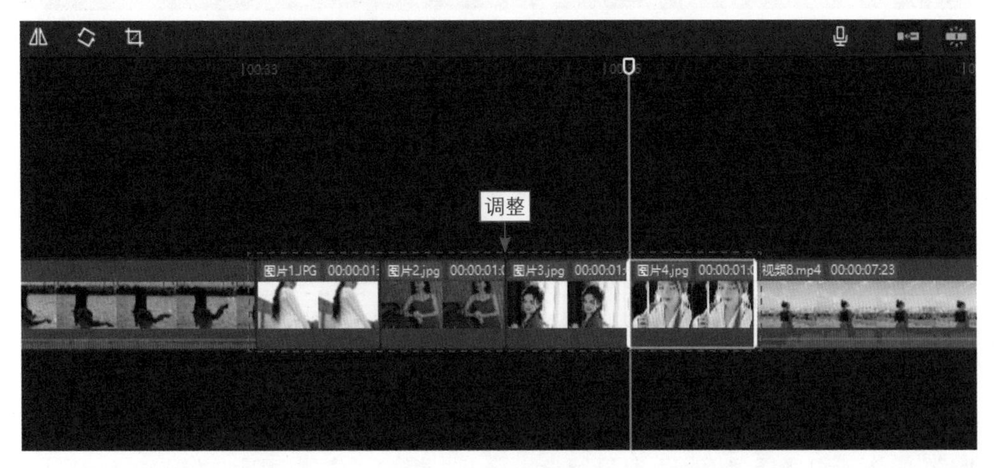

图 2-11　调整多个素材

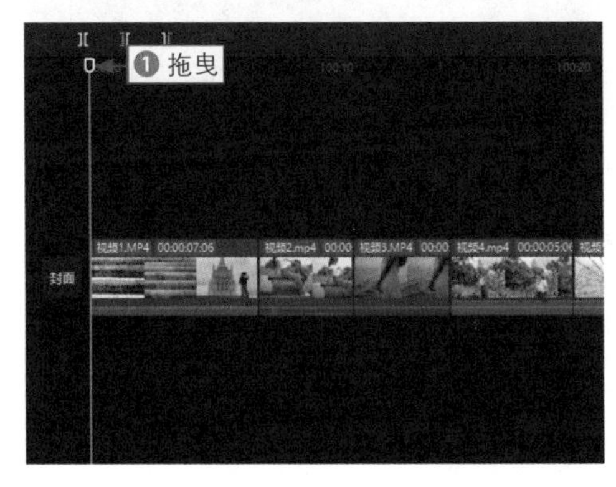

图 2-12　单击“添加到轨道”按钮

步骤 04 调整滤镜素材的应用范围，将该滤镜效果应用到 9 段视频素材之中，如图 2-13 所示。

图 2-13　调整滤镜素材的应用范围

2.2.3　为素材设置背景效果

扫码看教程

为视频画面设置背景填充，是一种为视频设置背景的简单方法，且背景和画面的统一度会比较高。在该视频案例中，主要是为图片素材设置背景，可以让图片素材和视频素材更好地融合在一起，让整体画面更加和谐美观。

下面介绍在剪映中为素材设置背景效果的操作方法。

步骤 01 拖曳时间轴至“图片 1”素材的起始位置，❶ 选择“图片 1”素材；❷ 在操作区中选择“模糊”背景填充；❸ 选择第 2 个模糊程度，如图 2-14 所示。

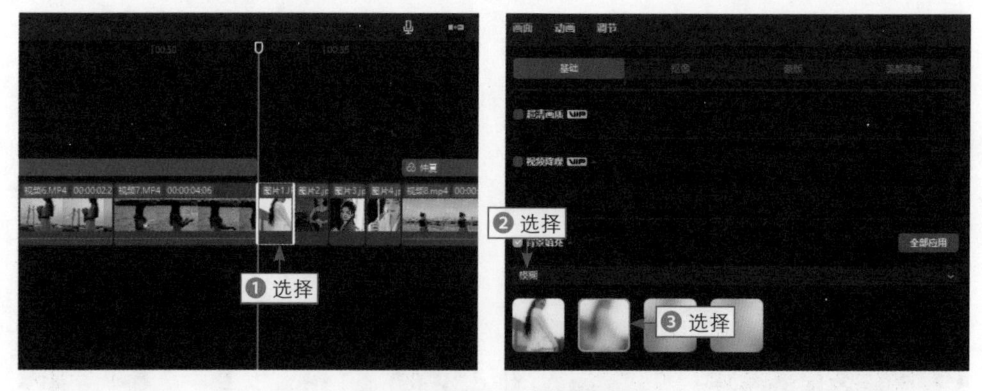

图 2-14　选择第 2 个模糊程度

步骤 02 用与上面相同的操作方法，为另外 3 个图片素材设置同样的模糊背景填充效果。

2.2.4　为视频添加字幕

扫码看教程

现在我们在网络上看到的大部分短视频，都是添加了字幕的。字幕在短视频中是很重要的，它可以帮助观众更好地理解视频内容。在该宣传视频中，字幕主要起解说的作用，每一个画面都需要有对应的字幕内容，既要精准地表达主题，又要和画面适配。

下面介绍在剪映中为视频添加字幕的操作方法。

步骤 01 拖曳时间轴至视频起始位置，❶ 切换至“文本”功能区；❷ 单击“默认文本”的“添加到轨道”按钮；❸ 在操作区中修改文字内容；❹ 选择一个合适的字体，如图 2-15 所示。

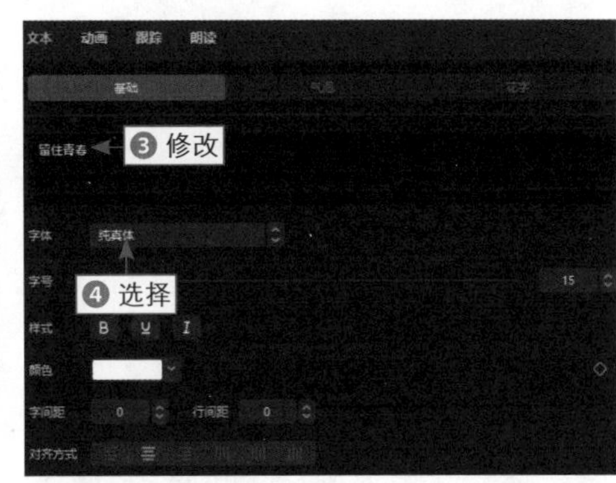

图 2-15　选择一个合适的字体

步骤 02 ❶ 设置“缩放”参数为 121%，将文字适当放大一点；❷ 在“花字”选项卡中，选择一个合适的花字效果，如图 2-16 所示。

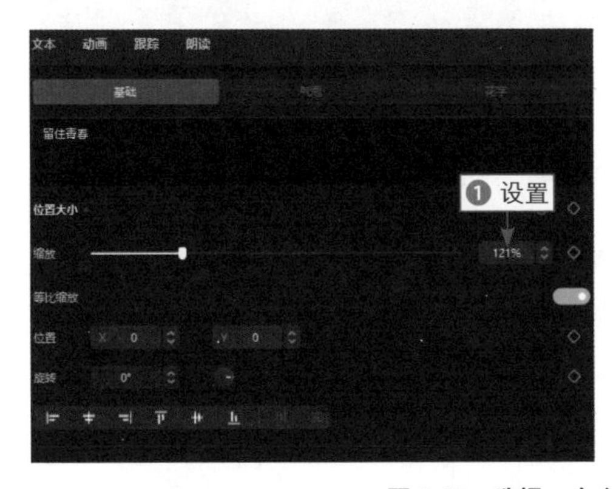

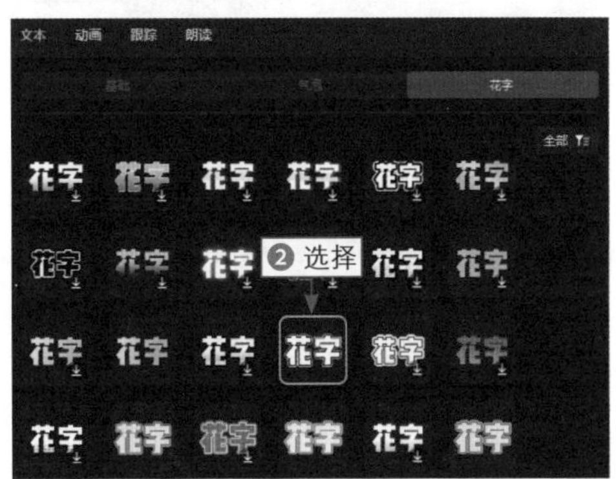

图 2-16　选择一个合适的花字效果（1）

步骤 03 ❶ 切换至“动画”操作区；❷ 选择“水平翻转”入场动画效果；

❸ 设置“动画时长”参数 1.0s；❹ 选择“闭幕”出场动画效果；❺ 设置“动画时长”参数为 1.0s，如图 2-17 所示，即可成功添加片头字幕。

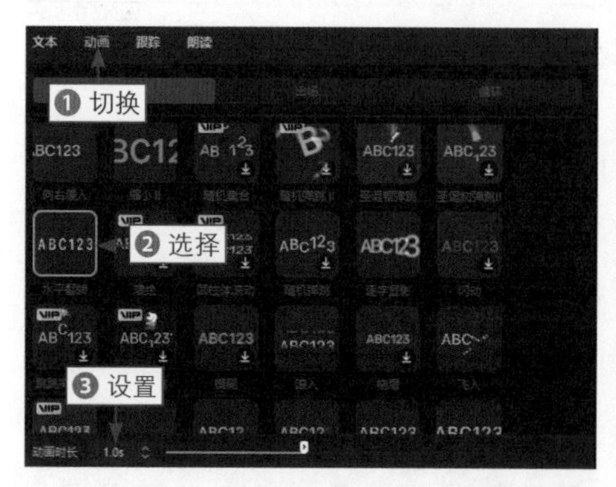

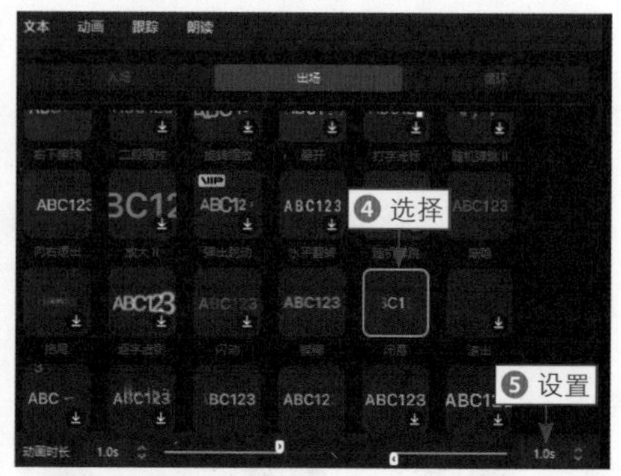

图 2-17　设置“动画时长”参数

步骤 04 在“视频 2”素材的起始位置，添加一个“默认文本”，并调整其时长，使其与“视频 2”素材的时长一致，❶ 在操作区中修改文字内容；❷ 选择一个合适的字体；❸ 设置“字号”参数为 11；❹ 在“花字”选项卡中，选择一个合适的花字效果，如图 2-18 所示。

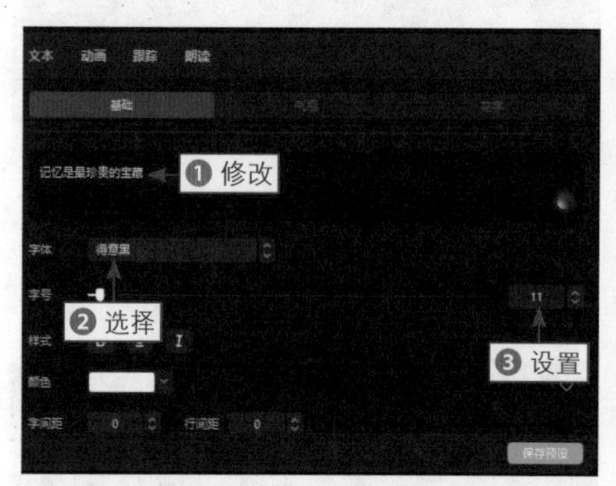

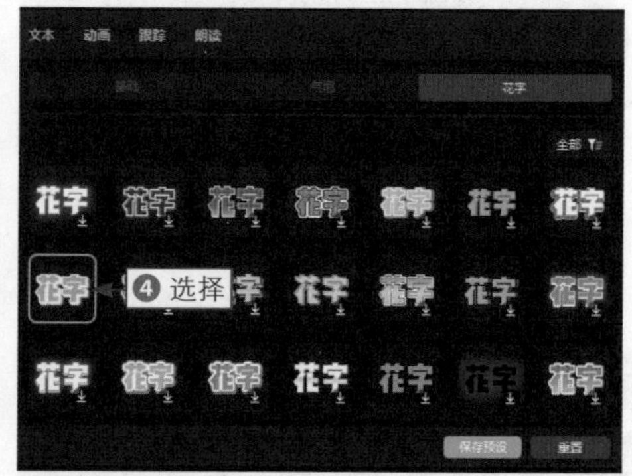

图 2-18　选择一个合适的花字效果（2）

步骤 05 ❶ 在“动画”操作区中，选择“扫光”循环动画；❷ 设置“动画快慢”参数为 2.0s；❸ 在预览窗口中调整文字素材的位置，如图 2-19 所示，使文字位于画面下方的位置。

步骤 06 对于其余素材所对应的字幕，可以通过复制、粘贴第 2 段文字素材，修改具体的文字内容，根据对应的视频素材调整时长。此外，每段视频素材各对应一段文字素材，但 4 个图片素材对应同一个文字素材。添加好所有文字素材的时间线面板如图 2-20 所示。

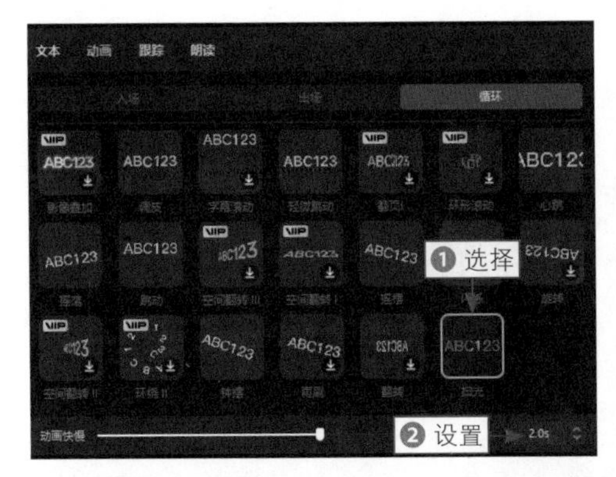

图 2-19　调整文字素材的位置

图 2-20　添加好所有文字素材的时间线面板

2.2.5　添加关键帧和蒙版

扫码看教程

关键帧的作用有很多，在视频剪辑中最常见的就是可以让静态的素材变成动态的。蒙版，可以理解为一种遮罩，利用蒙版可以选择性地遮住一些画面中的内容。将蒙版和关键帧结合，可以使相应内容在合适的时候再显现在画面中。

下面介绍在剪映中添加关键帧和蒙版的操作方法。

步骤 01 拖曳时间轴至“图片 1”素材的起始位置，❶ 选择“图片 1”素材；❷ 在操作区中设置“缩放”参数为 70%；❸ 单击“缩放”右侧的“添加关键帧”按钮◇，添加一个关键帧，如图 2-21 所示。

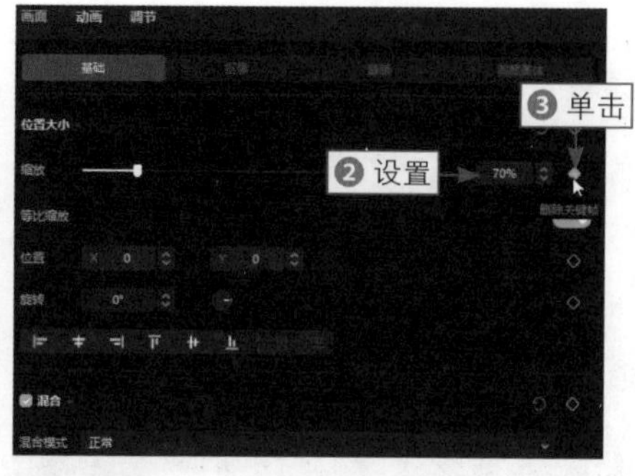

图 2-21　添加一个关键帧

步骤 02 ❶ 拖曳时间轴至“图片 1”素材的结束位置；❷ 设置“缩放”参数为 120%，修改之后会自动添加一个关键帧，如图 2-22 所示，通过为“缩放”参数添加关键帧，可以制作出图片逐渐放大的效果。

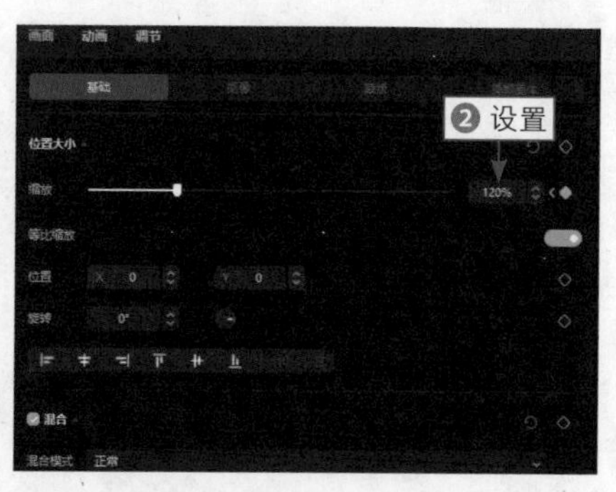

图 2-22　设置“缩放”参数

步骤 03 拖曳时间轴至“图片 2”素材的起始位置，❶ 选择“图片 2”素材；❷ 在操作区中设置“缩放”参数为 50%；❸ 单击“缩放”右侧的“添加关键帧”按钮，添加一个关键帧；❹ 设置“旋转”参数为 280°；❺ 单击“旋转”右侧的“添加关键帧”按钮，如图 2-23 所示，为“旋转”参数添加一个关键帧。

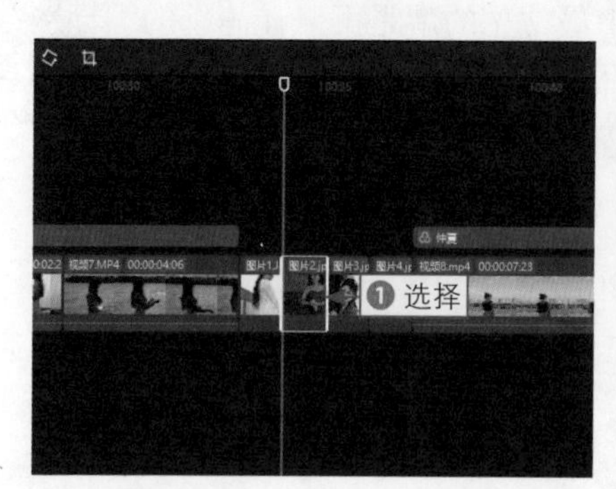

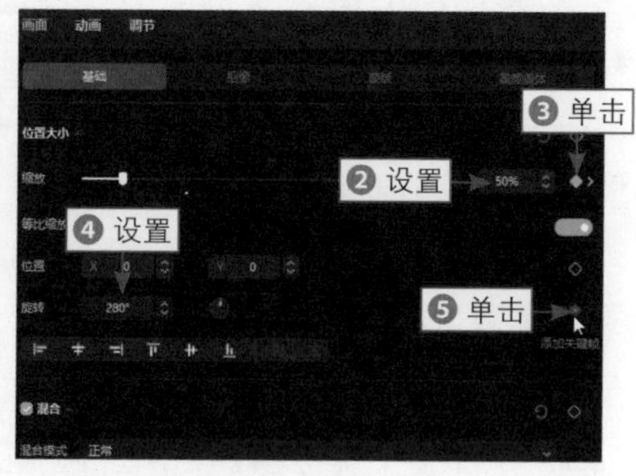

图 2-23　单击“添加关键帧”按钮

步骤 04 ❶ 拖曳时间轴至“图片 2”素材的结束位置；❷ 设置“缩放”参数为 100%；❸ 设置“旋转”参数为 0，修改参数之后会自动生成一个关键帧，如图 2-24 所示，通过为“缩放”和“旋转”参数添加关键帧，可以制作出图片一边旋转一边放大的效果。

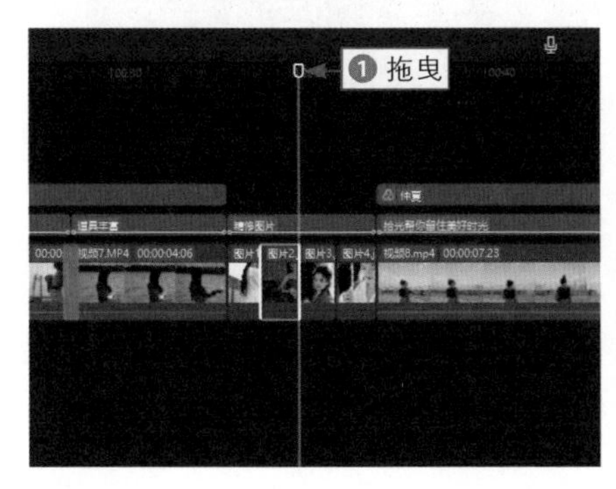

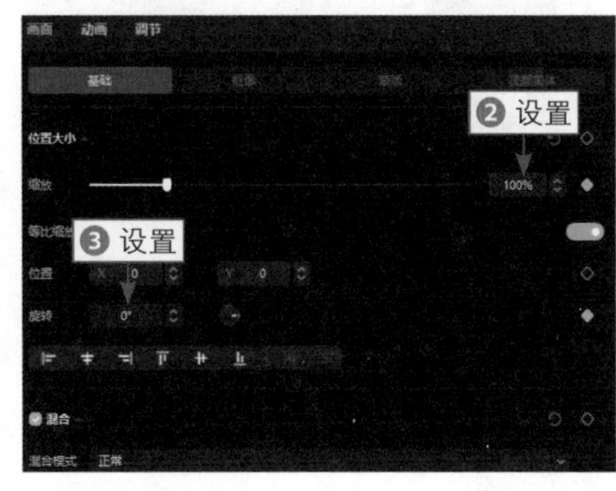

图 2-24　设置“旋转”参数

步骤 05 用同样的方法，为“图片 3”素材的“位置”参数添加关键帧，制作出图片从左向右滑动的效果；为“图片 4”素材的“缩放”和“位置”参数添加关键帧，制作出图片从左上角移动到画面中间，并逐渐放大的效果。改变图片位置时，可以直接在预览窗口中拖曳素材至合适的位置。

步骤 06 拖曳时间轴至“视频 9”素材的起始位置，❶ 从“本地”选项卡中拖曳“片尾画中画素材”；❷ 拖曳至画中画轨道，并调整画中画素材的时长，使其结束位置与“视频 9”素材的结束位置对齐，如图 2-25 所示。

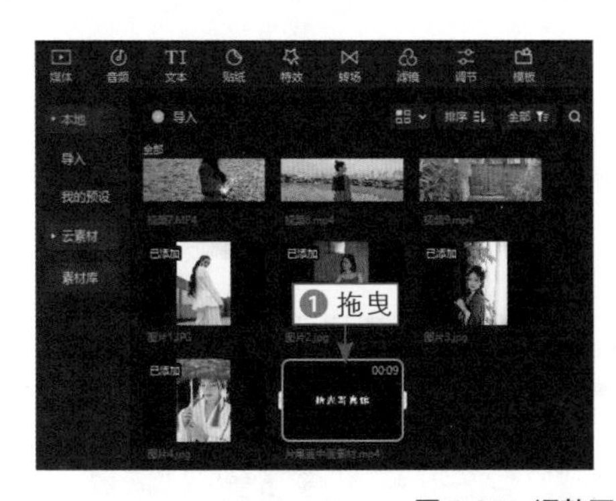

图 2-25　调整画中画素材的时长

步骤 07 ❶ 在操作区中选择“滤色”混合模式，即可让画面中只显示文字内容，而不再出现黑色背景；❷ 展开“蒙版”选项卡；❸ 选择“线性”蒙版；❹ 单击“位置”右侧的“添加关键帧”按钮◇，为其添加一个关键帧；❺ 设置“旋转”

参数为 -90°，如图 2-26 所示，执行操作后，可以让文字被遮盖。

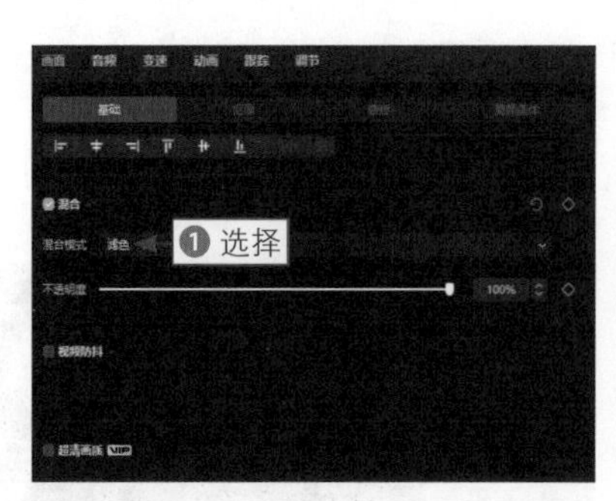

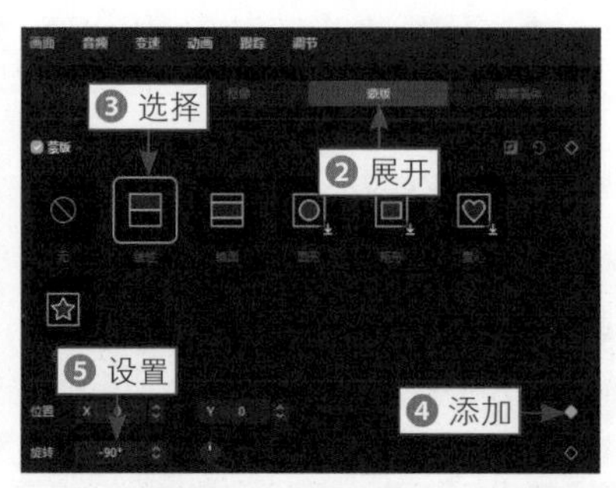

图 2-26　设置“旋转”参数

步骤 08 ❶ 在预览窗口中，向左拖曳蒙版，使其完全遮盖住画中画素材的文字内容，❷ 播放视频，在人物向前走动一点后暂停，向右拖曳蒙版，使第一个字显现在画面中，如图 2-27 所示。

图 2-27　拖曳蒙版

步骤 09 用同样的操作方法，让剩下的文字内容依次出现，这样就可以制作出“人走字出”的效果。

步骤 10 最后将视频轨道和画中画轨道的原声关闭，为视频添加合适的背景音乐，如图 2-28 所示，即可导出视频。

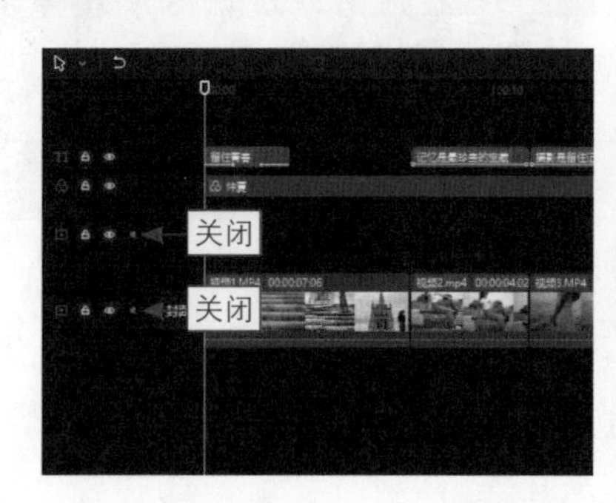

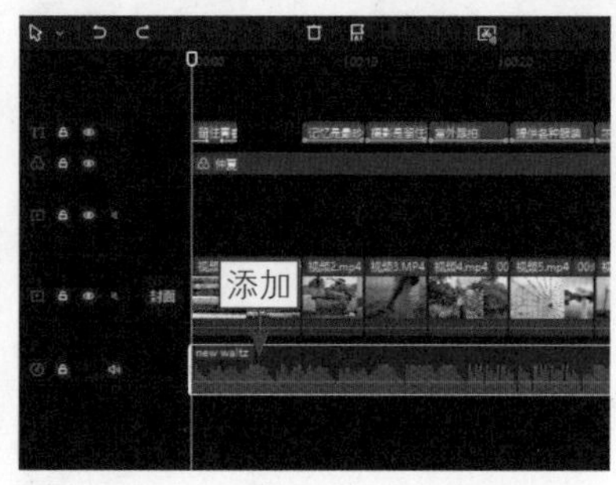

图 2-28　添加背景音乐

第 3 章　品牌宣传：《乐享音响》

提高品牌知名度，是提高商品销量的重要一环。观众在熟悉品牌之后，会进而对该品牌的产品进行了解。在品牌宣传视频中，可以全面展示多款商品，向观众传达一定的品牌信息。在制作品牌宣传视频时，要注意视频内容的美观度，让观众能迅速被吸引，从而完整地观看视频，愿意进一步了解该品牌。本章将以品牌宣传视频《乐享音响》为例，来展示品牌宣传视频的制作方法。

3.1 欣赏视频效果

本章案例视频宣传的是一个音响品牌，前期的素材也是根据产品特点来拍摄的，在后期剪辑中，要通过视频来重点展示产品的外观，阐述产品的性能，同时保证视频的精美度，以此吸引观众购买。

本节将为大家呈现《乐享音响》品牌宣传视频的效果，并介绍将会在剪映中使用到哪些操作。

3.1.1 效果赏析

《乐享音响》是一个音响品牌的宣传视频，视频中为观众呈现了该品牌中的多款产品，充分向观众展示了该品牌的音响有多样化的产品可供选择，可以带来美妙的听觉盛宴。图 3-1 所示为品牌宣传视频《乐享音响》效果展示。

图 3-1　品牌宣传视频《乐享音响》效果展示

3.1.2　技术提炼

《乐享音响》品牌宣传视频是通过设置画面比例和背景、添加画中画、添加蒙版、添加关键帧、设置动画和转场、替换素材，以及添加字幕和贴纸这几个功能完成的，最终制作出品牌宣传短片画面内容丰富，给人轻柔舒适之感。

在剪映中，可以选择的画面比例有很多，用户可以根据自己要剪辑的素材，选择一个适合的画面比例。

背景填充也有多种效果，该视频利用背景填充设置了一个别致的背景，丰富了画面元素，增强了视频的氛围感。

图 3-2 所示是为视频《乐享音响》设置背景填充前后效果对比，设置背景效果后，画面变得更有质感了。

图 3-2　为视频《乐享音响》设置背景填充前后效果对比

添加画中画是为了让多个画面同时呈现出来，可以让画面内容更加饱满。图 3-3 所示是为视频《乐享音响》添加画中画的效果展示。

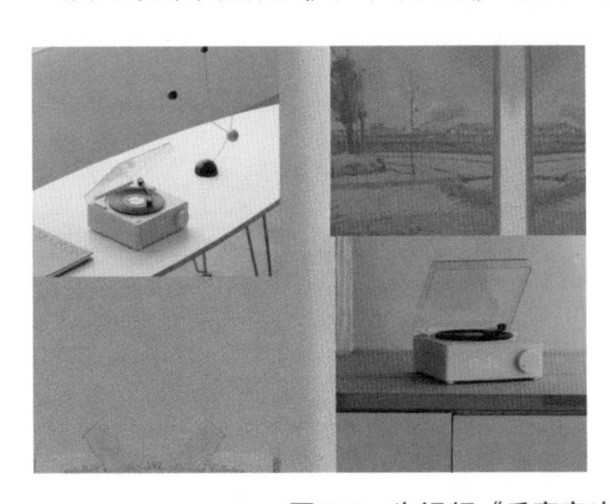

图 3-3　为视频《乐享音响》添加画中画的效果展示

在剪映中，通过替换素材的操作，可以将所需要的素材替换到视频中，并且保留为原素材制作的各种效果。

图 3-4 所示是为视频《乐享音响》替换素材前后的效果对比。

图 3-4　为视频《乐享音效》替换素材前后效果对比

蒙版是可以遮挡住一部分画面的工具，且剪映中有多种蒙版形状可以选择。图 3-5 所示是在视频《乐享音响》中添加蒙版的效果展示，通过不同形状的蒙版，可以让视频画面变得更有趣味性。

图 3-5　在视频《乐享音响》中添加蒙版的效果展示

利用关键帧可以制作出逐渐变化的某种动画效果。图 3-6 所示是为视频《乐享音响》添加关键帧制作的动画效果展示。

图 3-6　为视频《乐享音响》添加关键帧制作的动画效果展示

动画和转场几乎是每个视频中都会用到的两种效果，根据视频风格选择合适的动画和转场效果十分重要。

图 3-7 所示为视频《乐享音响》中的动画和转场效果展示。

图 3-7 视频《乐享音响》中的动画和转场效果展示

为视频添加合适的贴纸，可以适当增加画面元素，使画面更加丰富多样。为视频添加字幕，是增加视频解说性的一个操作，可以让观众明确视频所传达的重点，更加了解品牌特性。

图 3-8 所示为在视频《乐享音响》中添加字幕和贴纸的效果展示。

图 3-8 在视频《乐享音响》中添加字幕和贴纸效果展示

3.2 视频制作过程

品牌宣传视频《乐享音响》由 8 段视频素材组成，是一个轻快舒缓的视频短片。该视频中使用到的部分操作是前面章节有所涉及的，但将要新学的这些操作也并不复杂。

本节将为大家详细讲解品牌宣传视频《乐享音响》的完整制作流程。

3.2.1　设置比例和背景

扫码看教程

用户可以根据素材的尺寸，在剪映中设置更加合适的画布比例。另外，还可以为视频设置背景，让画面更加美观。

下面介绍设置比例和背景的操作方法。

步骤 01 将 8 段视频素材导入剪映中，并将“视频 1”～“视频 5”素材按顺序添加到轨道中，如图 3-9 所示。

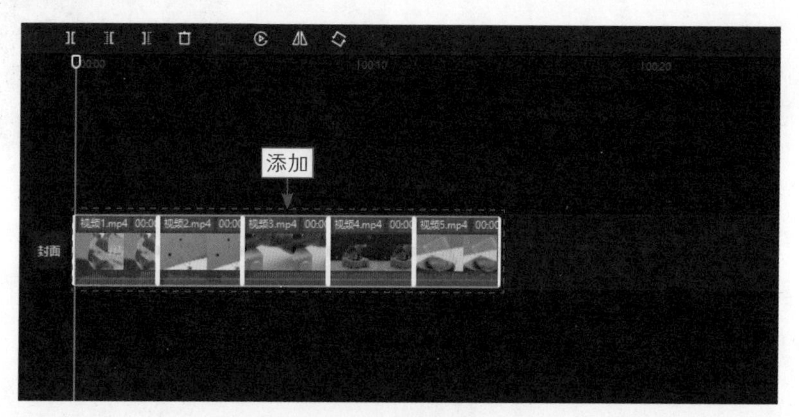

图 3-9　将视频素材添加到轨道中

步骤 02 ❶ 在“播放器”面板中单击“比例”按钮；❷ 在弹出的列表框中，选择“4：3”选项，如图 3-10 所示，执行操作后，即可改变画布比例。

图 3-10　选择“4：3”选项

步骤 03 ❶ 选择“视频 1”素材；❷ 在“画面”操作区中，选择“样式”背景填充，如图 3-11 所示。

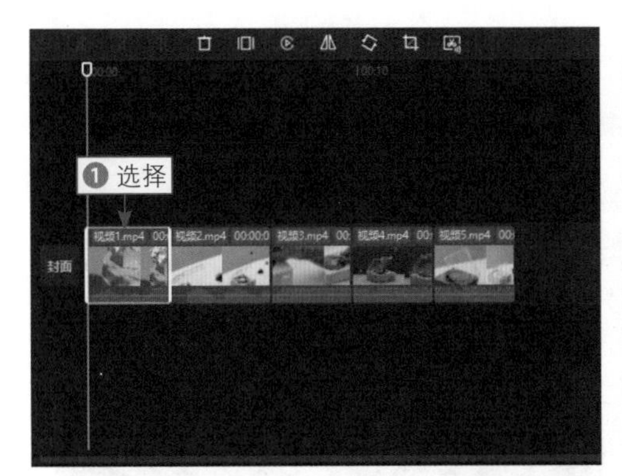

图 3-11　选择“样式”背景填充

步骤 04 ❶ 在“样式”选项卡中，选择一个合适的样式作为背景；❷ 单击“全部应用”按钮，如图 3-12 所示，即可将该背景样式应用到所有素材之中。

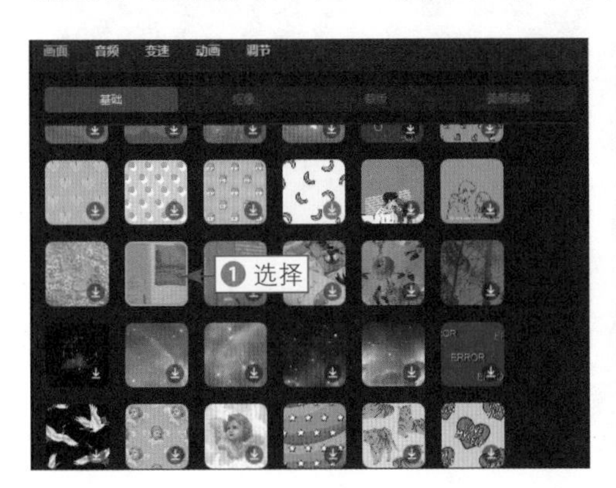

图 3-12　单击“全部应用”按钮

3.2.2　添加蒙版

扫码看教程

蒙版是可以起到遮盖作用的工具。在视频《乐享音响》中，为视频素材设置了形状各异的蒙版，在遮盖了一定画面的同时，也让画面更加美观、富有趣味性。

下面介绍添加蒙版的操作方法。

步骤 01 选择“视频 1”素材，❶ 在“基础”选项卡中，设置“缩放”参数为 58%；❷ 在预览窗口中，调整素材在画面中的位置，如图 3-13 所示，使其位于画面偏左侧的位置。

步骤 02 切换至“蒙版”选项卡，❶ 选择“线性”蒙版；❷ 设置“旋转”的参数为 45°；❸ 在预览窗口中，调整蒙版的位置，如图 3-14 所示，使其位于素材右上角的位置。

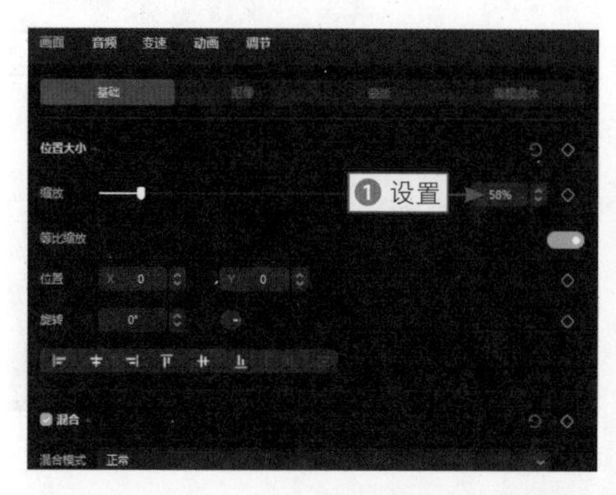

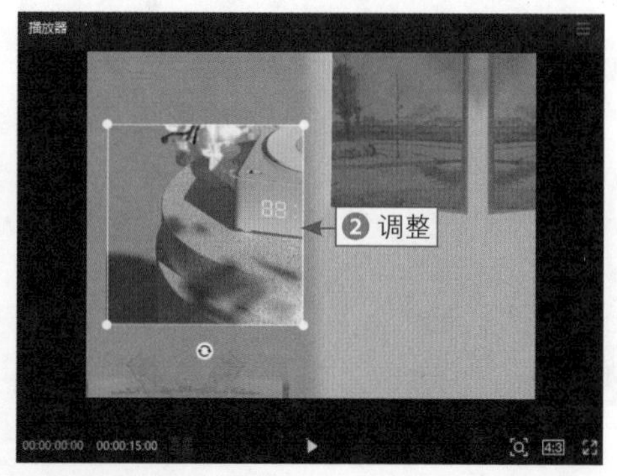

图 3-13　调整素材在画面中的位置（1）

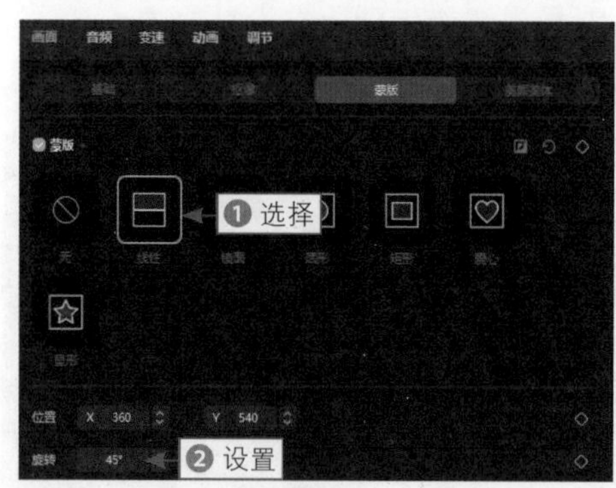

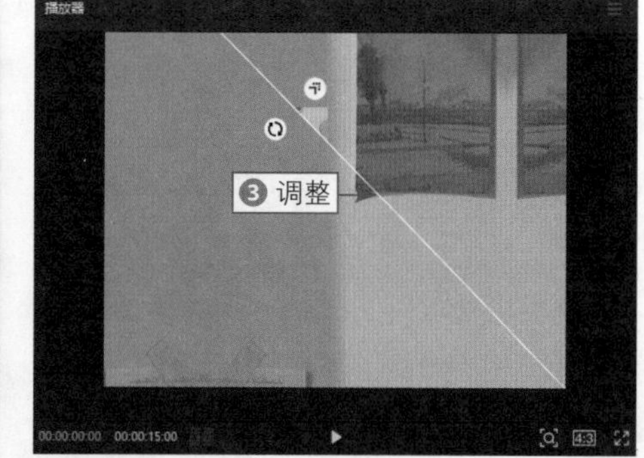

图 3-14　调整蒙版的位置

步骤 03 拖曳时间轴至“视频 2”素材的结束位置，❶ 选择“视频 2”素材；❷ 在“基础”选项卡中，设置“缩放”参数为 65%，如图 3-15 所示。

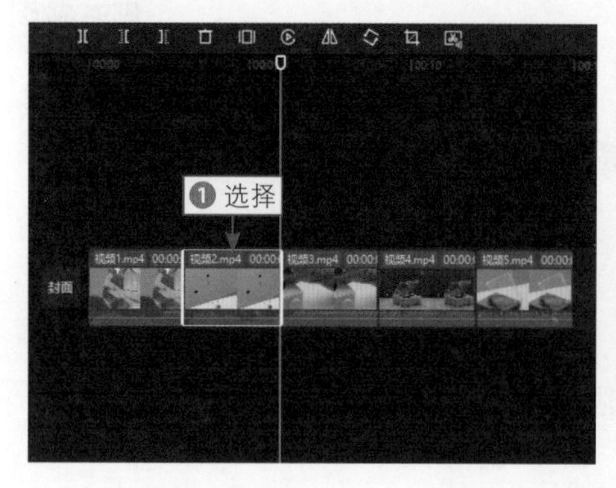

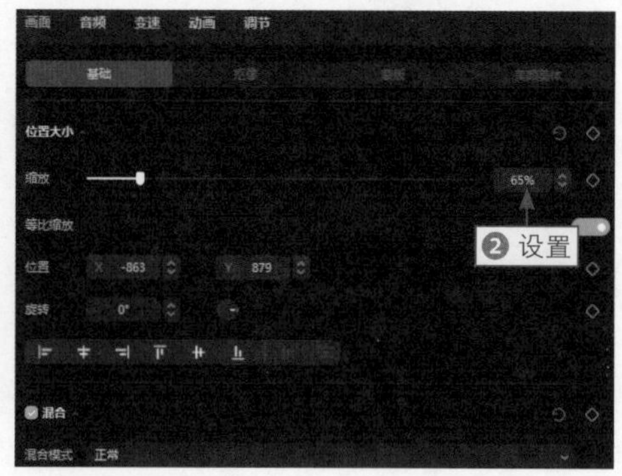

图 3-15　设置“缩放”参数

步骤 04 ❶ 在预览窗口中，调整素材在画面中的位置，使其位于画面左上角的位置；❷ 在“蒙版”选项卡中，选择“圆形”蒙版；如图 3-16 所示。

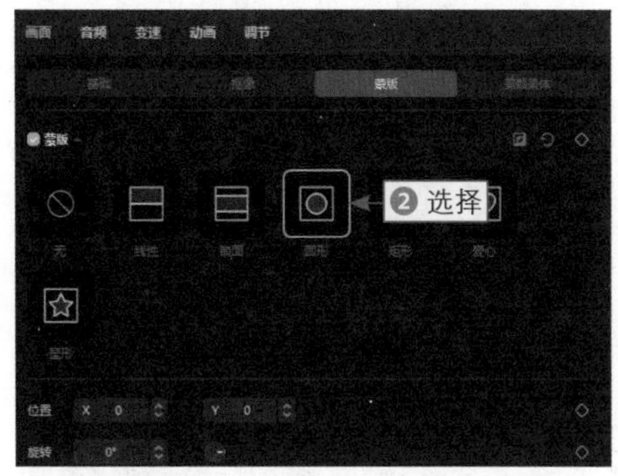

图 3-16　选择“圆形”蒙版

步骤 05 在预览窗口中，调整蒙版的位置、大小和羽化程度，如图 3-17 所示。

图 3-17　调整蒙版的位置、大小和羽化程度

步骤 06 拖曳时间轴至“视频 3”的结束位置，并选择“视频 3”素材，❶ 设置其“缩放”参数为 65%；❷ 在预览窗口调整其位置，如图 3-18 所示，使其位于画面左上角的位置。

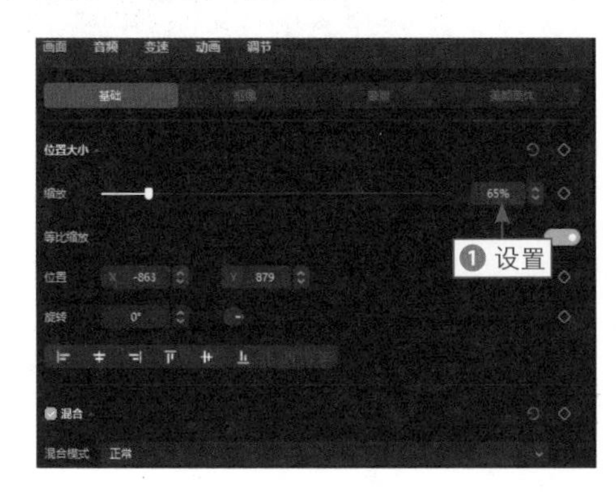

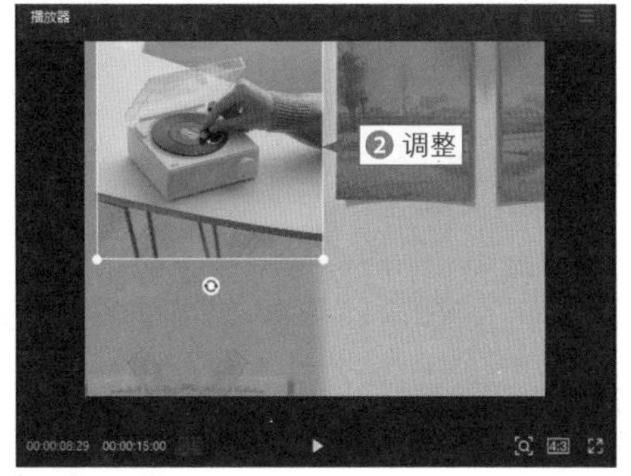

图 3-18　调整素材在画面中的位置（2）

步骤07 ❶ 在“蒙版”选项卡中，选择“矩形”蒙版；❷ 在预览窗口中调整蒙版的位置和大小；❸ 拖曳圆角按钮，为蒙版添加圆角效果；❹ 拖曳羽化按钮，如图 3-19 所示，为蒙版添加一点羽化效果。

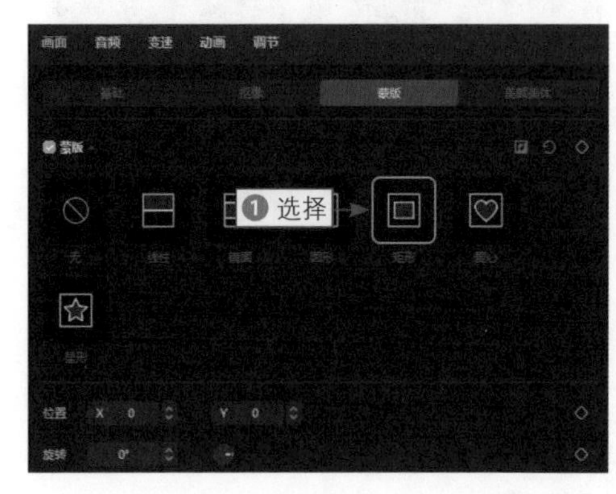

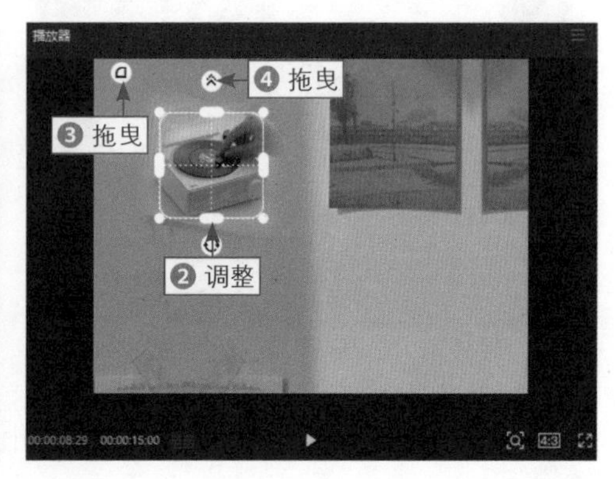

图 3-19　拖曳羽化按钮

步骤08 用同样的操作方法，为“视频 4”设置“缩放”参数为 55%，将其调整到画面右下角的位置，为其添加“爱心”蒙版；为“视频 5”设置“缩放”参数为 60%，将其调整到画面左侧的位置，为其添加“镜面”蒙版，如图 3-20 所示。

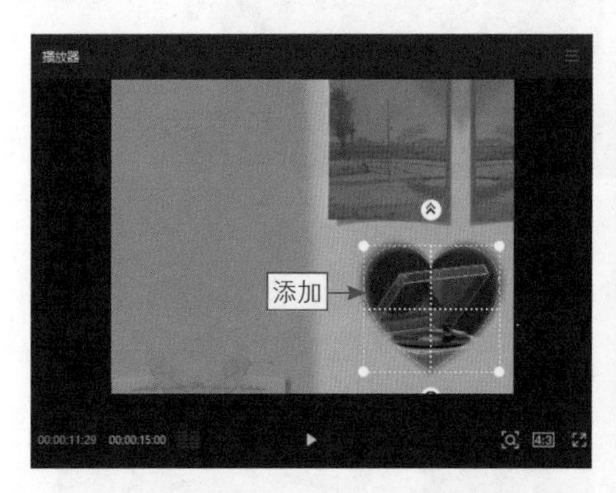

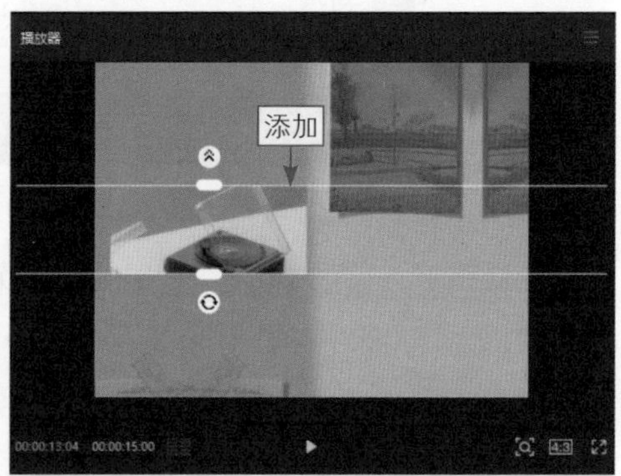

图 3-20　为多个素材添加蒙版

3.2.3　设置动画和转场

在视频《乐享音响》中，有部分动画效果是直接在剪映“动画”操作区添加相应动画制作而成的，也有部分动画效果是利用关键帧制作的。此外，在不同素材之间添加不同的转场效果也可以让画面的变化更加丰富。

扫码看教程

下面介绍在剪映中设置动画和转场的操作方法。

步骤 01 拖曳时间轴至视频的起始位置，❶ 选择“视频 1”素材；❷ 在“蒙版”选项卡中，单击“位置”右侧的“添加关键帧”按钮◇，如图 3-21 所示，蒙版位置处于“视频 1”右上角的位置，不用改变。

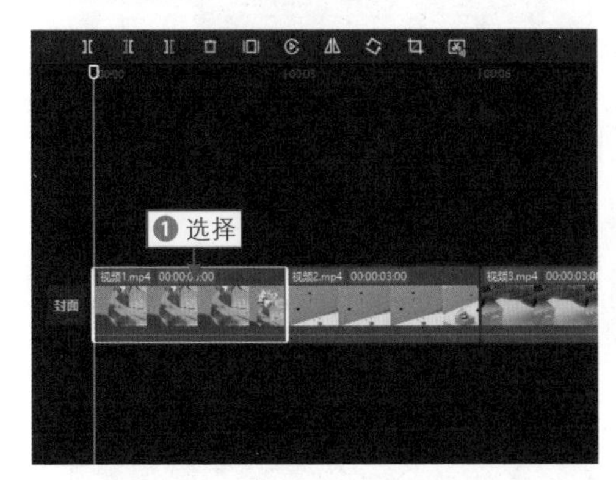

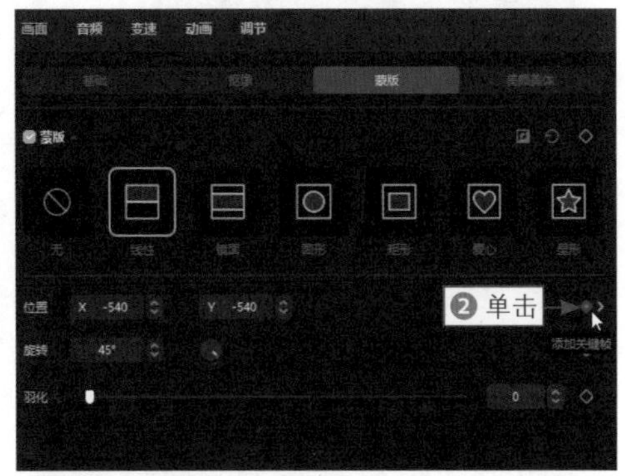

图 3-21　单击“添加关键帧”按钮

步骤 02 拖曳时间轴至 2s 的位置，在预览窗口中调整蒙版的位置，如图 3-22 所示，使“视频 1”画面完全显示出来，执行操作后，会自动生成一个关键帧，制作出蒙版从右上角逐渐向左下角滑动，画面逐渐露出的效果。

图 3-22　调整蒙版的位置

步骤 03 拖曳时间轴至“视频 2”的起始位置，并选择“视频 2”素材，❶ 在“画面”操作区的“基础”选项卡中，单击“不透明度”右侧的“添加关键帧”按钮◇，添加一个关键帧；❷ 设置“不透明度”参数为 0%；❸ 拖曳时间轴至“视频 2”的结束位置，设置“不透明度”参数为 100%，如图 3-23 所示，执行操作后，会自动生成一个关键帧，制作出“视频 2”画面逐渐呈现出来的效果。

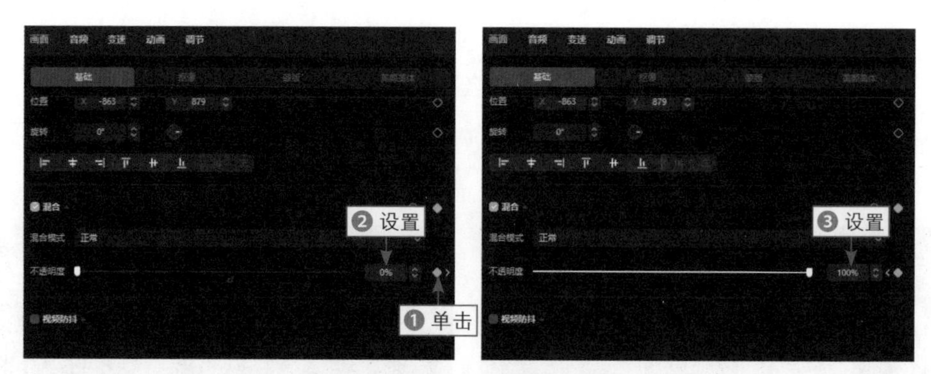

图 3-23　设置“不透明度”参数

步骤 04 拖曳时间轴至“视频 5”的起始位置，并选择“视频 5”素材；❶ 在“蒙版”选项卡中，单击“大小”右侧的“添加关键帧”按钮◇，添加一个关键帧；❷ 在预览窗口中，调整蒙版的宽度大小，如图 3-24 所示，使蒙版完全将画面遮住。

图 3-24　调整蒙版的宽度大小（1）

步骤 05 ❶ 拖曳时间轴至视频的结束位置；❷ 在预览窗口中，调整蒙版的宽度大小，如图 3-25 所示，使“视频 5”的画面完全露出，制作出画面从中间慢慢呈现的效果。

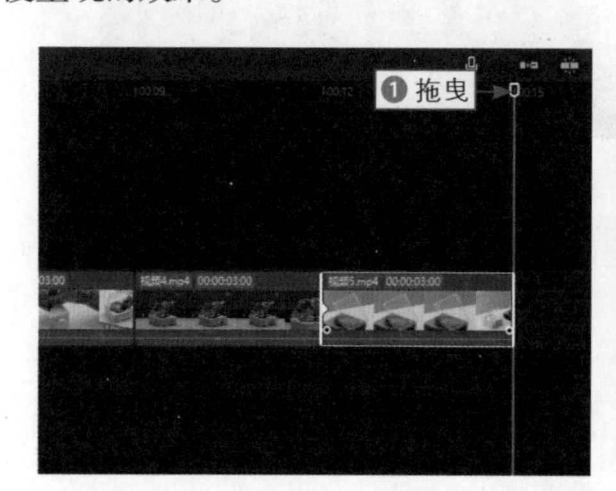

图 3-25　调整蒙版的宽度大小（2）

步骤 06 ❶ 选择"视频 2"素材；❷ 在"动画"操作区中，选择"滑入波动"组合动画；❸ 设置"动画时长"参数为 1.5s，如图 3-26 所示。

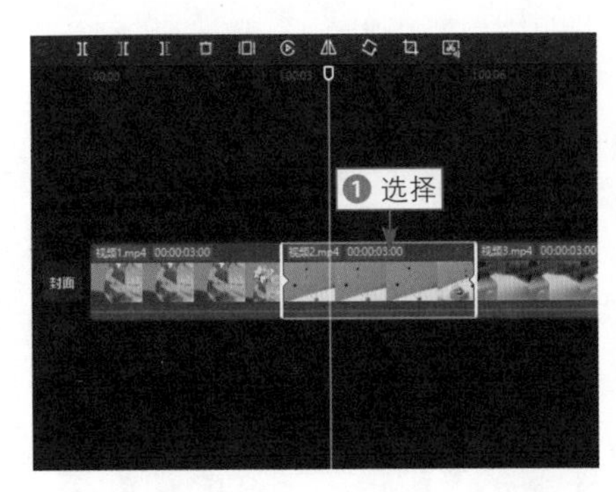

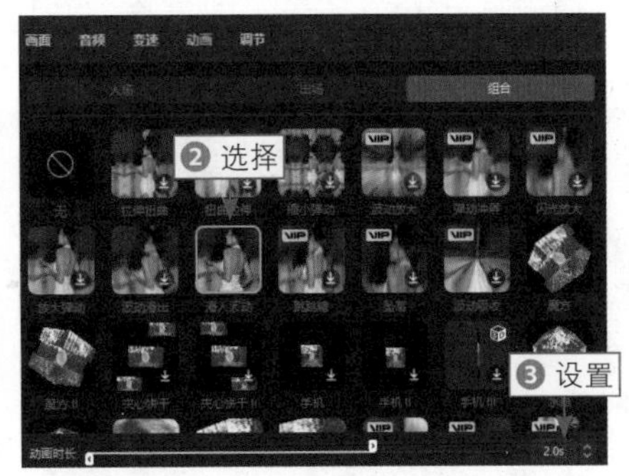

图 3-26　设置"动画时长"参数（1）

步骤 07 ❶ 选择"视频 3"素材；❷ 在"动画"操作区中，选择"小陀螺"组合动画；❸ 设置"动画时长"参数为 1.5s，如图 3-27 所示。

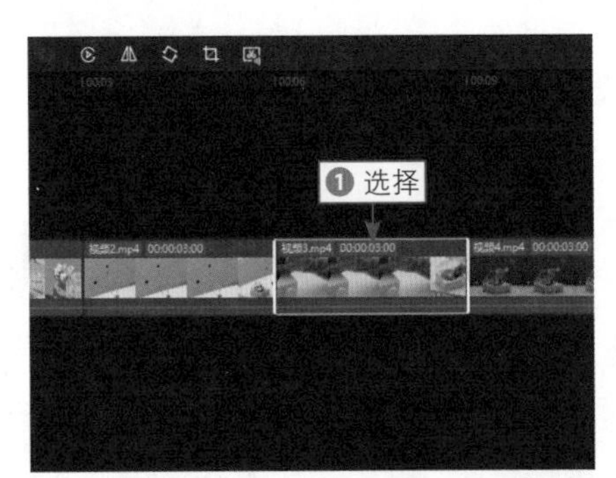

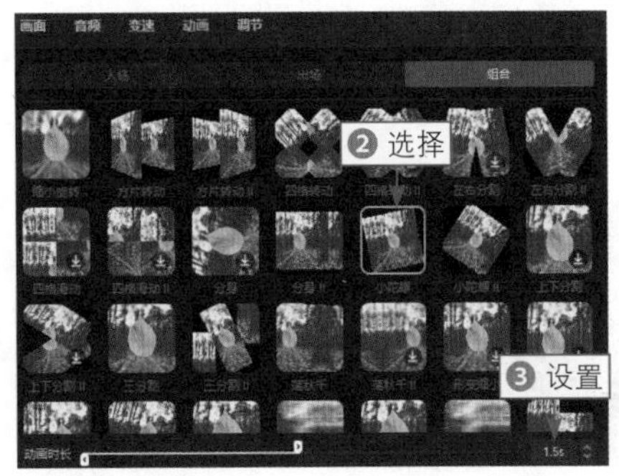

图 3-27　设置"动画时长"参数（2）

步骤 08 用同样的操作方法，为"视频 4"设置 1.0s 的"斜切"入场动画，为"视频 5"设置 1.5s 的"降落旋转"组合动画，如图 3-28 所示。

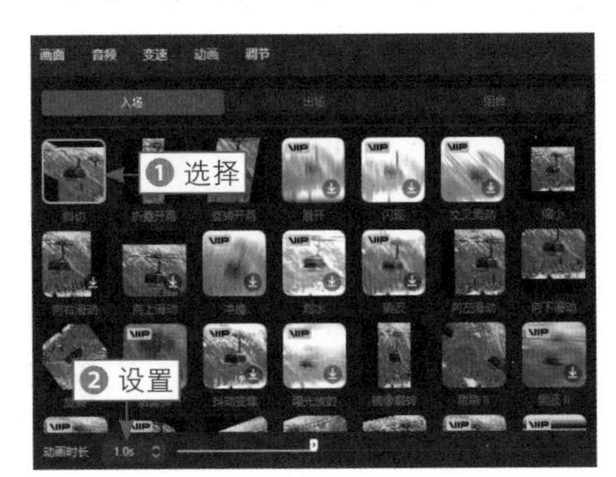

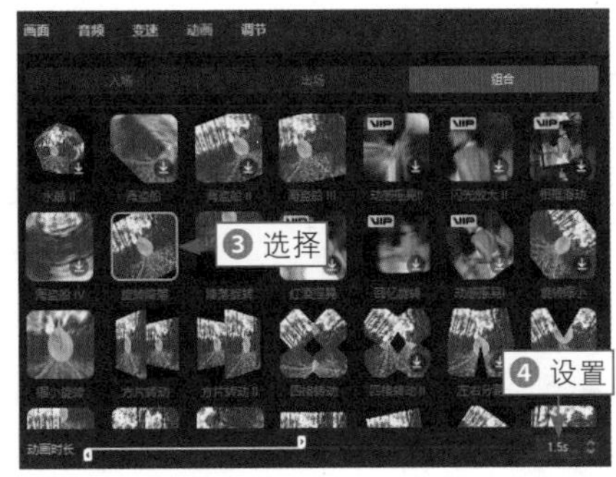

图 3-28　为多个素材设置动画效果

步骤09 ❶ 拖曳时间轴至“视频 1”和“视频 2”之间的位置；❷ 在“转场”功能区中，展开“幻灯片”选项卡；❸ 选择“翻页”转场效果，单击“添加到轨道”按钮⊕，如图 3-29 所示，即可将该转场效果应用到“视频 1”和“视频 2”之间。

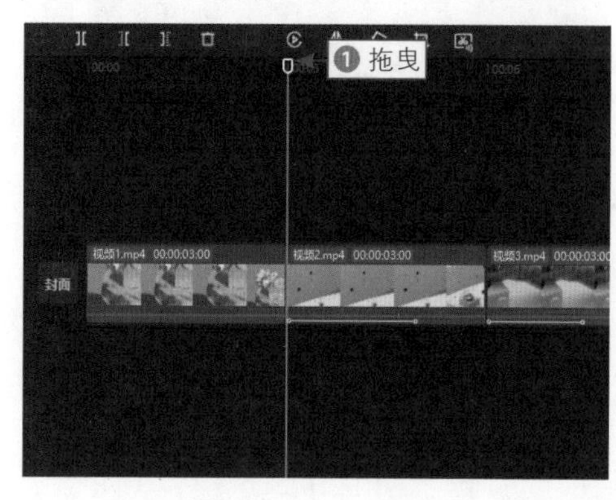

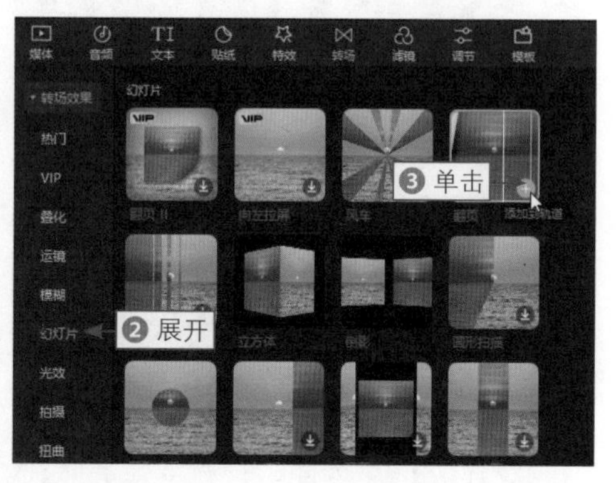

图 3-29 单击“添加到轨道”按钮（1）

步骤10 ❶ 拖曳时间轴至“视频 2”和“视频 3”之间的位置；❷ 在“幻灯片”转场选项卡中，选择“立方体”转场效果，单击“添加到轨道”按钮⊕，如图 3-30 所示。

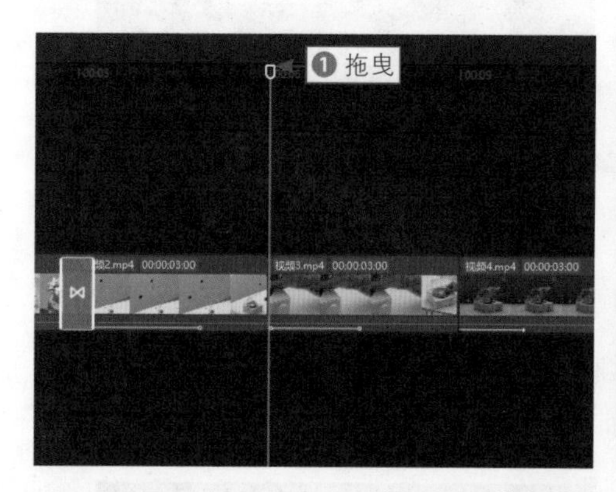

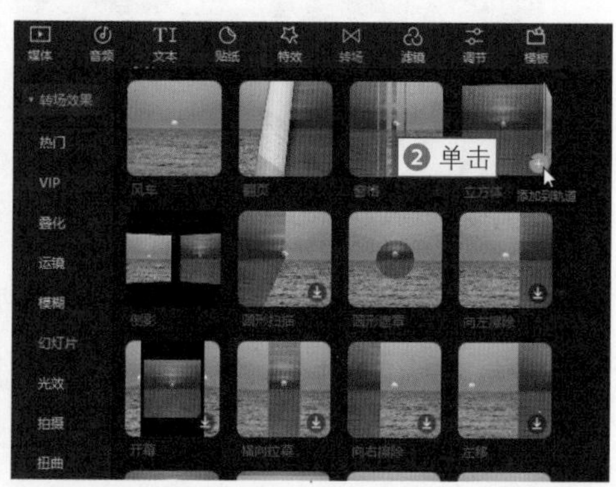

图 3-30 单击“添加到轨道”按钮（2）

步骤11 用同样的方法在“视频 3”和“视频 4”之间添加“倒影”幻灯片转场效果，在“视频 4”和“视频 5”之间添加“拉远”运镜转场效果。

3.2.4 替换素材

扫码看教程

通过替换素材的方式，可以在保留已经制作好的效果的基础上，将画面内容进行替换，不需要再重新制作效果。

下面介绍替换素材的操作方法。

步骤 01 拖曳时间轴至“视频 2”的起始位置，❶ 复制并粘贴“视频 2”素材，复制后的素材会在画中画轨道中呈现；❷ 用拖曳的方式，从“媒体”功能区的“本地”选项卡中，拖曳“视频 6”素材，使其覆盖至画中画轨道中的“视频 2”之上，如图 3-31 所示，然后释放鼠标左键。

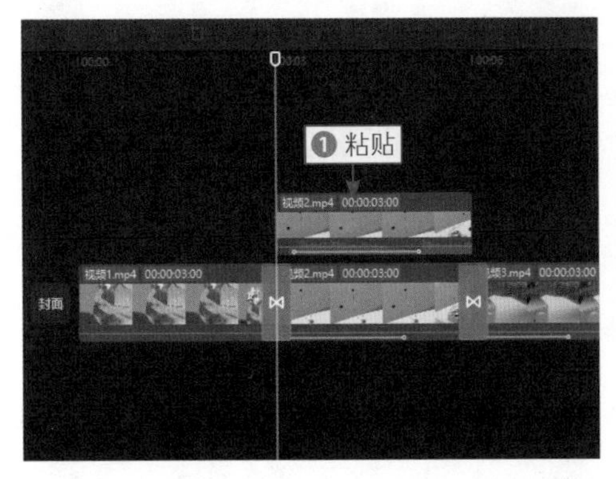

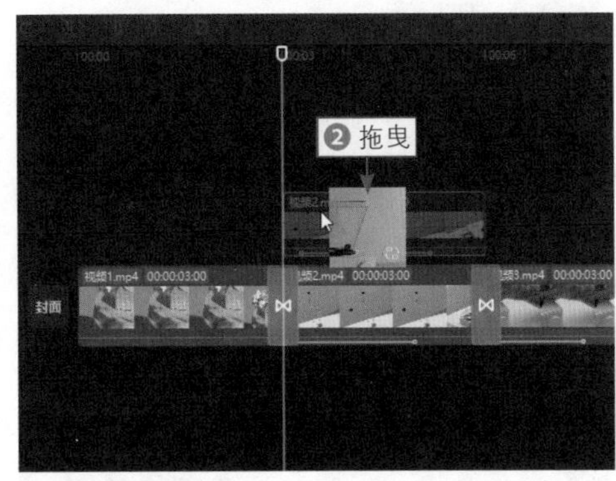

图 3-31 拖曳“视频 6”素材

步骤 02 在弹出的面板中，单击“替换片段”按钮，如图 3-32 所示，执行操作后，即可将画中画素材替换为“视频 6”。

图 3-32 单击“替换片段”按钮

步骤 03 ❶ 选择“视频 6”素材；❷ 在预览窗口中，调整“视频 6”在画面中的位置，如图 3-33 所示，使其位于画面右下角的位置。

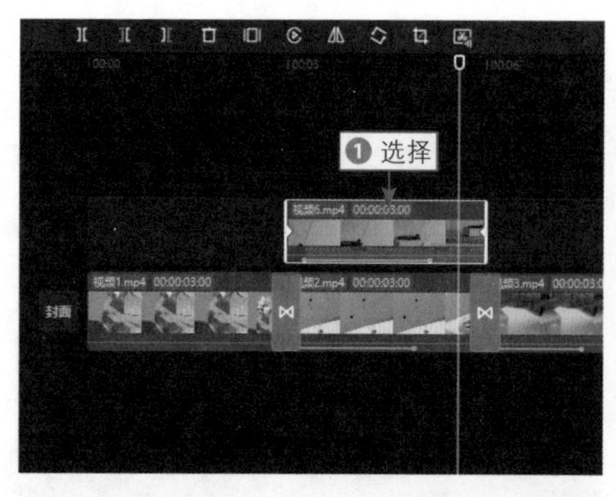

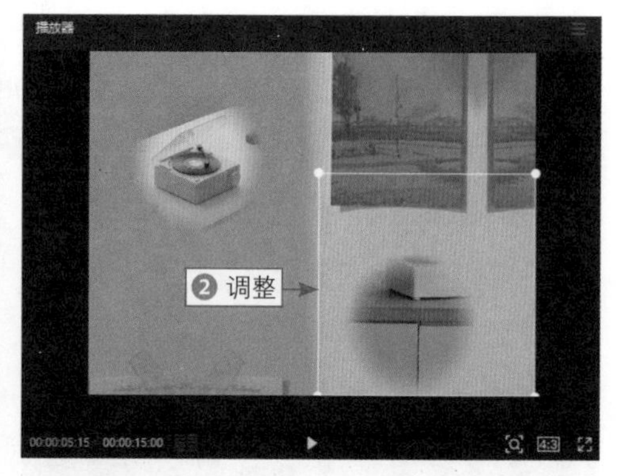

图 3-33　调整素材在画面中的位置

步骤 04 ❶ 在“画面”操作区中，切换至“蒙版”选项卡；❷ 在预览窗口中，调整蒙版的位置，如图 3-34 所示，将素材中的主体露出来。

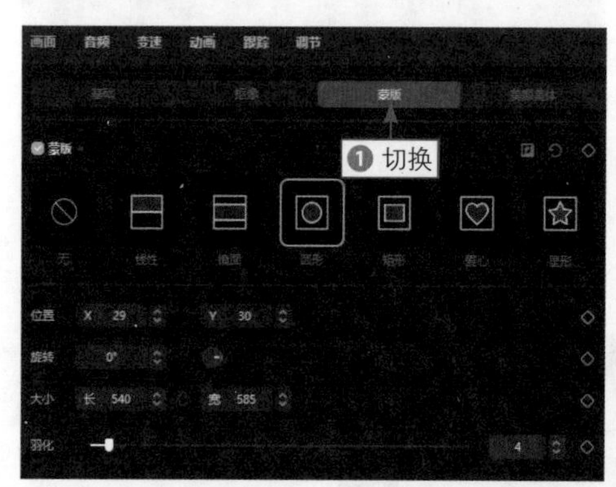

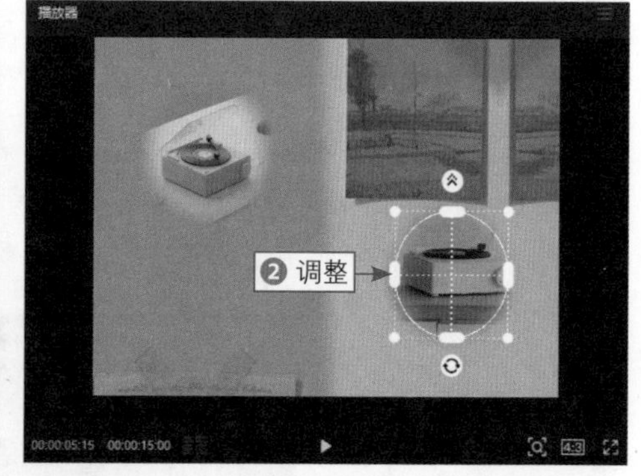

图 3-34　调整蒙版的位置

步骤 05 拖曳时间轴至“视频 3”的起始位置，❶ 复制、粘贴“视频 3”素材；❷ 用“视频 7”替换画中画轨道中的“视频 3”，如图 3-35 所示。

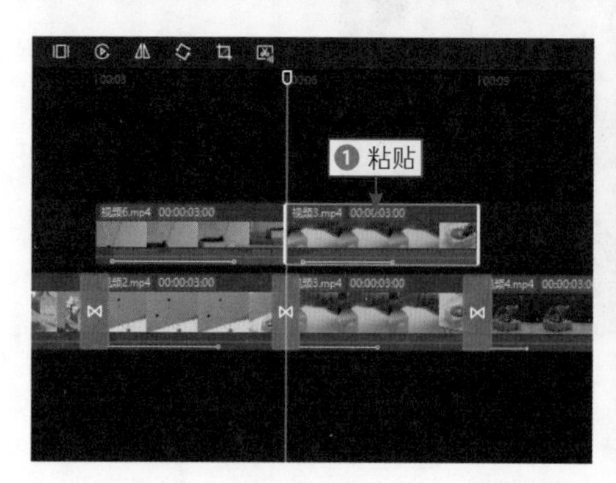

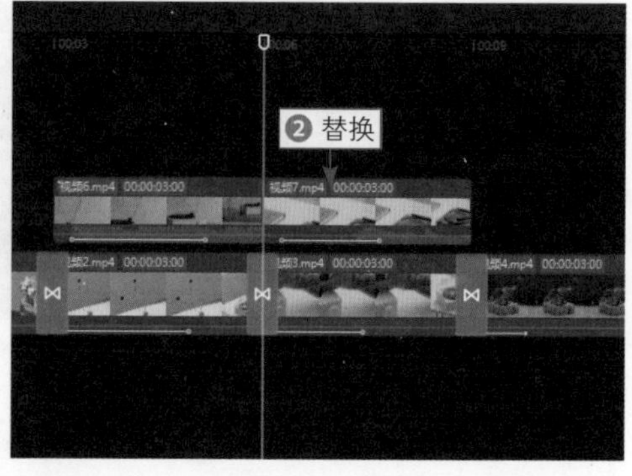

图 3-35　替换素材

步骤06 选择“视频 7”，在操作区切换至“基础”选项卡，❶ 在预览窗口中，调整素材在画面中的位置，使其位于画面右下角；❷ 切换至“蒙版”选项卡，根据素材画面，适当调整蒙版的位置和大小，如图 3-36 所示。

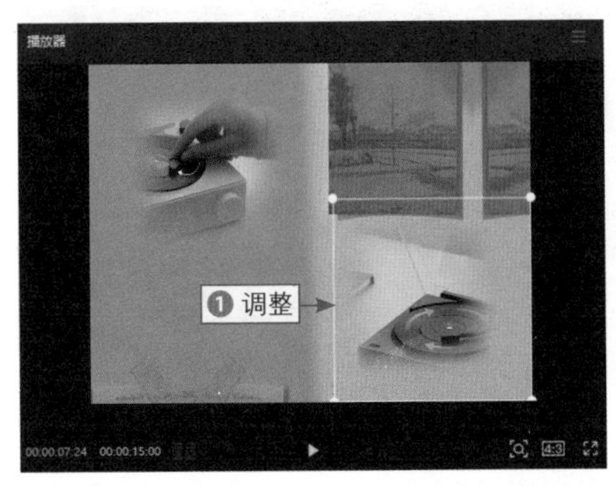

图 3-36　调整蒙版的位置和大小（1）

步骤07 用同样的方法，复制并粘贴“视频 4”素材，用“视频 8”替换画中画轨道中的“视频 4”，在预览窗口中，依次调整“视频 8”在画面中的位置和蒙版的位置、大小，如图 3-37 所示。

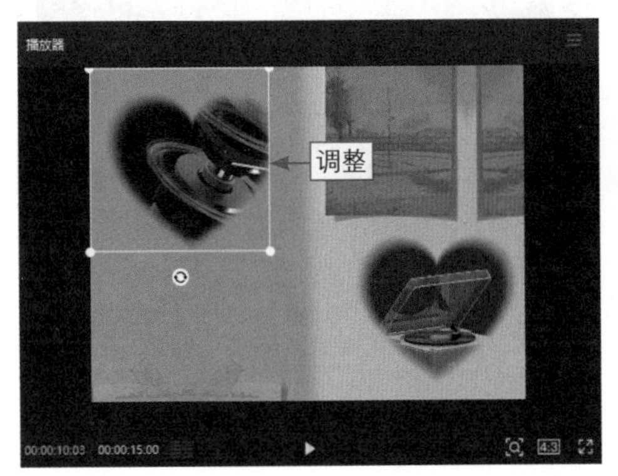

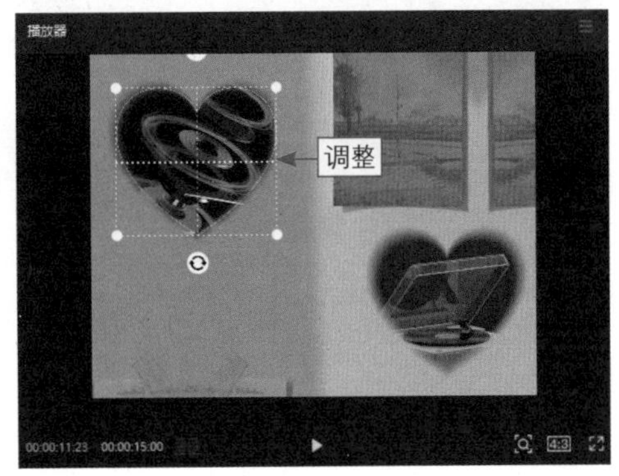

图 3-37　调整蒙版的位置、大小（2）

3.2.5　添加字幕和贴纸

扫码看教程

合适的字幕和贴纸可以很好地提升视频美观度，同时字幕还可以向观众传递一定的品牌信息，以此更好地达到宣传效果。

下面介绍添加字幕和贴纸的操作方法。

步骤 01 拖曳时间轴至视频的起始位置，❶ 在“文本”功能区中单击“默认文本”的“添加到轨道”按钮⊕；❷ 在时间线面板中调整其时长，如图 3-38 所示，使其结束位置与“视频 1”的结束位置对齐。

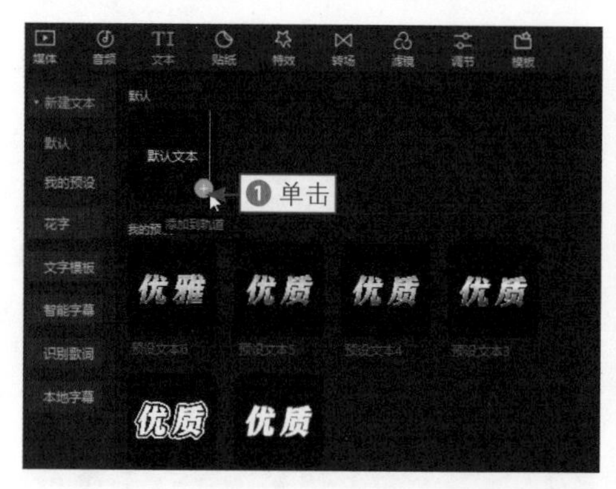

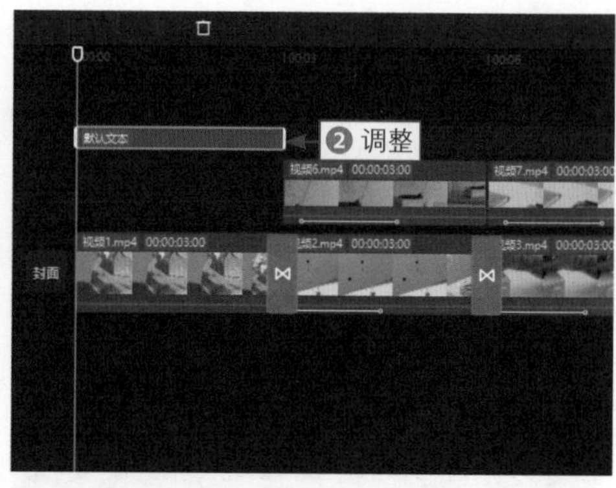

图 3-38　调整文字素材的时长

步骤 02 ❶ 在“文本”操作区，修改文字内容；❷ 选择一个合适的字体；❸ 依次单击B按钮和I按钮，为字体设置加粗和倾斜效果；❹ 在“预设样式”中，为文字选择一个合适的样式，如图 3-39 所示。

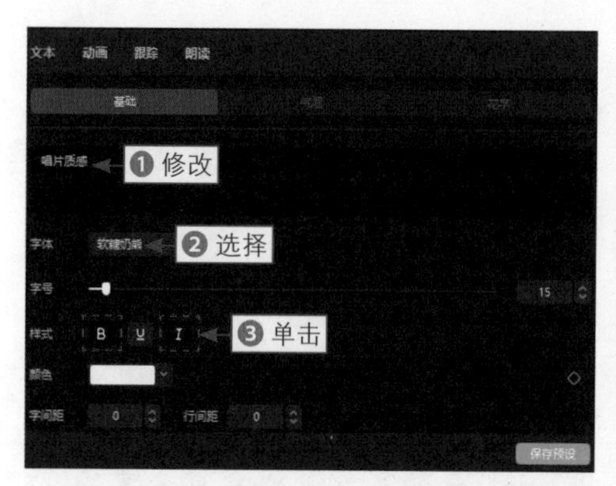

图 3-39　选择一个合适的“预设样式”

步骤 03 在预览窗口中，调整文字在画面中的位置，如图 3-40 所示，使其位于画面偏右下方的位置。

步骤 04 切换至“动画”操作区，❶ 选择“右下擦开”入场动画；❷ 设置“动画时长”参数为 1.0s，如图 3-41 所示。

步骤 05 ❶ 在“循环”选项卡中，选择“晃动”动画；❷ 设置“动画快慢”参数为 1.2s，如图 3-42 所示。

图 3-40　调整文字在画面中的位置（1）

图 3-41　设置“动画时长”参数

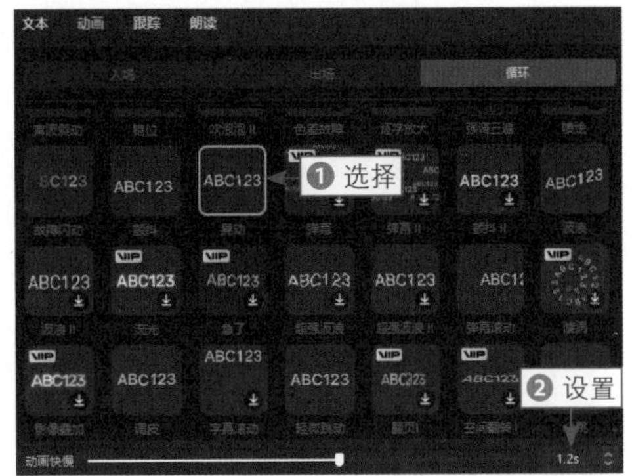

图 3-42　设置“动画快慢”参数（1）

步骤 06 复制文字素材，❶ 拖曳时间轴至“视频 2”的起始位置；❷ 粘贴文字素材；❸ 在“文本”操作区中修改文字内容，如图 3-43 所示。

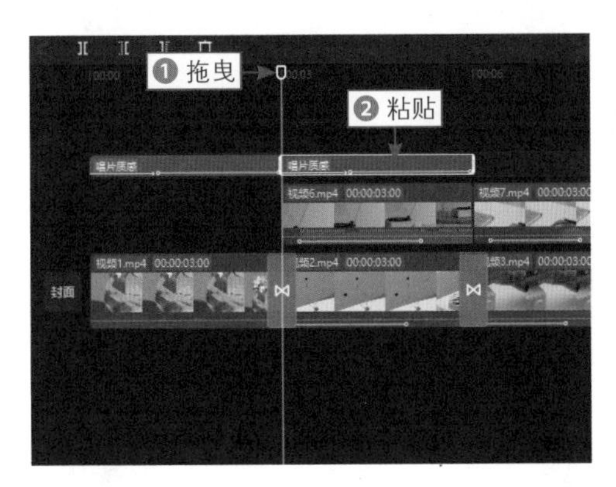

图 3-43　修改文字内容

步骤 07 在预览窗口中，调整文字在画面中的位置，如图 3-44 所示，使其位于左下角的位置。

图 3-44　调整文字在画面中的位置（2）

步骤 08 用同样的方法，为“视频 4”和“视频 5”的画面添加字幕，并根据画面调整文字的位置，如图 3-45 所示。

图 3-45　为多个素材添加字幕

步骤 09 拖曳时间轴至视频的起始位置，❶ 在“贴纸”功能区，搜索“音符”；❷ 选择一个合适的贴纸，单击“添加到轨道”按钮；❸ 在预览窗口中，调整贴纸的大小、位置和倾斜角度，如图 3-46 所示。

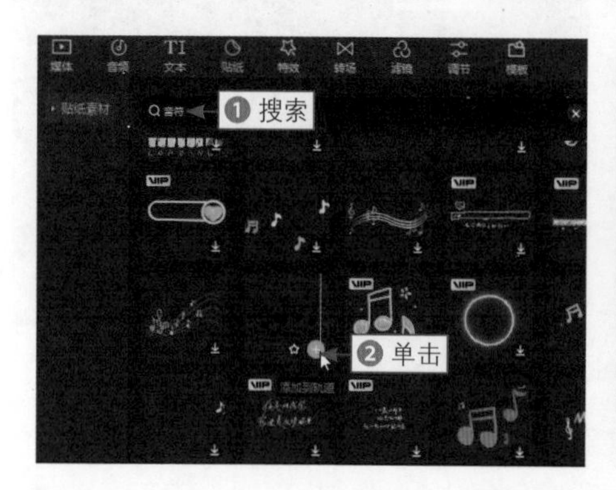

图 3-46　调整贴纸的大小、位置和倾斜角度

步骤 10 切换至“动画”操作区，❶ 选择“向右滑动”入场动画；❷ 设置“动画时长”参数为 1.0s；❸ 选择“闪烁”循环动画；❹ 设置“动画快慢”参数为 2.0s，如图 3-47 所示。

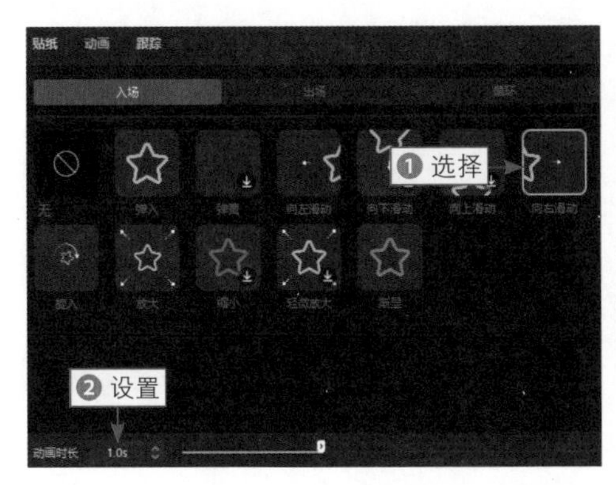

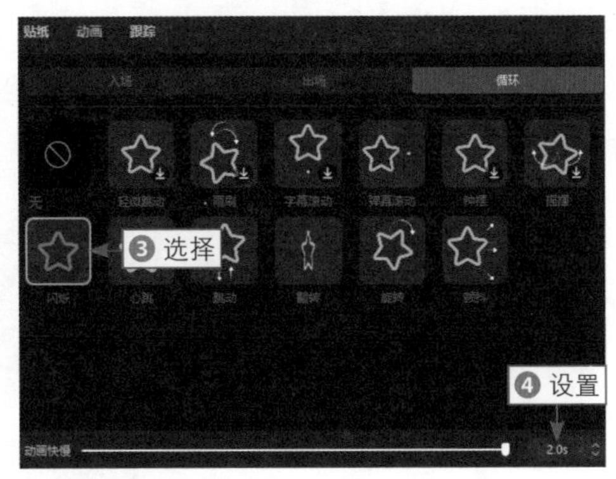

图 3-47　设置“动画快慢”参数（2）

步骤 11 拖曳时间轴至“视频 3”的起始位置，❶ 在“贴纸”功能区选择一个合适的贴纸，单击“添加到轨道”按钮；❷ 在预览窗口中调整贴纸的大小和位置，如图 3-48 所示，使其位于画面左下角的位置。

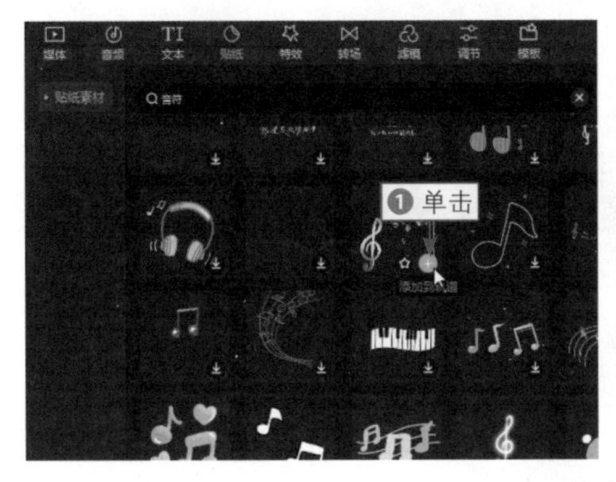

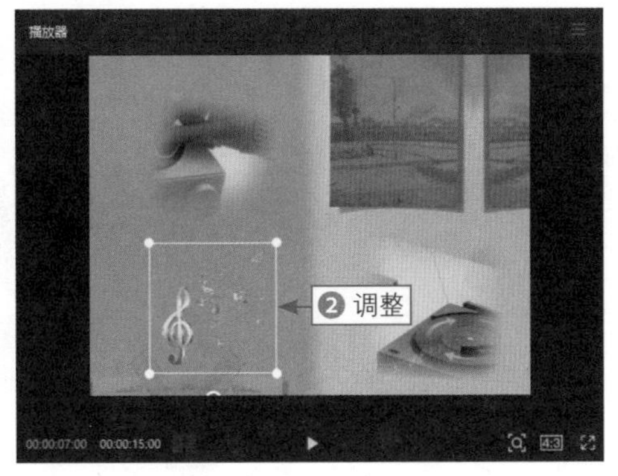

图 3-48　调整贴纸的大小和位置

步骤 12 将视频轨道和画中画轨道的原声关闭，添加一首合适的背景音乐，即可导出视频。

第 4 章　门店宣传：《房鱼地产》

门店宣传视频，也是当下很重要的商业性视频之一。这类视频需要根据具体的门店性质、售卖商品或者服务类型来进行制作。本章将以门店宣传视频《房鱼地产》为例，为大家介绍如何制作动感的宣传视频，在全面展示门店信息的同时，又独具特色。

4.1　欣赏视频效果

门店宣传视频和前面所学的企业宣传视频虽然都是宣传视频，但也是有一定区别的。门店宣传视频的重点是展现具体的门店特色，通过视频来吸引顾客。不同类型的门店所要展现的重点也是大不相同的，可以重点体现店里的产品，也可以展示优质服务或者门店环境等。

本节将为大家展示《房鱼地产》的视频效果，同时简要介绍剪辑该视频将会使用到的一些操作。

4.1.1　效果赏析

视频《房鱼地产》是一个房产中介的门店宣传视频，所以门店中并无具体产品，重在体现店内环境。图 4-1 所示为门店宣传视频《房鱼地产》效果展示。

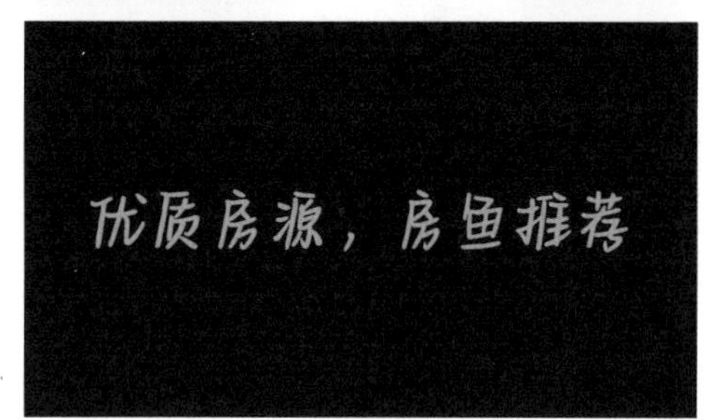

图 4-1　门店宣传视频《房鱼地产》效果展示

4.1.2 技术提炼

《房鱼地产》视频主要利用了画中画、蒙版、背景填充、倒放、变速、动画、转场和字幕这几个功能，制作了一个比较动感的宣传视频。

该视频利用画中画和蒙版制作出了分屏效果。图 4-2 所示为视频《房鱼地产》通过画中画和蒙版制作的分屏效果展示，多个画面同时呈现，会给观众带来比较强烈的视觉冲击。

图 4-2　视频《房鱼地产》通过画中画和蒙版制作的分屏效果展示

背景填充的方式有很多，在该视频中运用了颜色填充的方式，为其中的两个图片素材设置了不同颜色的背景。

图 4-3 所示为视频《房鱼地产》背景填充效果展示。

图 4-3　视频《房鱼地产》背景填充效果展示

倒放就是让视频从后往前播放，通过倒放可以达成一种与原视频相反的效果。在视频《房鱼地产》中，为一段视频素材设置了倒放，将原本的前推运镜画面变成了一段后拉运镜。

变速有常规变速和曲线变速，本章为《房鱼地产》中的部分视频素材设置了曲线变速，可以给视频增加一些趣味性。

图 4-4 所示是为视频《房鱼地产》设置了变速的部分画面。

动画和转场都是可以让视频呈现多种变化的操作，为视频设置合适的动画和转场效果，可以带来更丰富的视觉体验。

图 4-4　为视频《房鱼地产》设置了变速的部分画面

图 4-5 所示为视频《房鱼地产》中动画和转场效果展示。

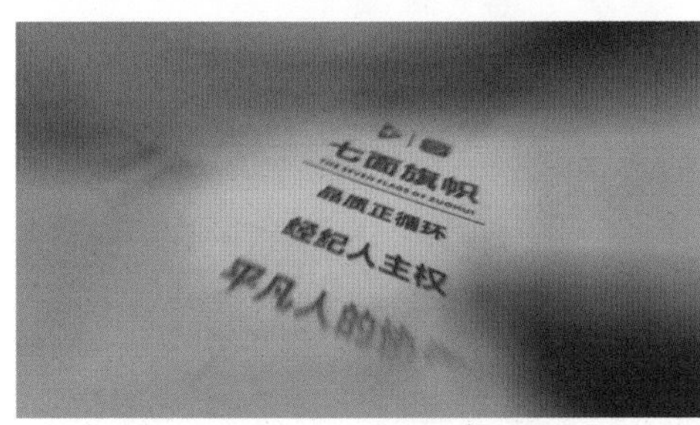

图 4-5　视频《房鱼地产》中动画和转场效果展示

字幕是很多视频中都会存在的一个元素，该视频中的字幕比较简单，只在片尾添加了字幕，但这也是该宣传视频中不可缺少的一部分。

图 4-6 所示为视频《房鱼地产》片尾字幕效果展示。

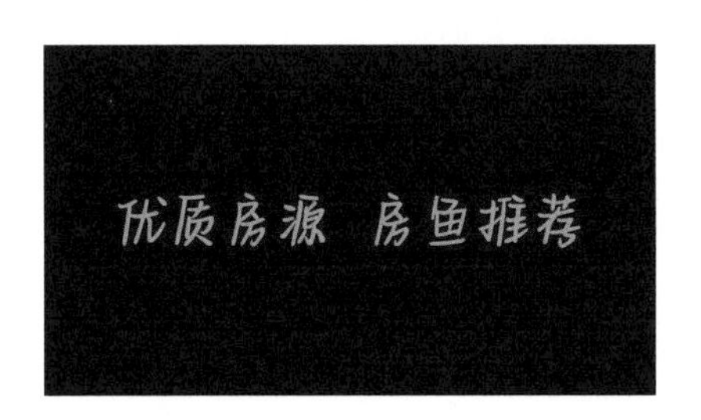

图 4-6　视频《房鱼地产》片尾字幕效果展示

4.2 视频制作过程

门店宣传视频《房鱼地产》由 14 个视频素材和 2 张图片素材组成，是一个比较有节奏感的视频。该视频虽然看起来复杂，但实际操作起来并不困难，相信大家通过学习该案例，能够掌握这些剪辑操作，制作更多精美的视频。

本节为大家详细讲解宣传视频《房鱼地产》的制作流程。

4.2.1 制作分屏效果

扫码看教程

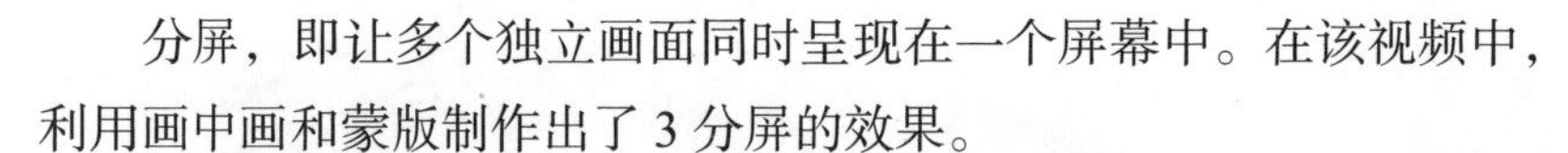

分屏，即让多个独立画面同时呈现在一个屏幕中。在该视频中，利用画中画和蒙版制作出了 3 分屏的效果。

下面介绍在剪映中制作分屏效果的操作方法。

步骤 01 进入剪映剪辑界面，导入 14 个视频素材、两张图片素材和背景音乐素材，❶ 将“背景音乐”素材添加到轨道中；❷ 将鼠标指针放在该素材上，单击鼠标右键，在弹出的快捷菜单中，选择“分离音频”命令；❸ 单击“删除”按钮，如图 4-7 所示，执行操作后，即可将该素材中的画面删除，只留下所需要的音频素材。

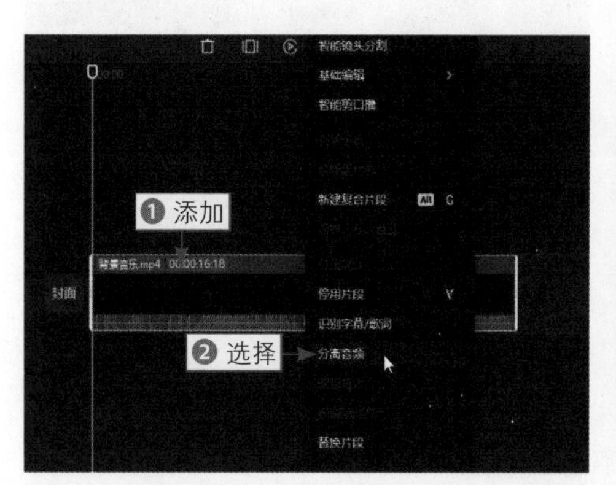

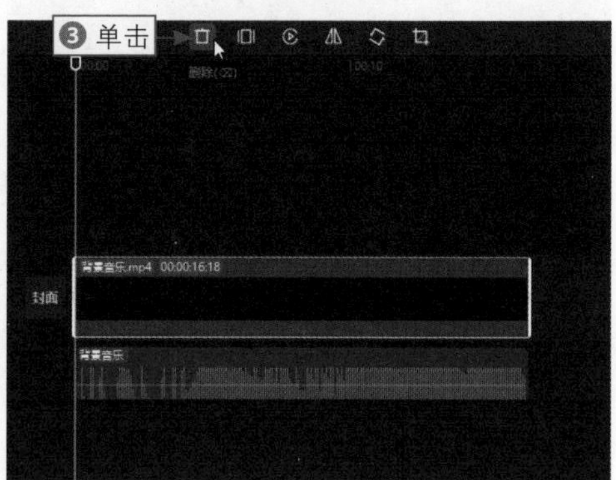

图 4-7 单击“删除”按钮

步骤 02 将 14 个视频素材按顺序添加到轨道中，如图 4-8 所示。

步骤 03 ❶ 拖曳时间轴至 00:00:00:07 的位置；❷ 用拖曳的方式，将“视频 2”素材拖曳至“视频 1”素材上方的位置；❸ 拖曳时间轴至 00:00:00:11 的位置；❹ 用拖曳的方式，将“视频 3”素材拖曳至“视频 2”素材上方的位置，如图 4-9 所示，即可将“视频 2”和“视频 3”变成“视频 1”的画中画，所生成的这两个轨道都是画中画轨道。

图 4-8　将视频素材添加到轨道中

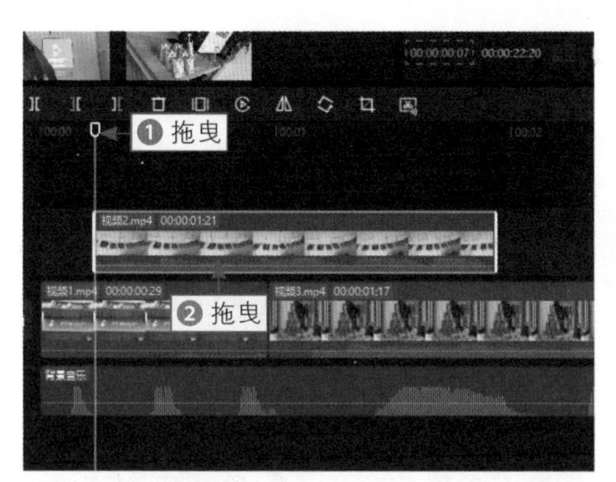

图 4-9　拖曳“视频 3”素材

步骤 04 拖曳时间轴至视频的起始位置，❶ 选择“视频 1”素材；❷ 在“画面”操作区中，展开“蒙版”选项卡；❸ 选择“镜面”蒙版，如图 4-10 所示。

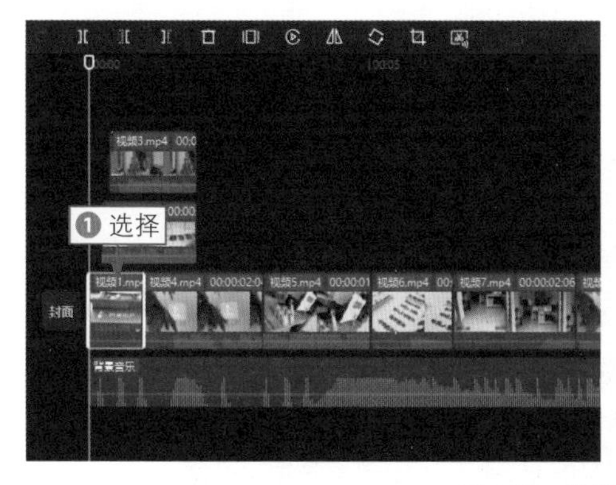

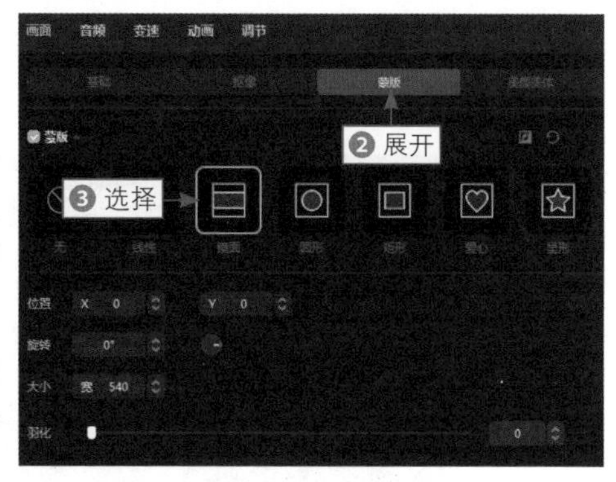

图 4-10　选择“镜面”蒙版

步骤 05 在预览窗口中，调整蒙版的宽度、大小和位置，如图 4-11 所示，使呈现的视频画面大概为整个画面的三分之一，并选择更合适的画面进行呈现。

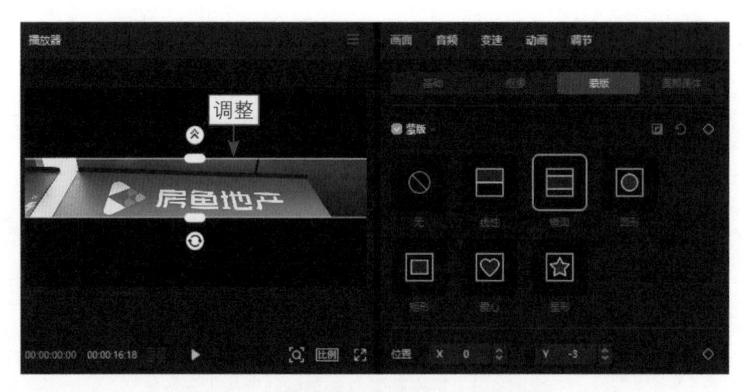

图 4-11　调整蒙版的宽度、大小和位置

步骤 06 拖曳时间轴至“视频 2”的起始位置，❶ 选择“视频 2”素材；❷ 在“画面”操作区的“基础”选项卡中，设置 Y 的位置参数为 650，如图 4-12 所示。

图 4-12　设置 Y 的位置参数

步骤 07 ❶ 在“蒙版”选项卡中选择“线性”蒙版；❷ 在预览窗口中调整蒙版的位置，如图 4-13 所示，使呈现的画面处于上三分之一的位置。

图 4-13　调整蒙版的位置（1）

步骤 08 拖曳时间轴至“视频 3”的起始位置，并选择“视频 3”素材，❶ 在“蒙版”选项卡中选择“线性”蒙版；❷ 设置“旋转”参数为 180°，调整蒙版方向；❸ 在预览窗口中调整蒙版的位置，如图 4-14 所示，使呈现的画面处于下三分之一的位置。

图 4-14　调整蒙版的位置（2）

步骤 09 在“媒体”功能区中的“本地”选项卡中，❶ 用拖曳的方式，将“图片 1”素材拖曳到“视频 1”和“视频 4”之间的位置，并调整其时长为 00:00:01:00；❷ 拖曳时间轴至 00:00:03:03 的位置；❸ 将“视频 5”拖曳至第 1 个画中画轨道中，如图 4-15 所示。

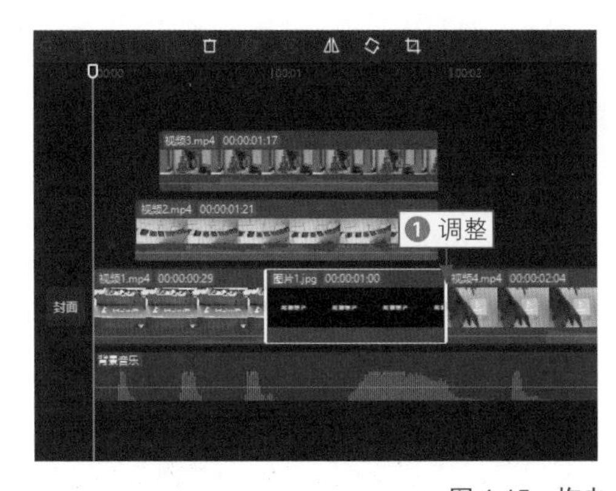

图 4-15　拖曳“视频 5”素材

步骤 10 ❶ 拖曳时间轴至 00:00:03:17 的位置；❷ 将“视频 6”拖曳至第 2 个画中画轨道中，如图 4-16 所示。

步骤 11 用与前面相同的方法，为“视频 4”添加“镜面”蒙版，调整蒙版位置，使画面处于中间三分之一的位置；设置“视频 5”的 *Y* 位置参数为 -640，添加“线性”蒙版，设置“旋转”参数为 180°，调整蒙版位置，使画面处于下三分之一的位置；设置“视频 6”的 *Y* 位置参数为 320，添加“线性”蒙版，调整蒙版位置，使画面处于上三分之一的位置，效果如图 4-17 所示。

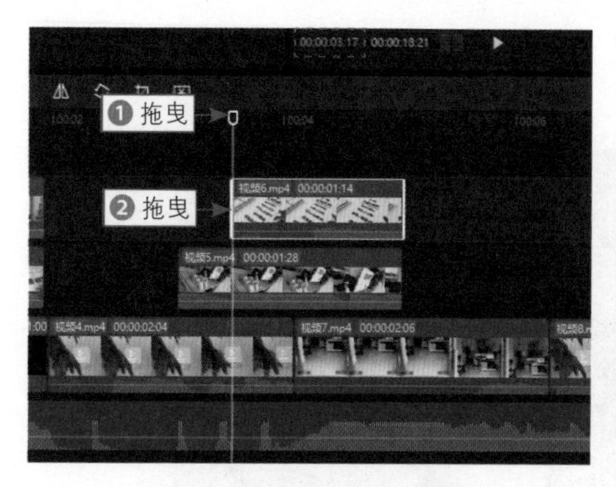

图 4-16　拖曳“视频 6”素材

图 4-17　为多个素材添加并调整蒙版位置

4.2.2　设置背景填充

扫码看教程

在视频《房鱼地产》中，我们为两张图片素材设置了的背景填充效果，改变了其原本的底色。

下面介绍设置背景填充的操作方法。

步骤 01 拖曳时间轴至“图片 1”素材的起始位置，❶ 选择“图片 1”素材；❷ 在操作区的“基础”选项卡中，选择“滤色”混合模式，如图 4-18 所示。

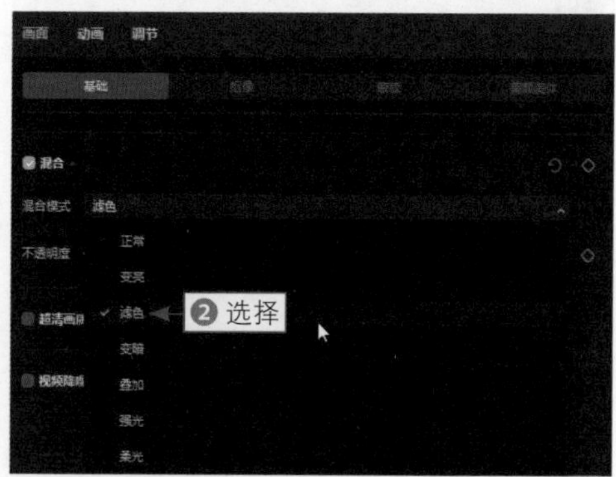

图 4-18　选择“滤色”混合模式（1）

步骤 02 ❶ 在“背景填充”列表框中，选择“颜色”填充；❷ 选择第 1 个颜色图标；❸ 在弹出的颜色选择面板中，通过拖曳滑块的方式，选择一种合适的蓝色作为背景颜色，如图 4-19 所示。

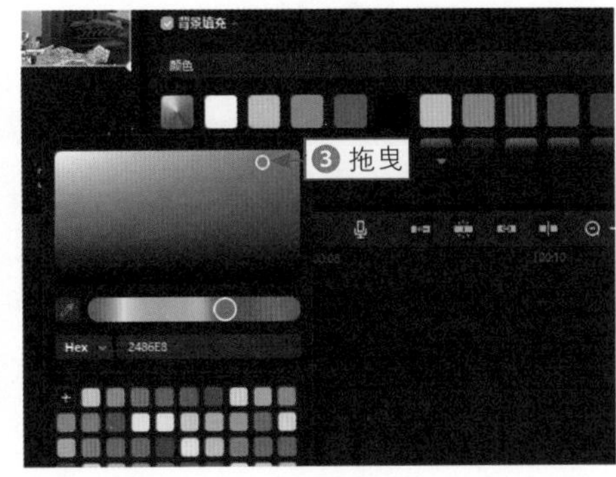

图 4-19　拖曳滑块（1）

步骤 03 从“媒体”功能区中的“本地”选项卡中，❶ 用拖曳的方式，将“图片 2”素材拖曳到“视频 4”和“视频 7”之间的位置，并调整其时长为 00:00:00:28；❷ 在操作区中，选择“滤色”混合模式，如图 4-20 所示。

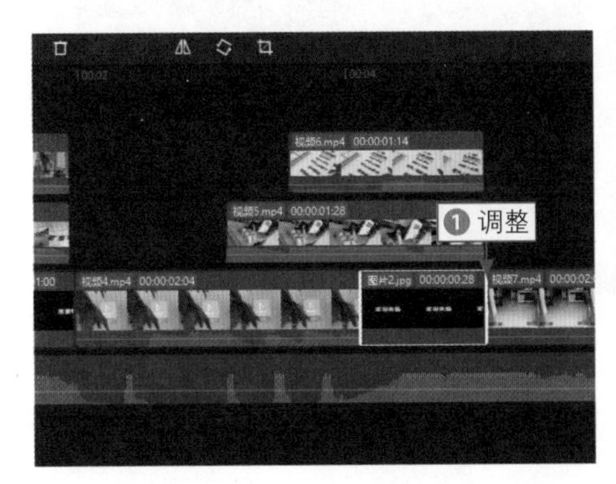

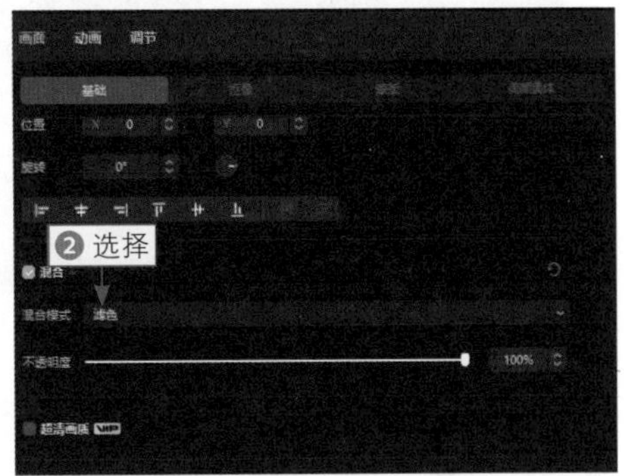

图 4-20　选择“滤色”混合模式（2）

步骤 04 ❶ 在“背景填充”选项卡中，选择“颜色”填充；❷ 选择第 1 个颜色图标；❸ 拖曳滑块，选择一种合适的红色作为背景颜色，如图 4-21 所示。

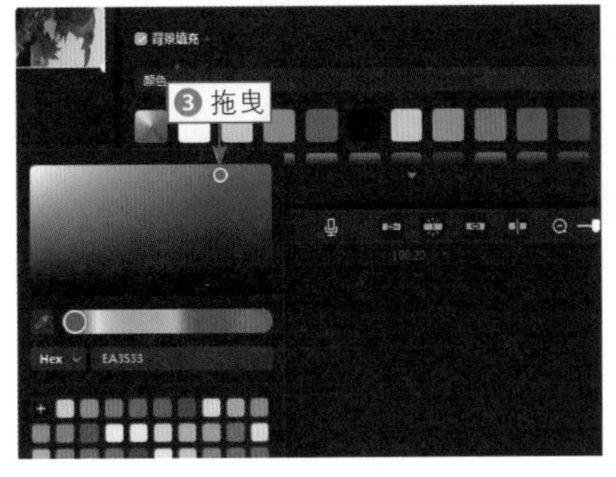

图 4-21　拖曳滑块（2）

4.2.3 设置倒放和变速

扫码看教程

在视频《房鱼地产》中，我们为一段素材设置了倒放，制作出一种从室内退到室外的效果，并为 8 个视频素材设置了变速效果，制造了一种画面变化出其不意的效果。

下面介绍在剪映中设置倒放和变速的操作方法。

步骤 01 ❶ 选择“视频 13”素材；❷ 单击“倒放”按钮，如图 4-22 所示，执行操作后，等待片段倒放完成即可。

图 4-22 单击“倒放”按钮

步骤 02 ❶ 选择“视频 7”素材；❷ 在“变速”操作区中，选择“曲线变速”选项，如图 4-23 所示。

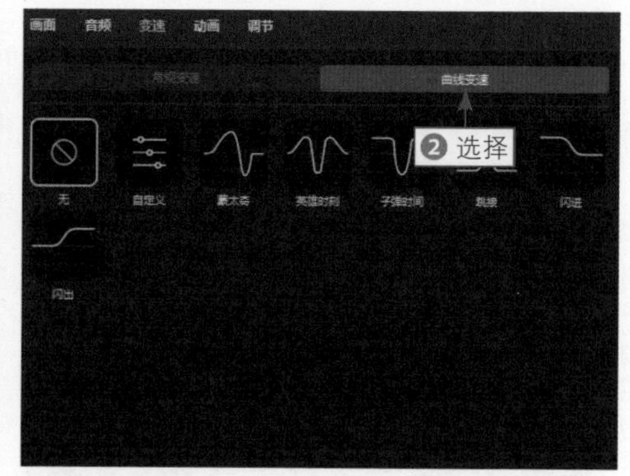

图 4-23 选择“曲线变速”选项

步骤 03 ❶ 选择“蒙太奇”变速；❷ 选中“智能补帧”复选框，如图 4-24 所示，执行操作后，即可生成顺滑的慢动作。

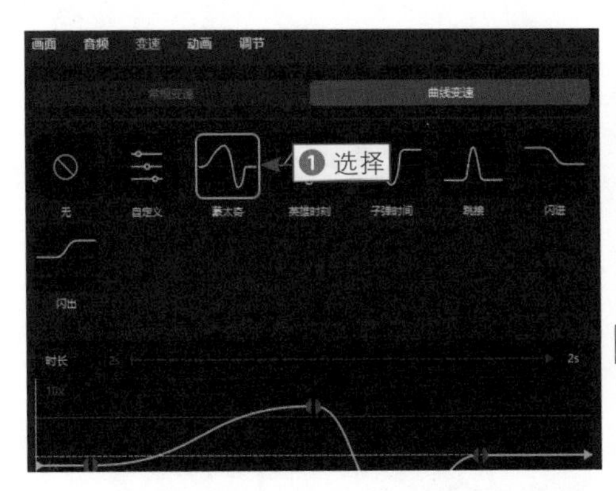

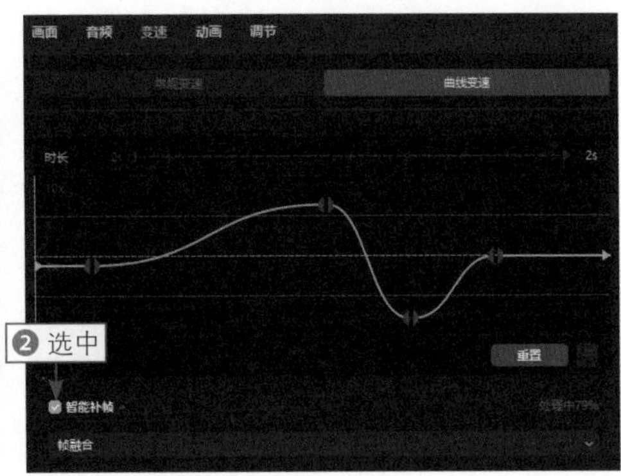

图4-24　选中“智能补帧”复选框

步骤04 用同样的操作方法，为“视频8”～“视频14”设置“蒙太奇”变速。

4.2.4　设置动画和转场

扫码看教程

在视频《房鱼地产》中，我们为部分素材设置了动画效果，在部分素材之间设置了转场效果，让整个视频画面看起来更富有动感。

下面介绍设置动画和转场的操作方法。

步骤01 ❶ 选择“视频1”素材；❷ 切换至“动画”操作区；❸ 选择“放大”入场动画；❹ 设置“动画时长”参数为0.2s，如图4-25所示，制作出画面快速放大出现在眼前的效果。

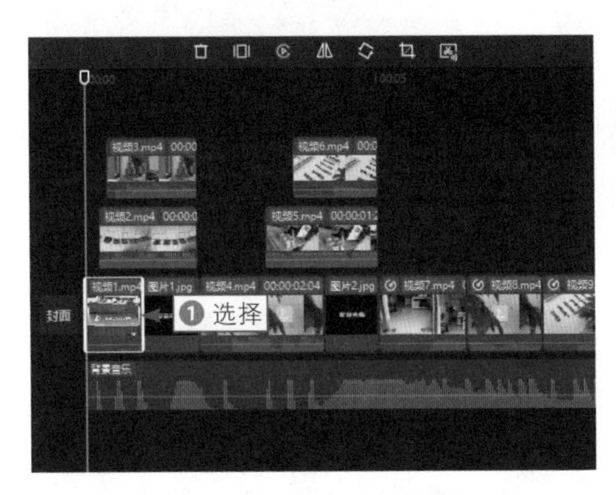

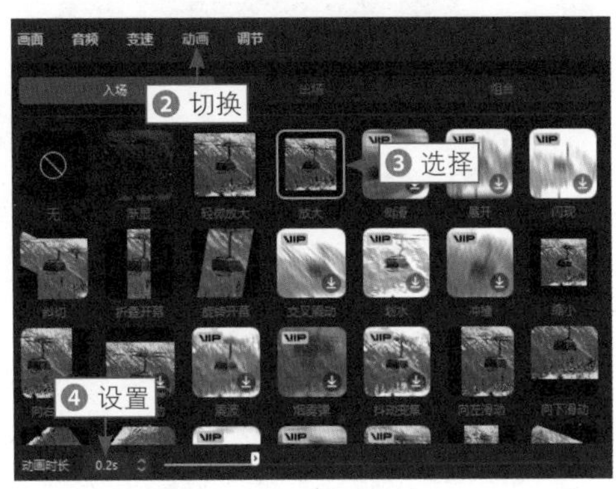

图4-25　设置“动画时长”参数

步骤02 用同样的操作方法，为“视频2”和“视频3”分别设置0.2s和0.3s的“放大”入场动画。

步骤03 ❶ 选择“图片1”素材；❷ 在“动画”操作区中，选择“动感缩小”入场动画；❸ 设置“动画时长”参数为0.2s，如图4-26所示。

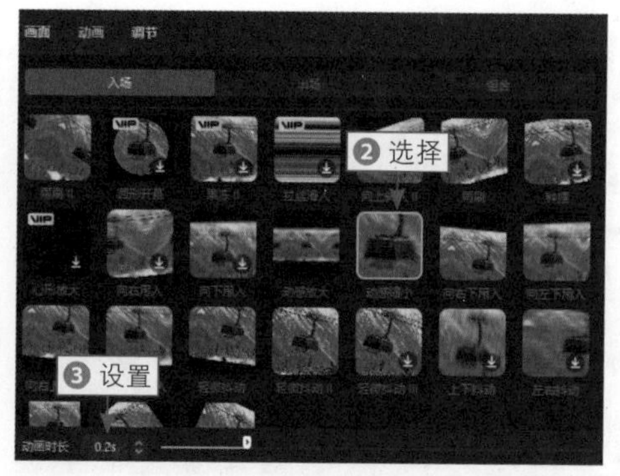

图 4-26　设置“动画时长”参数

步骤 04 用与上面相同的方法，为“视频 4”～“视频 6”素材依次设置 0.3s 的“缩小”入场动画，为“图片 2”素材设置 0.2s 的“漩涡旋转”入场动画，部分操作如图 4-27 所示。

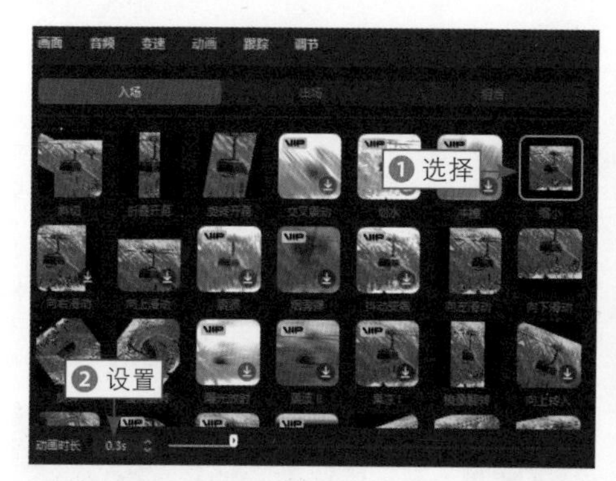

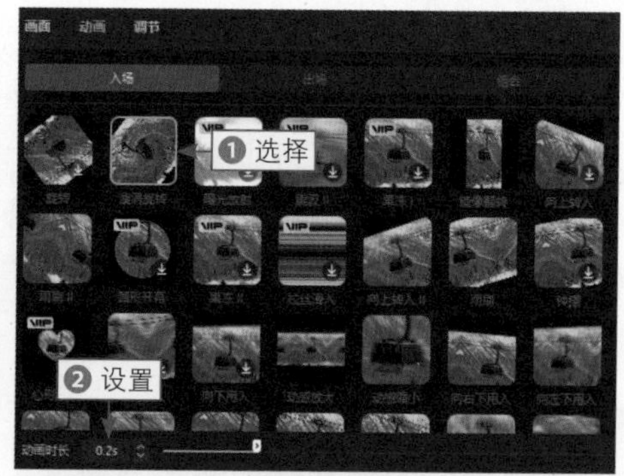

图 4-27　部分操作步骤

步骤 05 ❶ 拖曳时间轴至“视频 7”和“视频 8”之间的位置；❷ 在功能区中，单击“转场”按钮，如图 4-28 所示，切换至“转场”功能区。

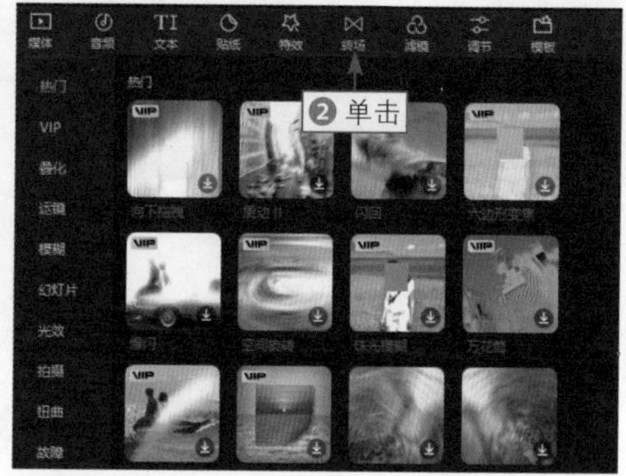

图 4-28　单击“转场”按钮

步骤06 ❶ 展开“运镜”选项卡；❷ 选择“无限穿越 I ”转场效果，单击“添加到轨道”按钮，如图 4-29 所示，即可将该转场效果应用到“视频 7”和“视频 8”两个素材之间。

步骤07 用同样的操作方法，将“无限穿越 I ”转场效果添加到“视频 8”～“视频 14”的每两个素材之间，如图 4-30 所示。

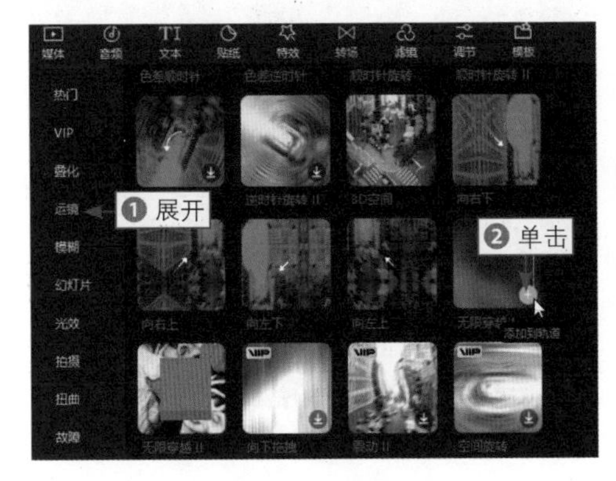

图 4-29 单击“添加到轨道”按钮

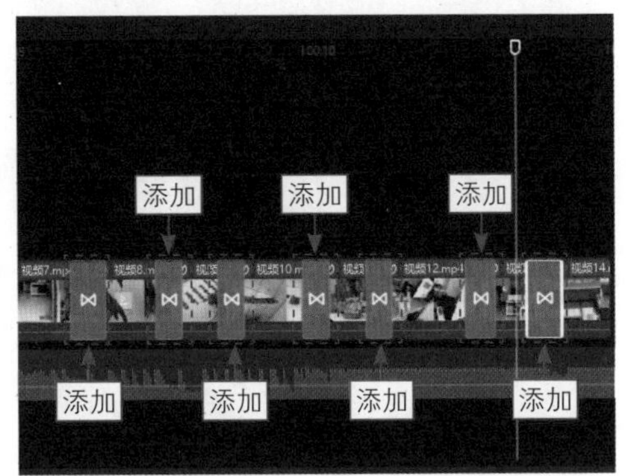

图 4-30 添加多个转场

4.2.5 添加字幕

扫码看教程

视频《房鱼地产》中添加的字幕相对比较简单，只在片尾添加了字幕作为整个视频的结束。

下面介绍在剪映中添加字幕的操作方法。

步骤01 ❶ 拖曳时间轴至“视频 14”的结束位置；❷ 在“文本”功能区中，单击“默认文本”右下角的“添加到轨道”按钮，如图 4-31 所示，添加一个默认文本至轨道中。

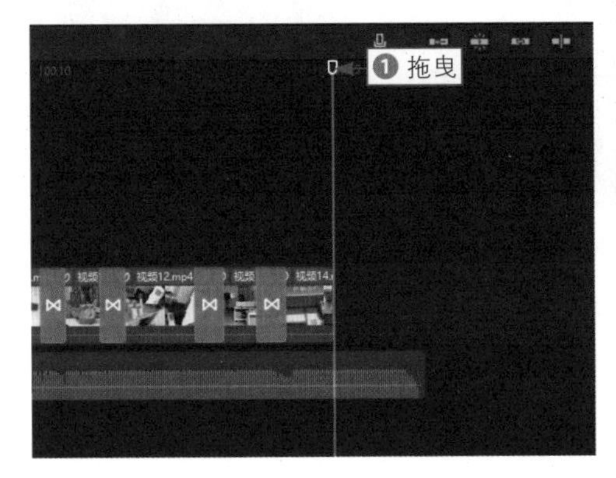

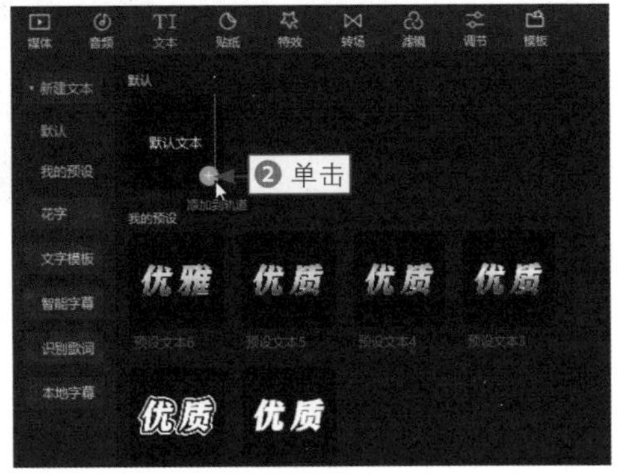

图 4-31 单击“添加到轨道”按钮

步骤02 ❶ 在时间线面板中，调整“默认文本”的时长，使其结束位置和音频素材的结束位置对齐；❷ 在“文本”操作区中，修改文字内容；❸ 选择一个合适的字体；❹ 设置“字号”参数为17；❺ 依次单击“样式”中的B按钮和I按钮，如图4-32所示，为文字设置加粗和倾斜的效果。

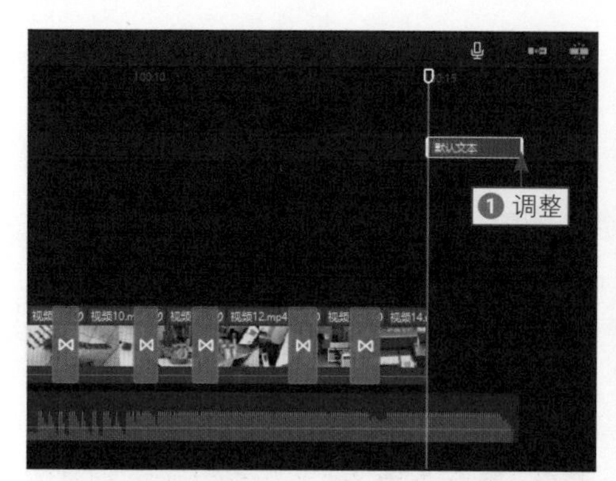

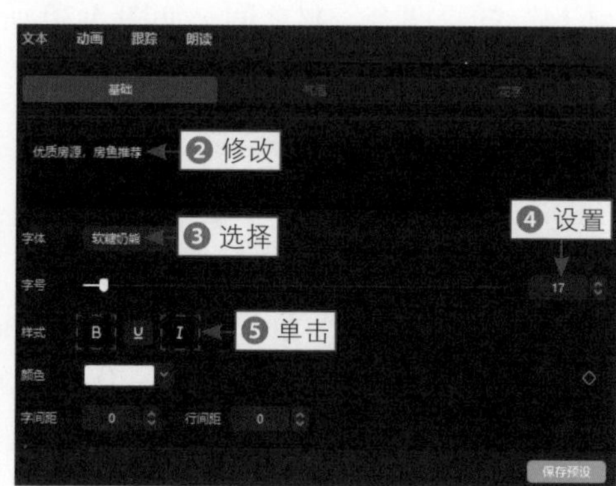

图4-32　单击相应的按钮

步骤03 在“颜色”选项卡中，拖曳滑块，如图4-33所示，为文字选择一种合适的蓝色。

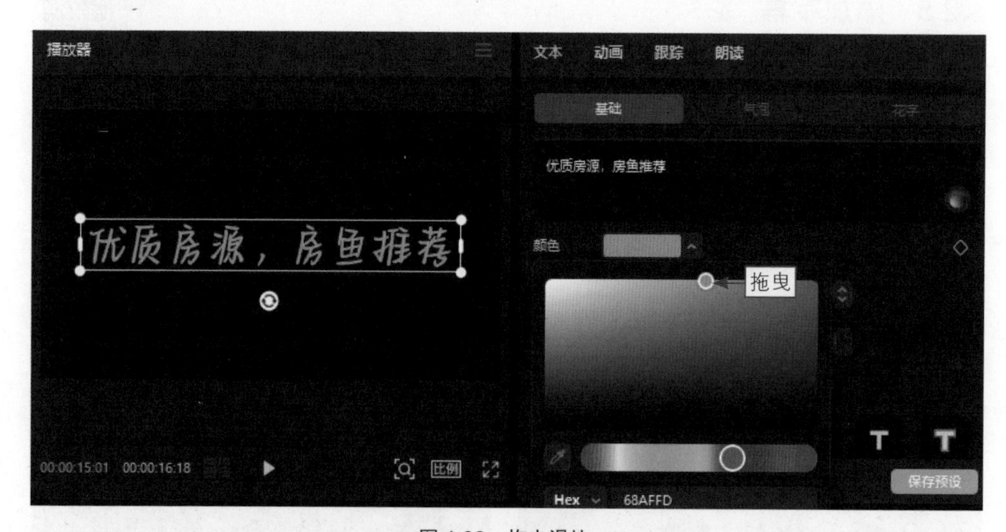

图4-33　拖曳滑块

步骤04 ❶ 切换至“动画”操作区；❷ 选择“甩出”入场动画；❸ 设置“动画时长”参数为0.2s，如图4-34所示。

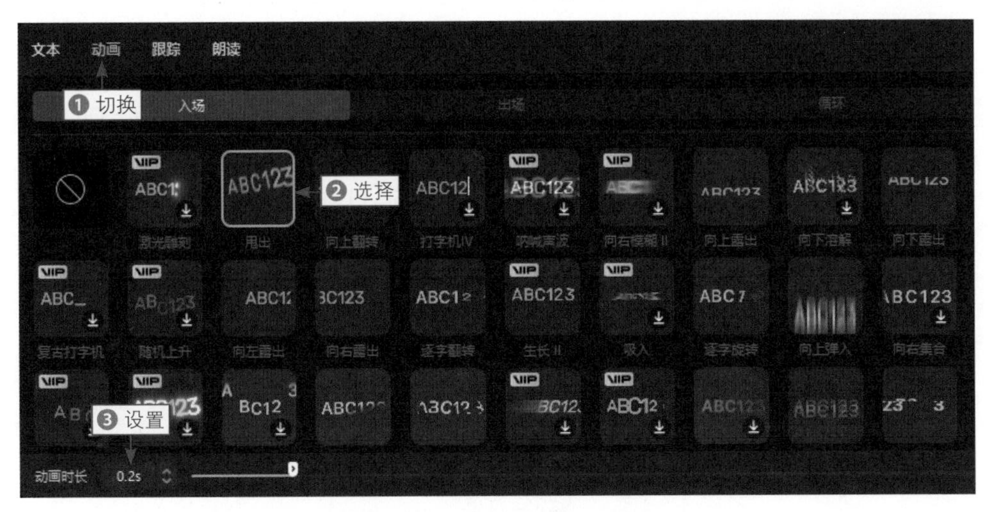

图 4-34　设置“动画时长”参数

步骤 05 依次单击视频轨道和两个画中画轨道左侧的“关闭原声”按钮，将所有素材的原声关闭，如图 4-35 所示，即可将视频导出。

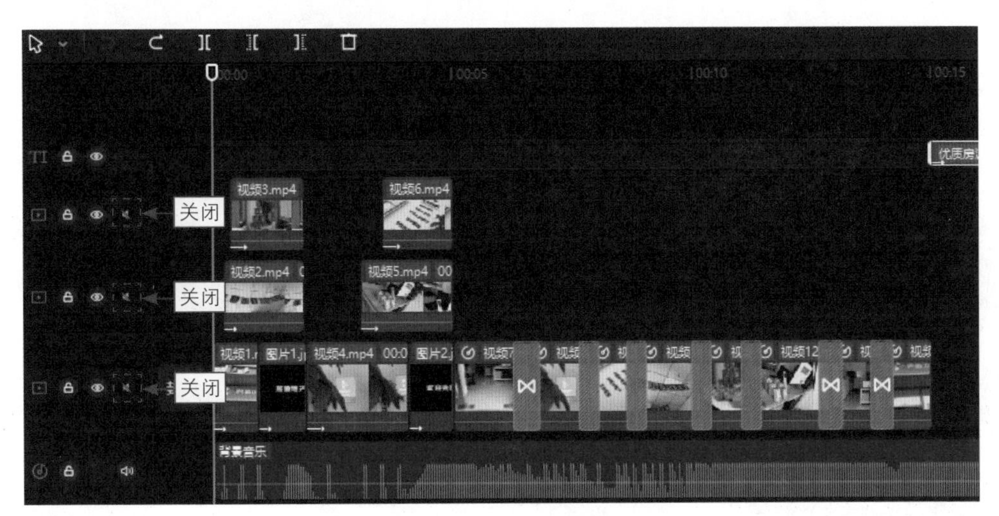

图 4-35　单击“关闭原声”按钮

第5章　主图视频：《时尚女装》

主图视频是指通过视频的方式多角度地展示商品的设计、细节、卖点等，体现商品的质量和用途，以此来吸引观众下单购买。主图视频能够有效利用手机屏幕可以聚焦信息的特点，提供一个更加纯粹、直观的购物场景，让观众通过视频即可充分了解商品的方方面面。本章将通过《时尚女装》这个视频案例，介绍主图视频的制作技巧。

5.1　欣赏视频效果

要制作商品主图视频，首先要从各角度为商品拍摄视频，并且要能够体现出商品卖点，然后将制作好的素材导入到剪映中，按顺序添加至视频轨道，并将多余部分剪切掉，例如由远及近、由外观到功能等，最后添加合适的转场、文案和背景音乐。

本章展示的案例视频《时尚女装》，是展示女装的主图视频，所以视频的重点在于展示服装的上身效果和局部细节等。

本节将先为大家展示视频效果，并简单介绍在剪映中主要用到的一些操作。

5.1.1　效果赏析

视频《时尚女装》由 7 个视频素材组成，整个视频给人感觉简洁高级，且全方位地展示了商品的特点。图 5-1 所示为主图视频《时尚女装》效果展示。

图 5-1　主图视频《时尚女装》效果展示图

5.1.2　技术提炼

制作该主图视频主要在剪映中运用了设置背景效果、切换画中画、设置动画效果、添加字幕和设置封面这几个操作。

设置背景效果这一操作在前面的章节中介绍过，是为了让整体画面更加和谐统一。在《时尚女装》视频中，因为需要将视频素材调小一点，设置背景效果之后既能够将画面填满，又可以让视频画面看起来更有层次感。

图 5-2 所示是为视频《时尚女装》设置模糊背景的效果展示，可以看出在设置了背景填充效果之后，可以让视线更加聚焦于画面中心，很好地抓住了观众的视线，以此达到更好的宣传效果。

图 5-2　为视频《时尚女装》设置模糊背景的效果展示

切画中画，就是将原本在视频轨道中的素材，移动到画中画轨道之中，可以制作出两个不同画面同时呈现的效果。在该案例视频中，通过该操作制作了同时展现两个不同商品细节的效果，并让一个视频素材成为另一个视频素材的背景。

图 5-3 所示为视频《时尚女装》画中画效果展示，通过画中画的方式，视频画面看起来更加丰富有趣。

为视频设置一定的动画效果，可以改变视频呈现方式，增强画面的动态感。但也要注意，并不是动画效果设置得越多越好，有时过多的动画效果容易使人眼花缭乱，也无法达到好的宣传效果。

图 5-4 所示为视频《时尚女装》中的动画效果展示，通过设置动画效果，制作出了两种不同效果，一种是让两个视频素材依次出现在画面中，另一种则是两个相同的画面逐渐合二为一。

图 5-3　视频《时尚女装》中的画中画效果展示

图 5-4　视频《时尚女装》中的动画效果展示

添加字幕，不仅是为了强调商品的卖点，引导观众下单购买，也是为了和画面形成搭配，让画面看起来不单调。

图 5-5 所示是为视频《时尚女装》添加字幕后的效果展示，在该视频中，字幕既让画面更美观，又充分表现了商品舒适的特性。

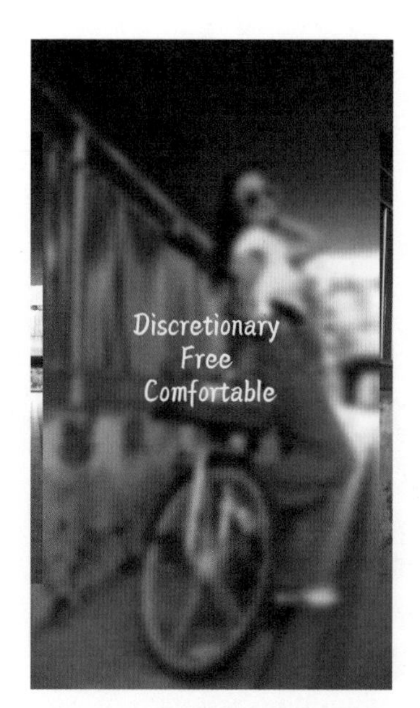

图 5-5　为视频《时尚女装》添加字幕后的效果展示

在剪映中制作好的视频，如果不设置封面，一般都会默认视频的第一帧画面为视频的封面，用户可以自行设置一个更加精美的封面，达到更加吸睛的效果。

图 5-6 所示是为视频《时尚女装》设置封面前后效果对比，精致的封面图片，可以让人更有观看视频的欲望，且该封面图充满时尚感，和视频主题非常贴合。

图 5-6　为视频《时尚女装》设置封面前后效果对比图

5.2　视频制作过程

主图视频《时尚女装》的效果已经在前一节为大家进行了展示，这个看起来高级感十足的视频，制作起来其实并不复杂。本节就来为大家具体讲解主图视频《时尚女装》是如何制作出来的。

该视频虽然操作不难，但需要注意的细节较多，所以一些前面提及过的知识点，在本章也会详细讲解，同时也是帮助大家更加熟悉相关的操作步骤。

5.2.1　设置背景效果

扫码看教程

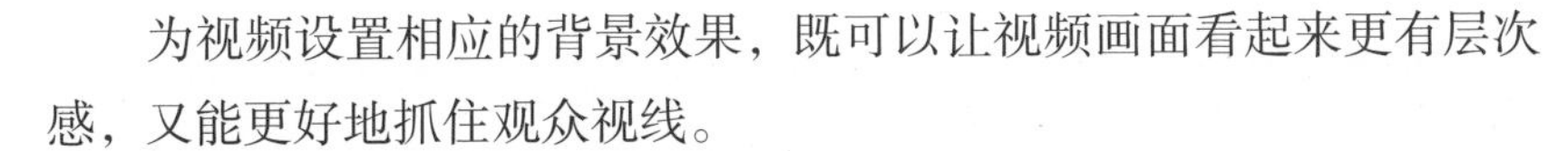

为视频设置相应的背景效果，既可以让视频画面看起来更有层次感，又能更好地抓住观众视线。

下面介绍在剪映中设置背景效果的操作方法。

步骤 01 将所有视频素材按顺序添加到轨道中，❶ 选择“视频 1”素材；❷ 在“画面”操作区中选择“模糊”背景填充效果；❸ 选择第 1 种模糊程度；❹ 单击“全部应用”按钮，如图 5-7 所示，即可将该背景填充效果应用到所有视频素材上。

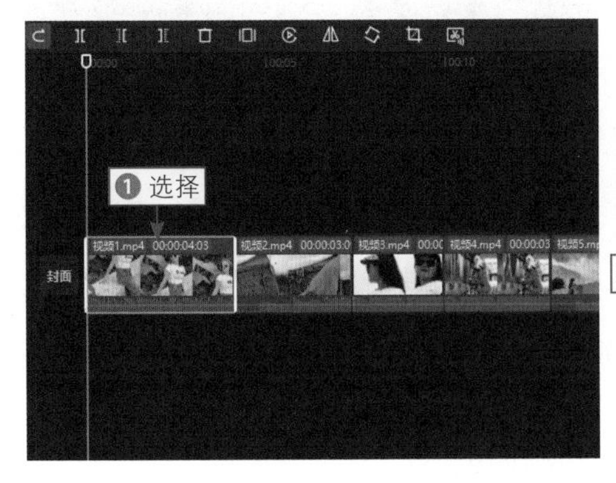

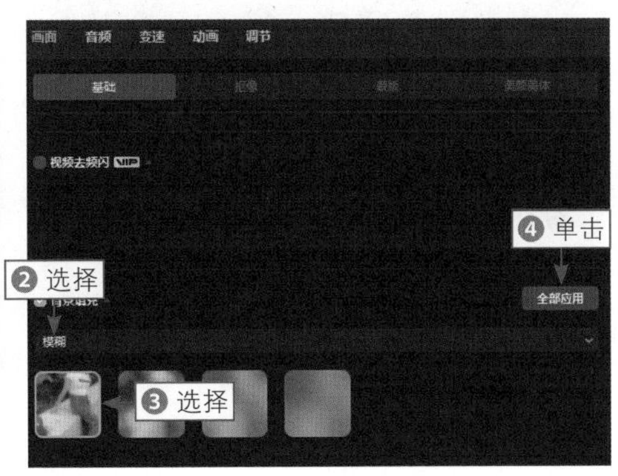

图 5-7　单击“全部应用”按钮

步骤 02 设置“视频 1”素材的“缩放”参数为 80%，画面效果如图 5-8 所示。

步骤 03 设置“视频 2”素材的“缩放”参数为 40%，画面效果如图 5-9 所示。

步骤 04 用与上面相同的操作方法，设置“视频 3”视频素材的“缩放”参数为 40%，设置“视频 4”和“视频 6”素材的“缩放”参数为 80%，其余视频素材的大小不做调整。只有将“缩放”参数设置为小于 100% 的视频素材，才能看出背景填充的效果。

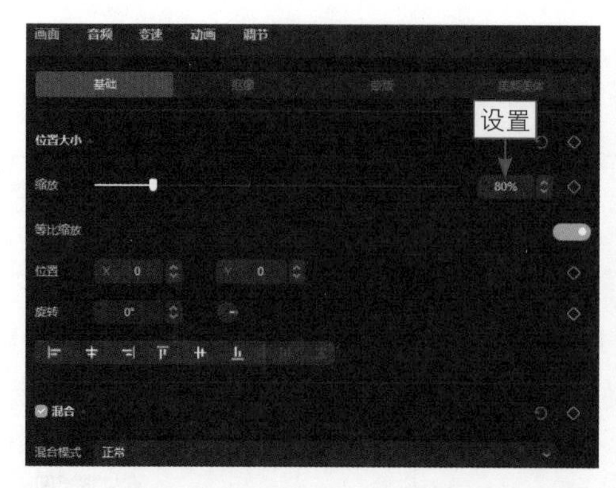

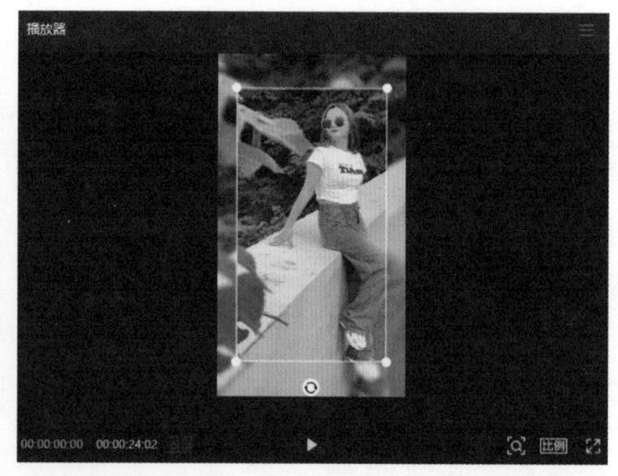

图 5-8　设置“缩放”参数（1）

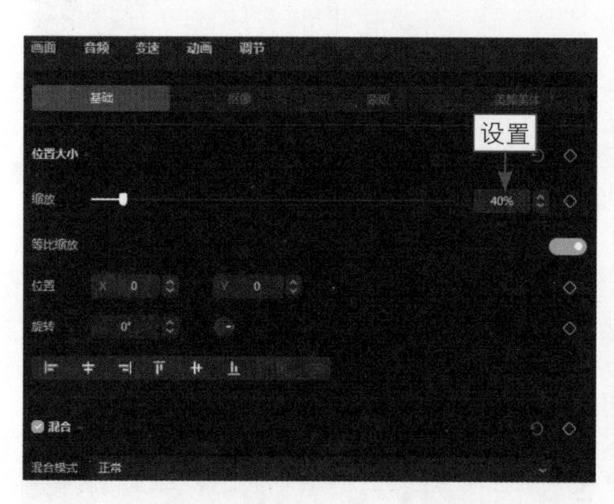

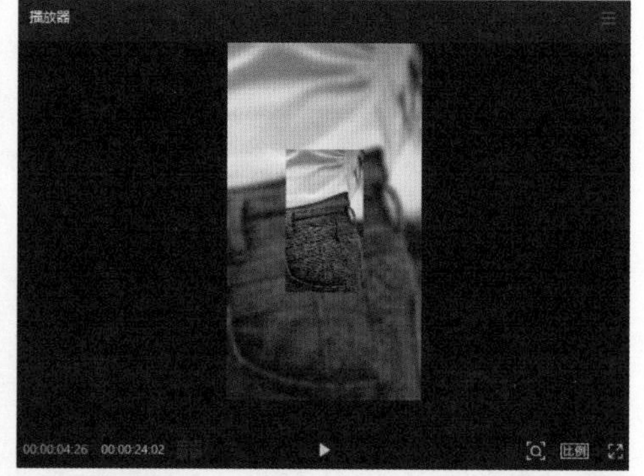

图 5-9　设置“缩放”参数（2）

5.2.2　切画中画

扫码看教程

利用画中画轨道可以让多个画面一起出现的，制作画中画效果其实是一个非常简单便捷的拖曳操作，在前面的章节中也有所涉及。在该案例视频中，要将第 3 个视频素材和第 6 个视频素材切换至画中画轨道。

下面介绍在剪映中将视频切换为画中画的操作方法。

步骤 01 拖曳时间轴至“视频 2”的起始位置，❶ 选择“视频 2”素材；❷ 在预览窗口中，调整该素材在画面中的位置，如图 5-10 所示，使其位于画面偏左的位置。

步骤 02 在时间线面板中，将“视频 3”素材拖曳到“视频 2”素材上方的位置，并使其结束位置和“视频 2”素材的结束位置对齐，如图 5-11 所示，执行操作后，“视频 3”素材就成了“视频 2”素材的画中画画面。将“视频 3”素材拖曳至“视频 2”素材上方后，新生成的这个轨道就是画中画轨道。

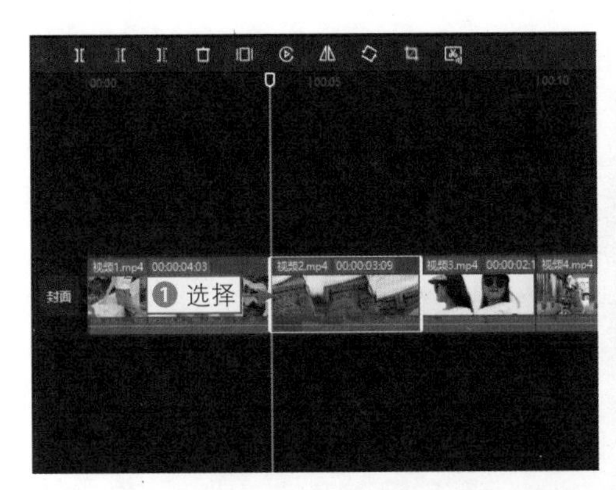

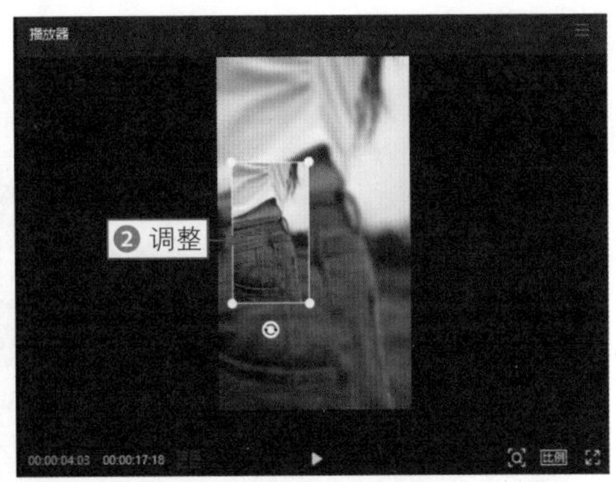

图 5-10　调整素材在画面中的位置（1）

图 5-11　拖曳“视频 3”素材

步骤 03 ❶ 拖曳时间轴至“视频 3”的起始位置；❷ 在预览窗口中，调整“视频 3”素材在画面中的位置，如图 5-12 所示，使其处于画面偏右的位置。

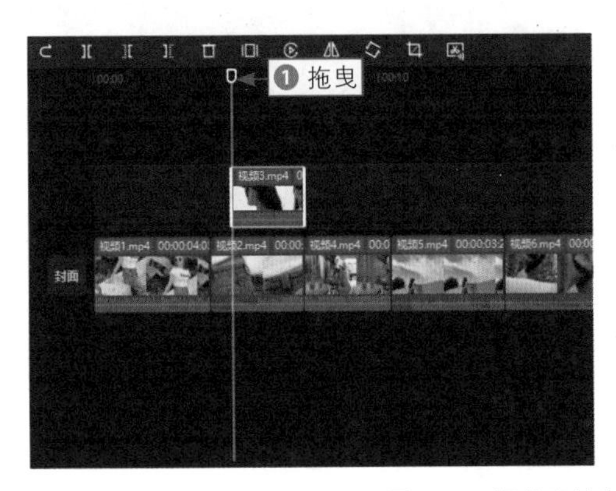

图 5-12　调整素材在画面中的位置（2）

步骤 04 用同样的方法，将“视频 6”素材拖曳到画中画轨道中，使其和“视频 5”素材对齐，如图 5-13 所示，即可将“视频 6”素材变成“视频 5”素材的画中画画面，且该素材不用调整画面位置。

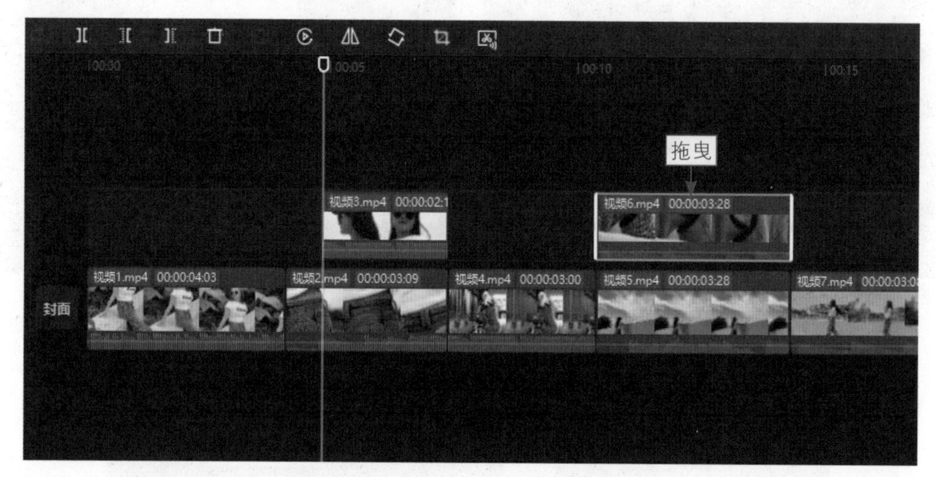

图 5-13　拖曳“视频 6”素材

5.2.3　设置动画效果

扫码看教程

在剪映中可以为视频素材设置入场、出场或者组合动画效果，可以改变素材的呈现形式，让画面变得更加生动、有趣味。

下面介绍在剪映中为素材设置动画效果的操作方法。

步骤 01 ❶ 选择“视频 3”素材；❷ 切换至“动画”操作区；❸ 选择“向左滑动”入场动画；❹ 设置“动画时长”参数为 0.7s，如图 5-14 所示。

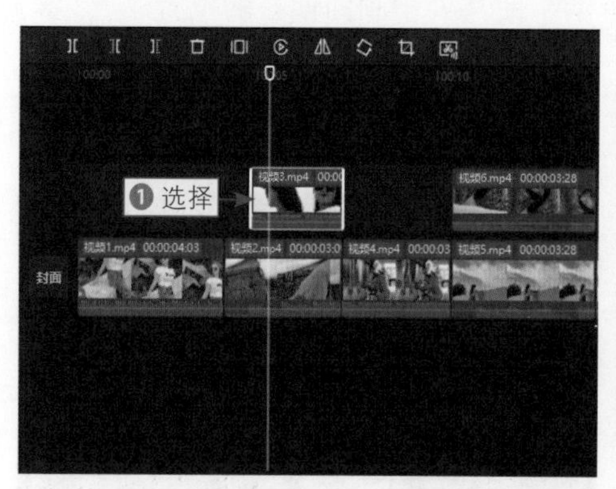

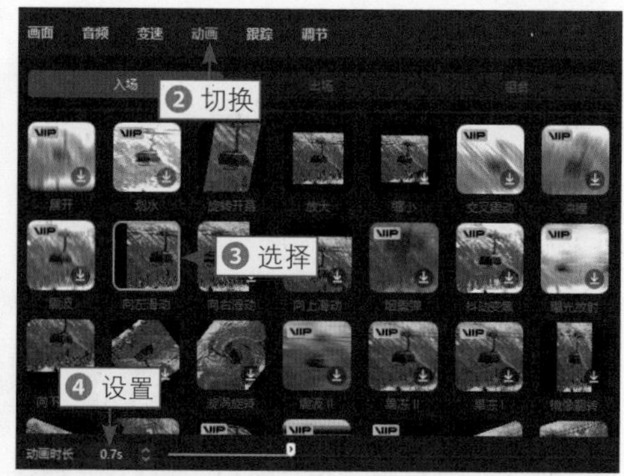

图 5-14　设置“动画时长”参数（1）

步骤 02 ❶ 选择“视频 4”素材；❷ 在“动画”操作区选择“斜切”入场动画；❸ 设置“动画时长”参数为 1.0s，如图 5-15 所示。

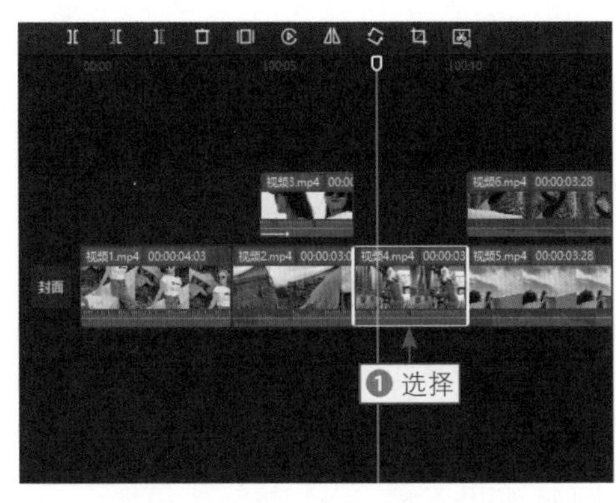

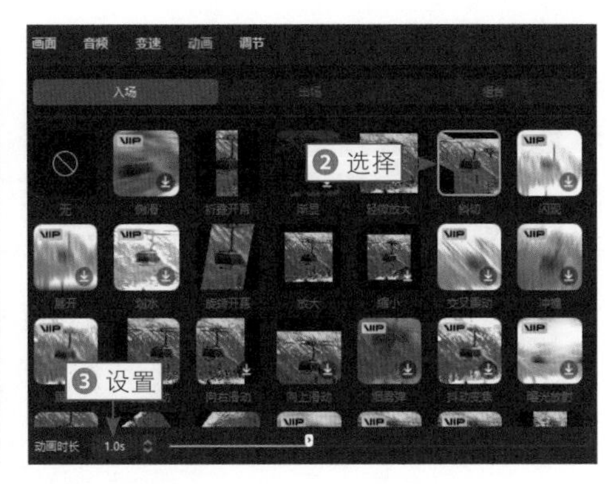

图 5-15　设置"动画时长"参数（2）

步骤 03 ❶ 展开"组合"选项卡；❷ 选择"分身Ⅱ"动画，如图 5-16 所示，即可完成对该素材的动画效果设置。

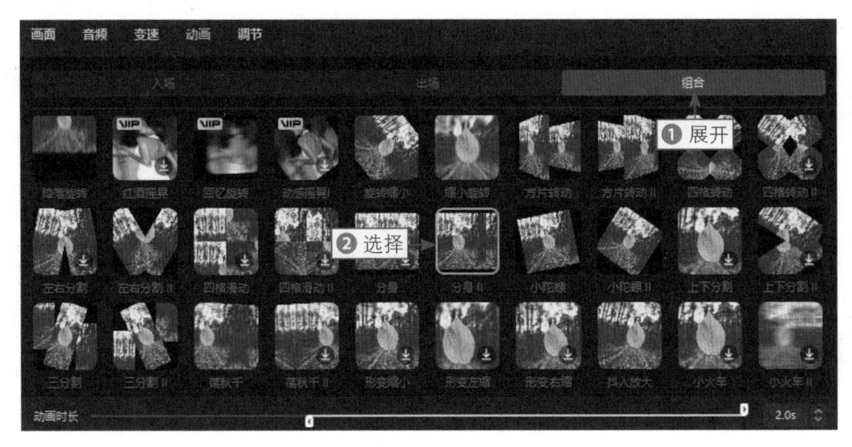

图 5-16　选择"分身Ⅱ"动画效果

5.2.4　为视频添加字幕

扫码看教程

字幕在该视频中既有装饰画面的作用，又起到了强调商品特色的作用。虽然在前面的章节中涉及了添加字幕的知识点，但在这个案例中，字幕起着至关重要的作用，也有一些细节和前面章节是有所区别的，所以在此会进行详细讲解。

下面介绍在剪映中为视频添加字幕的操作方法。

步骤 01 拖曳时间轴至视频的起始位置，❶ 从"文本"功能区添加一个"默认文本"至轨道中；❷ 在操作区中修改文字内容；❸ 选择一个合适的字体，如图 5-17 所示。

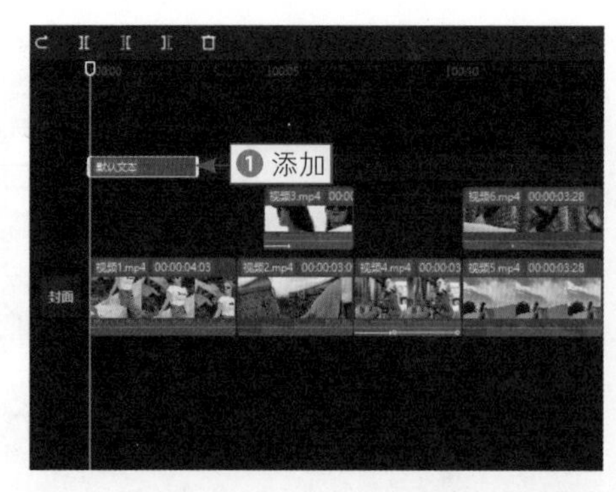

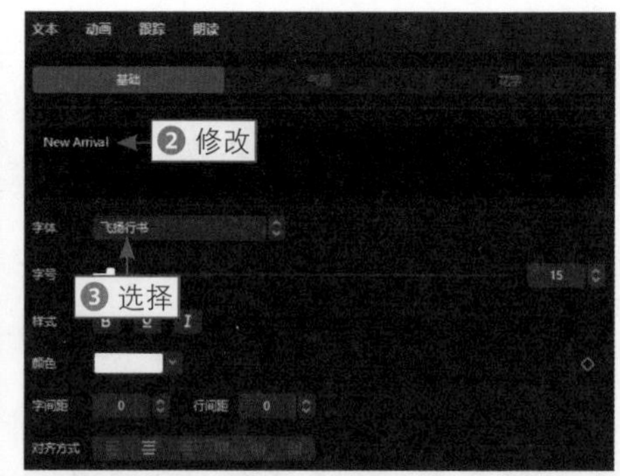

图 5-17　选择一个合适的字体

步骤 02 ① 在“动画”操作区中，选择“逐字翻转”入场动画；② 设置“动画时长”参数为 1.2s；③ 在预览窗口中，调整文字在画面中的位置，如图 5-18 所示，使其处于画面偏左下方的位置。

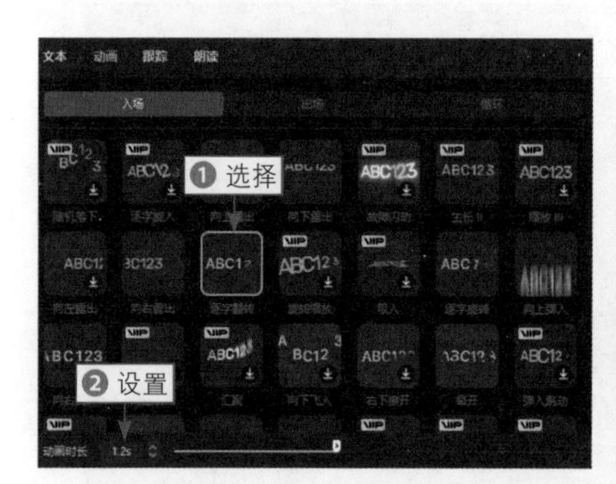

图 5-18　调整文字在画面中的位置（1）

步骤 03 ① 调整文字素材的时长，使其与“视频 1”素材的时长一致；② 复制并粘贴“New Arrival”文字素材，调整复制后文字素材的位置与时长，如图 5-19 所示，使其结束位置和“视频 1”素材的结束位置对齐，时长略短于前一段文字素材。

图 5-19　调整文字素材的位置与时长

步骤 04 ❶ 在“文本”操作区中，修改文字内容；❷ 在“动画”操作区中，选择“晕开”入场动画；❸ 设置“动画时长”参数为 2.0s，如图 5-20 所示，即可成功添加一个新的字幕。

图 5-20　设置“动画时长”参数

步骤 05 在预览窗口中，调整文字在画面中的位置，如图 5-21 所示，使其位于文字“New Arrival”下方一点的位置。

图 5-21　调整文字在画面中的位置（2）

步骤 06 拖曳时间轴至视频素材的起始位置，用与前面相同的方法，再添加一个“默认文本”至轨道中，调整文字素材的时长，使其结束位置与“视频 2”素材的结束位置对齐。

步骤 07 ❶ 在“文本”操作区中修改文字内容；❷ 选择一个合适的字体；❸ 设置“字号”参数为 11；❹ 在预览窗口中，调整文字在画面中的位置，如图 5-22 所示，使其位于画面上方中间的位置。

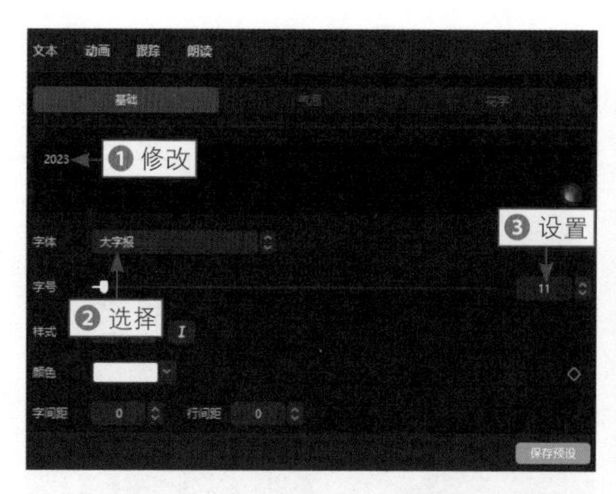

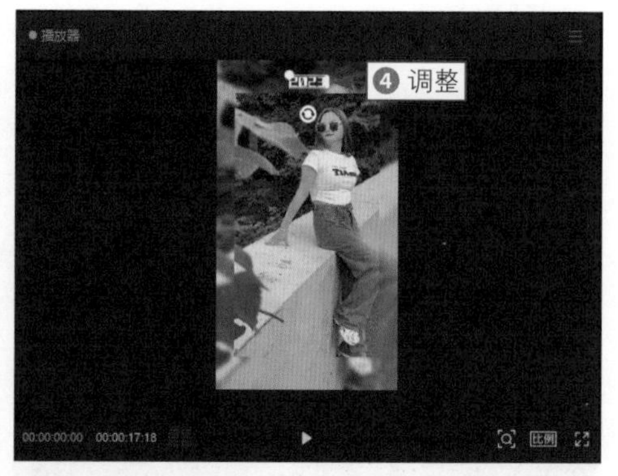

图 5-22 调整文字在画面中的位置（3）

步骤 08 复制并粘贴“2023”文字素材；❶ 在“文本”操作区中修改文字内容；❷ 在预览窗口中，调整文字在画面中的位置，如图 5-23 所示，使其位于画面下方中间的位置。

图 5-23 调整文字在画面中的位置（4）

步骤 09 用同样的操作方法，复制“新品上市”文字素材，在“视频 4”起始位置粘贴文字素材，并调整其时长，使其结束位置和“视频 4”素材的结束位置对齐，在操作区中修改文字内容。

步骤 10 ❶ 在“动画”操作区选择禁用图标⃠，取消该文字素材的入场动画效果；❷ 在预览窗口中调整文字在画面中的位置，如图 5-24 所示，使其位于视频画面中间的位置。

步骤 11 拖曳时间轴至“视频 5”素材的起始位置，再次粘贴“新品上市”文字素材，调整其时长，使其结束位置和“视频 5”素材的结束位置对齐，❶ 在操作区中修改文字内容；❷ 设置“字间距”参数为 12；❸ 在预览窗口中调整文字在画面中的位置，使其位于视频画面中间的位置，如图 5-25 所示，并在“动画”

操作区取消入场动画效果。

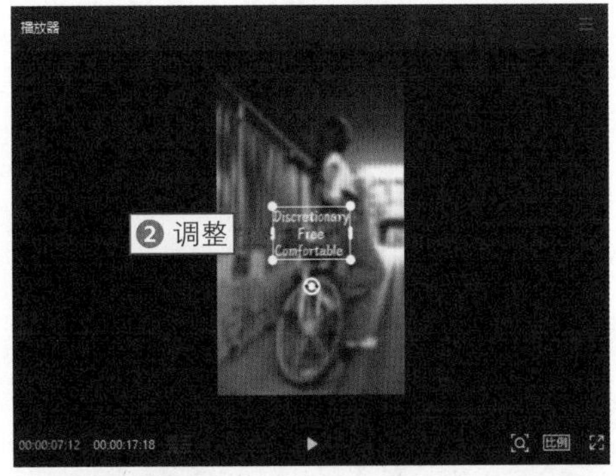

图 5-24　调整文字在画面中的位置（5）

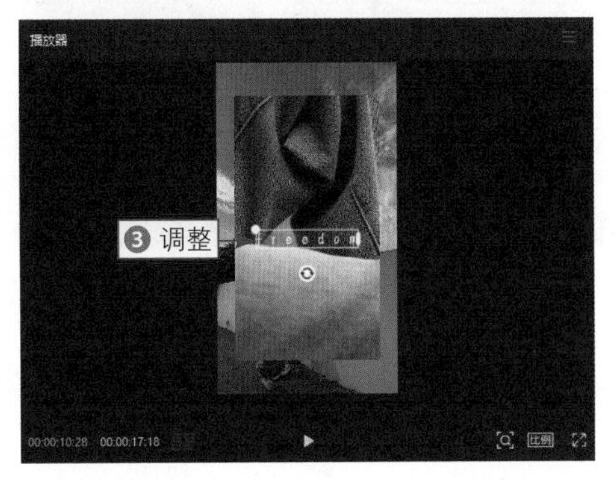

图 5-25　调整文字在画面中的位置（6）

步骤 12 ❶ 拖曳时间轴至“视频 7”素材的起始位置；❷ 复制并粘贴“New Arrival”文字素材，调整文字素材的时长，使其结束位置和视频素材的结束位置对齐；❸ 在预览窗口中调整文字在画面中的位置，如图 5-26 所示，使其位于视频画面左边偏下的位置。

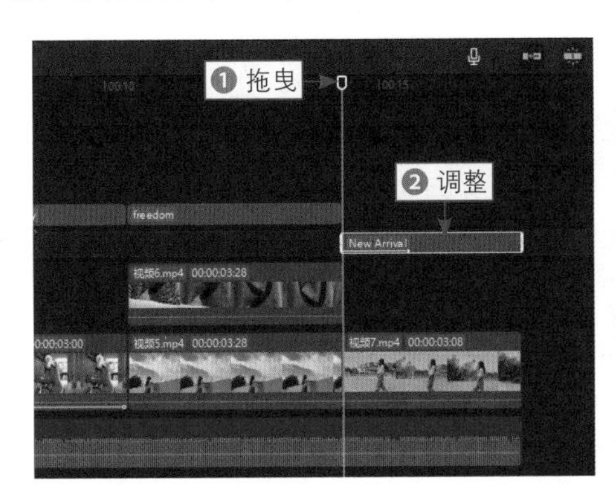

图 5-26　调整文字在画面中的位置（7）

步骤13 用与上面相同的方法，在“视频 7”素材的起始位置粘贴“新品上市”文字素材，将复制后的文字素材时长缩短一点，并使其结束位置和视频的结束位置对齐。

步骤14 ❶ 在操作区中修改文字内容；❷ 设置“缩放”参数为 70%；❸ 在预览窗口中调整文字在画面中的位置，如图 5-27 所示，使其位于“New Arrival”文字下方一点的位置。

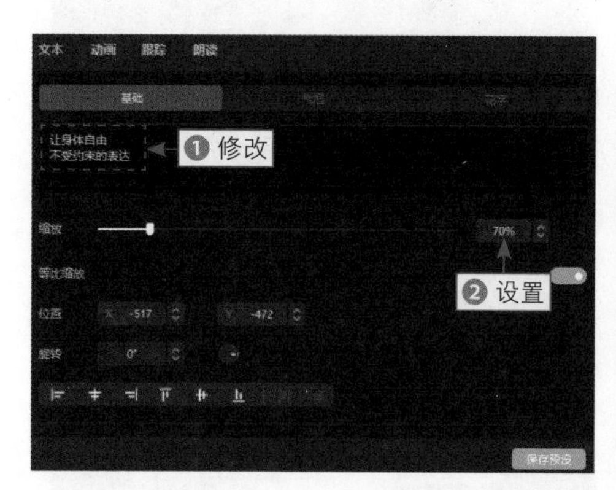

图 5-27 调整文字在画面中的位置（8）

5.2.5 设置封面

扫码看教程

在剪映中，视频封面一般默认为第 1 帧画面，如果用户不满意，可以为视频自定义一个精美的封面。封面图可以是视频中的某一帧画面，也可以是本地图片。在该案例视频中，使用的是本地图片制作的封面图。

下面介绍在剪映中设置封面图片的操作方法。

步骤01 单击视频轨道左侧的“封面”按钮，如图 5-28 所示。

图 5-28 单击“封面”按钮

步骤 02 ❶ 在“封面选择”面板中，选择“本地”选项；❷ 单击⊕按钮；❸ 找到封面图所在的文件夹，选择“封面图”；❹ 单击“打开”按钮，如图 5-29 所示，执行操作后，即可将封面图导入剪映。

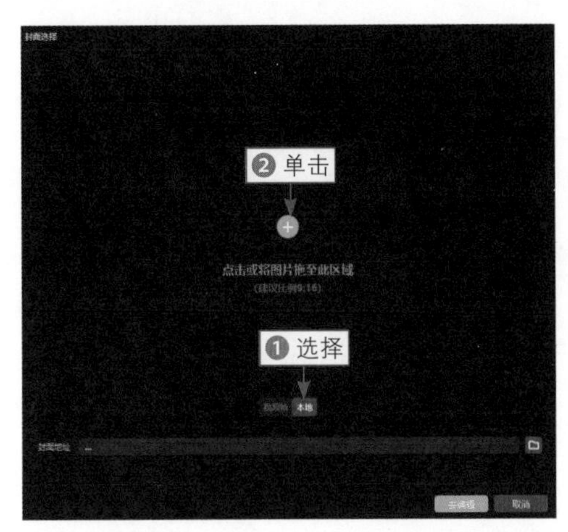

图 5-29 单击“打开”按钮

步骤 03 ❶ 单击“去编辑”按钮；❷ 这是一张已经过后期处理的图片，所以不需要另外编辑，在弹出的面板中单击“完成设置”按钮，如图 5-30 所示，即可成功设置视频封面。

图 5-30 单击“完成设置”按钮

步骤 04 将视频轨道和画中画轨道的原声关闭，为视频添加一段合适的背景音乐即可将视频导出。

第 6 章　详情视频：《摄影图书》

详情视频指的是商品详情视频，比起商品详情页中的图片和文字，它能更直接、简练地凸显出商品的重点和亮点信息，更好地调动观众的好奇心和购买欲，以达到引导观众下单的目的。本章将以详情视频《摄影图书》为例，教大家制作有吸引力的详情视频。

6.1　欣赏视频效果

商品详情视频多用于图书、电子产品等商品，通过详情视频可以展示商品信息，告知观众购买之后将获得什么。这些信息一般无法通过商品外观获知，用单纯的文字呈现又难以吸引观众完整阅读，所以视频是最佳选择。

本节将为大家呈现《摄影图书》的视频效果，并介绍会用到的一些剪辑操作。

6.1.1　效果赏析

详情视频《摄影图书》展示了书本中的部分运镜效果，介绍了作者信息，清晰地告知读者将学到什么知识、书中所包含的赠送资源，以及如何购买等信息。

图 6-1 所示为详情视频《摄影图书》效果展示。

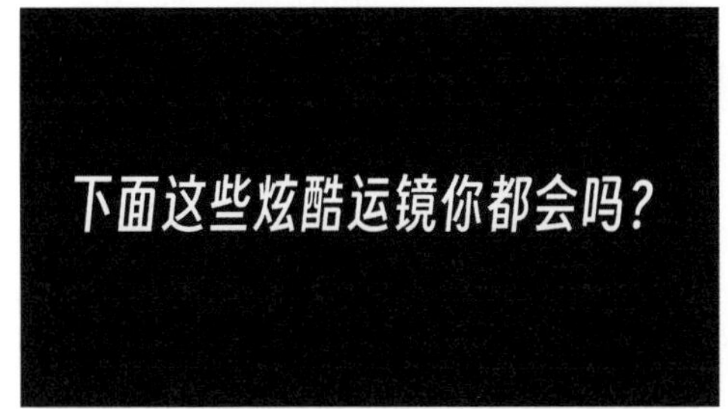

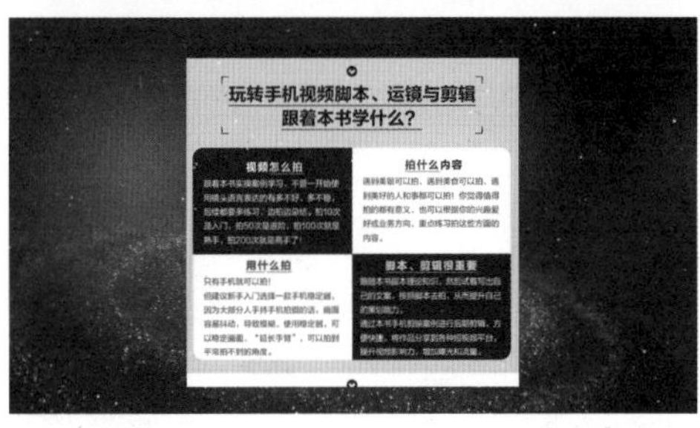

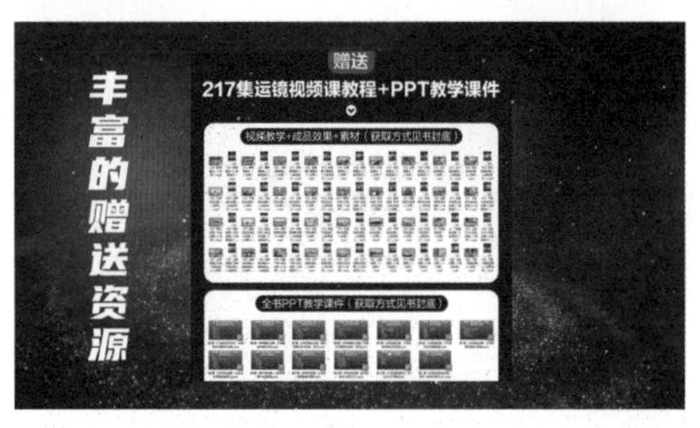

图 6-1

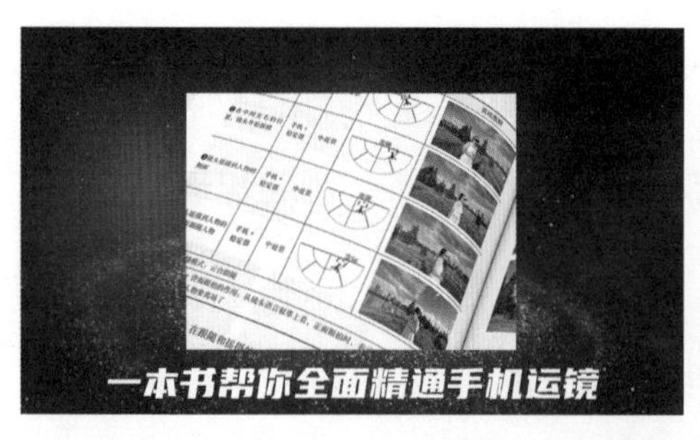

图 6-1　详情视频《摄影图书》效果展示

6.1.2　技术提炼

详情视频《摄影图书》一共由 3 个视频素材、8 张图片素材组成，主要利用了文本朗读、画中画、自动踩点、关键帧、设置动画和转场、添加文字和贴纸等功能，在呈现了精美视频画面的同时，对图书信息进行了全面介绍。

文本朗读主要用在了视频开头和视频中间需要过渡的地方。图 6-2 所示为视频《摄影图书》中文本朗读对应的画面。

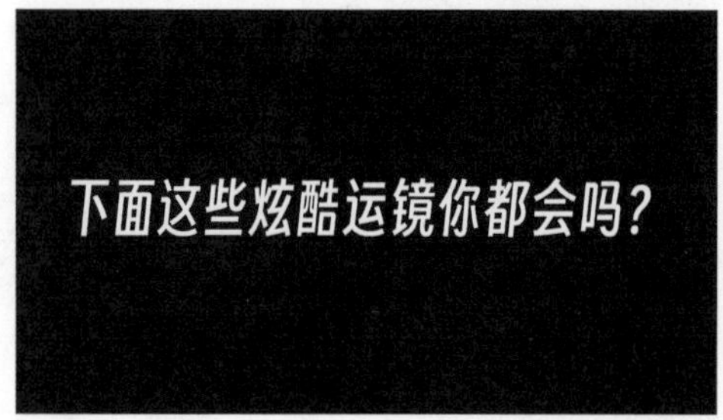

图 6-2　视频《摄影图书》中文本朗读对应的画面

详情视频《摄影图书》使用了一个比较特别的视频素材作为背景，视频中大部分内容都在该背景前一一展现，这样的效果便是通过画中画来实现的。

图 6-3 所示为详情视频《摄影图书》的画中画效果展示。

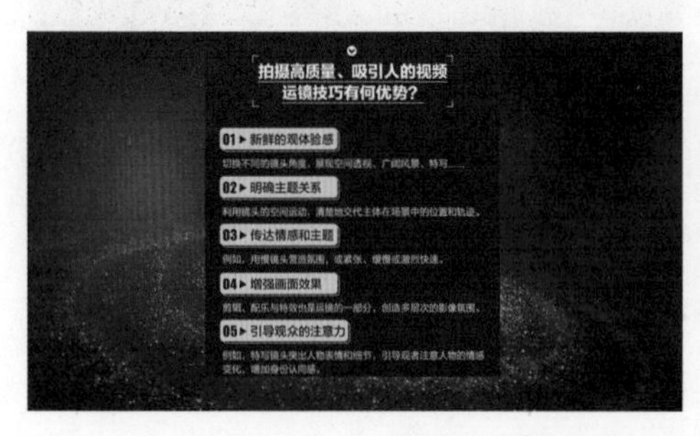

图 6-3　详情视频《摄影图书》的画中画效果展示

通过对背景音乐设置自动踩点，除了可以制作踩点效果，更便于调整每个素材的时长。

在详情视频《摄影图书》中，通过添加关键帧的方式，为素材制作了一些动画效果。图 6-4 所示为视频《摄影图书》中用关键帧制作的动画效果展示。

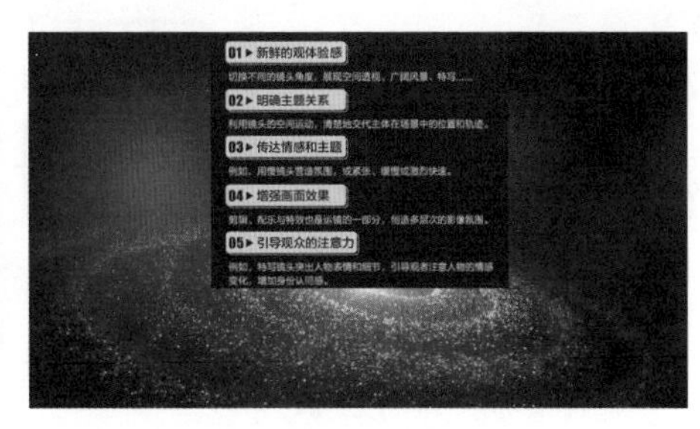

图 6-4　视频《摄影图书》中用关键帧制作的动画效果展示

利用剪映中自带的动画和转场为画面制作动画效果，是相对便捷的方式。在详情视频《摄影图书》中，我们为部分素材设置了剪映中自带的动画和转场效果，让画面更加有趣味性。图 6-5 所示为详情视频《摄影图书》中的动画和转场效果展示。

图 6-5　详情视频《摄影图书》中的动画和转场效果展示

文字，也就是视频的字幕信息，是很多视频中不可缺少的一部分。在详情视频《摄影图书》中，我们为部分画面添加了对应的字幕，虽然字幕内容并不多，但将核心重点信息都表达了出来。此外，还为部分画面添加了贴纸，以此进一步抓住观众眼球。

图 6-6 所示为视频《摄影图书》中字幕和贴纸效果展示。

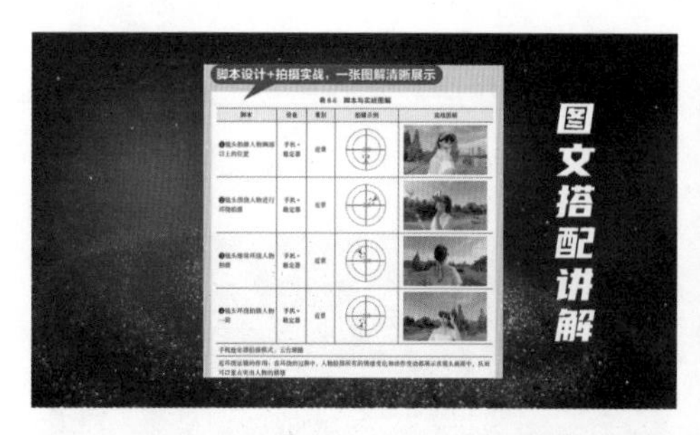

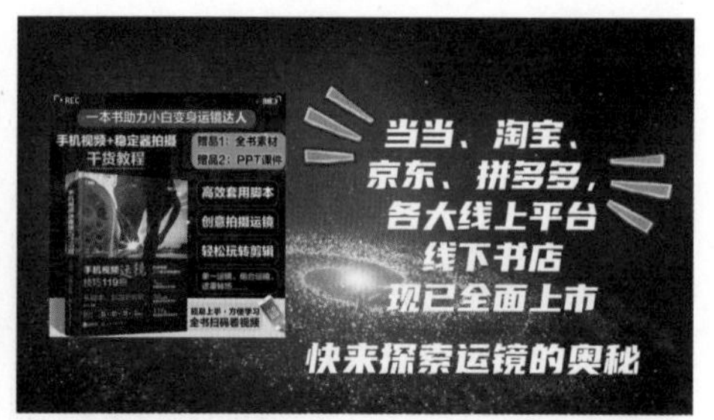

图 6-6 视频《摄影图书》中字幕效果展示

6.2 视频制作过程

本节主要介绍详情视频《摄影图书》的制作方法，包括制作效果展示视频、运用“踩点”功能标记节奏点、制作动画效果、添加文字和贴纸，以及添加特效。

6.2.1 制作效果展示视频

该视频在正式介绍商品详情之前，展示了一段运镜效果，用来引发观众的好奇心，从而引出图书的详情内容介绍。该案例中的运镜效果素材是已经串联起来的一段运镜视频，所以只要为视频添加片头和背景音乐，即可制作成效果展示视频。

扫码看教程

下面介绍制作效果展示视频的操作方法。

步骤 01 ❶ 将所有素材导入剪映中；❷ 将“图片 1”和“视频 1”素材添加到轨道中，如图 6-7 所示。

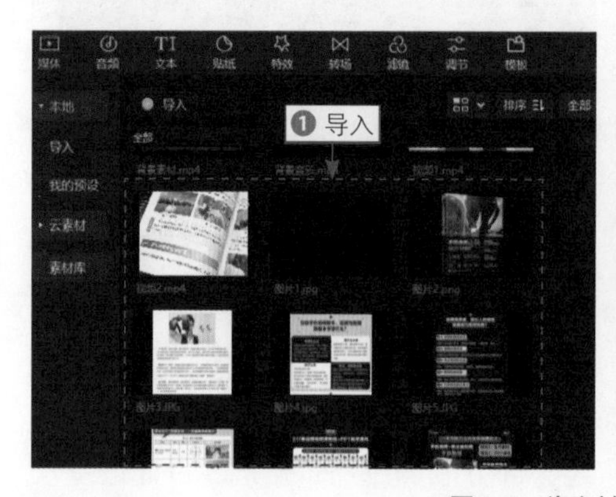

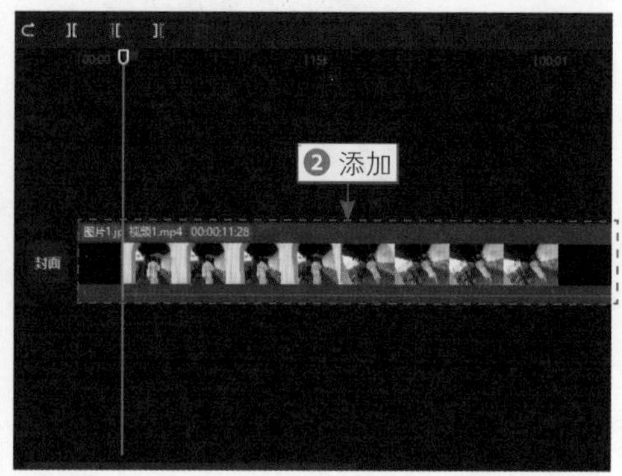

图 6-7 将素材添加到轨道中

步骤 02 拖曳时间轴至视频起始位置，❶ 从“文本”功能区添加一个“默认文本”到轨道；❷ 在“文本”操作区中修改文字内容；❸ 选择一个合适的字体，如图 6-8 所示。

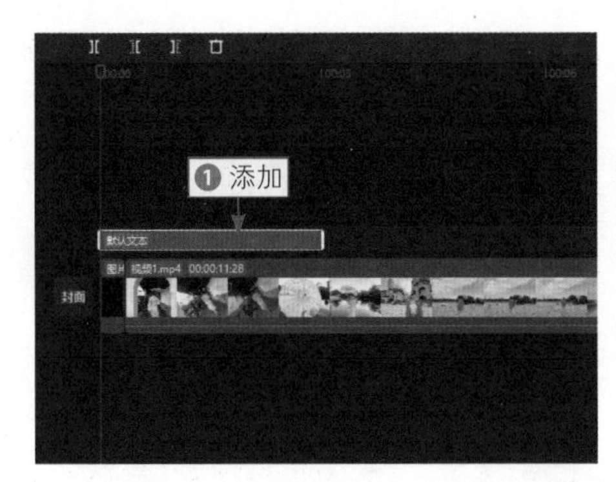

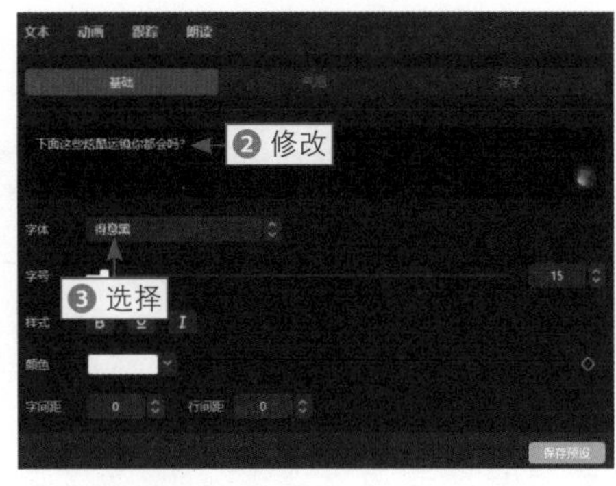

图 6-8　选择一个合适的字体

步骤 03 ❶ 在“朗读”操作区中，选择“解说小帅”音色；❷ 单击“开始朗读”按钮，如图 6-9 所示，执行操作后，会生成一段音频素材。

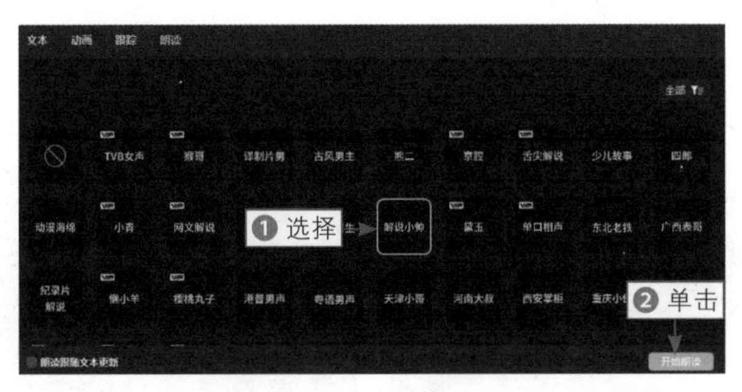

图 6-9　单击“开始朗读”按钮

步骤 04 依次调整“图片 1”和文字素材的时长，如图 6-10 所示，使两者结束位置都与音频素材的结束位置对齐。

图 6-10　调整多个素材的时长

步骤 05 ❶ 拖曳时间轴至“视频 1”素材的起始位置；❷ 在“音频”功能区中，展开“音乐素材”选项卡；❸ 在“卡点”中选择一个合适的音乐，单击“添加到轨道”按钮➕，如图 6-11 所示，执行操作后，即可为素材添加背景音乐。

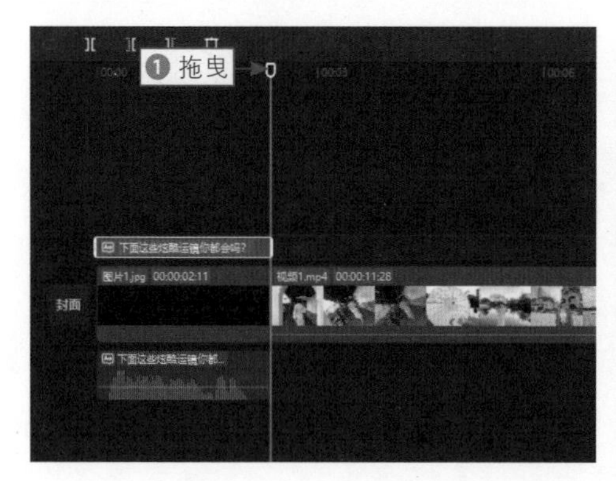

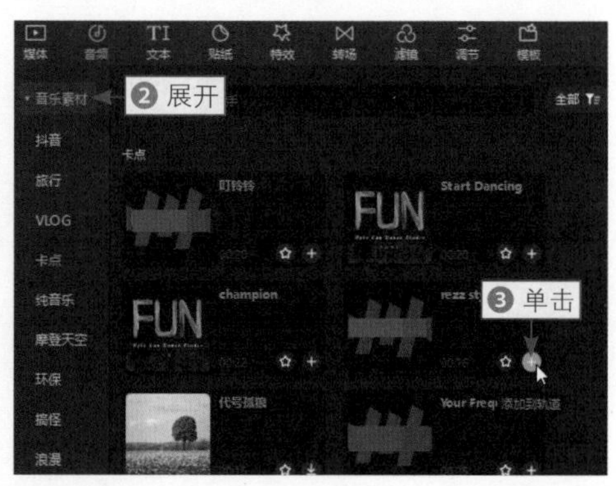

图 6-11　单击“添加到轨道”按钮（1）

步骤 06 ❶ 拖曳时间轴至视频素材的结束位置；❷ 单击“向右裁剪”按钮，执行操作后，即可分割并删除多余的音频素材；❸ 在“音频”操作区中，设置“淡出时长”参数为 1.0s，如图 6-12 所示，执行操作后，即可让音乐在快结束时慢慢降低音量。

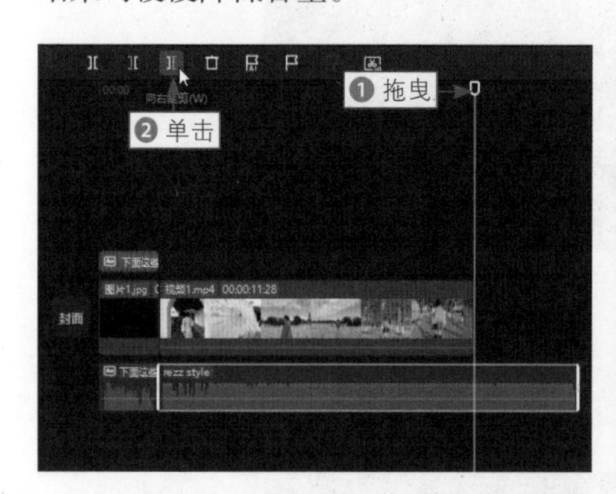

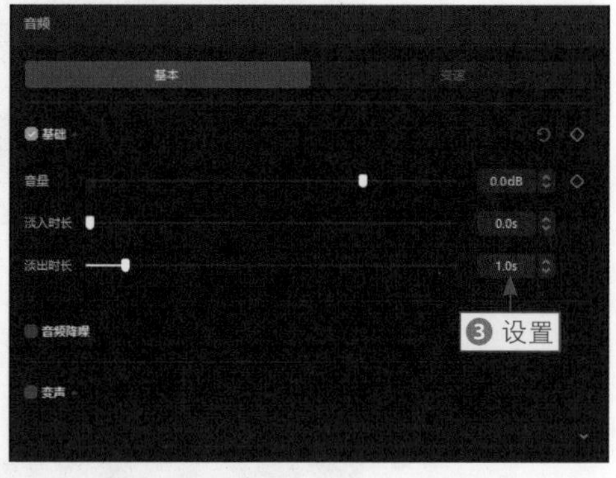

图 6-12　设置“淡出时长”参数

步骤 07 ❶ 拖曳时间轴至 00:00:03:19 处；❷ 在“音频”功能区中，单击“音效素材”按钮；❸ 在搜索框中搜索“拍照声”；❹ 选择“相机拍照快门声音”音效，单击“添加到轨道”按钮➕，如图 6-13 所示。

步骤 08 ❶ 拖曳时间轴至“图片 1”和“视频 1”两个素材中间的位置；❷ 在功能区单击“转场”按钮；❸ 在“运镜”选项卡中，选择“拉远”转场效果，单击“添加到轨道”按钮➕，如图 6-14 所示，执行操作后，即可将该运镜效果应用到“图片 1”和“视频 1”这两个素材之间。至此，效果展示部分制作完成。

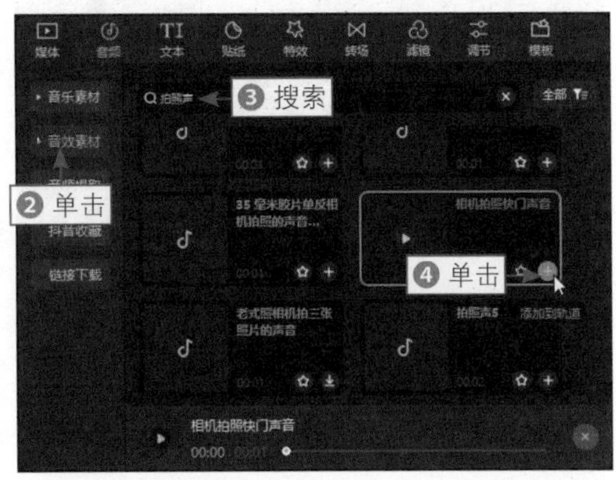

图 6-13　单击“添加到轨道”按钮（2）

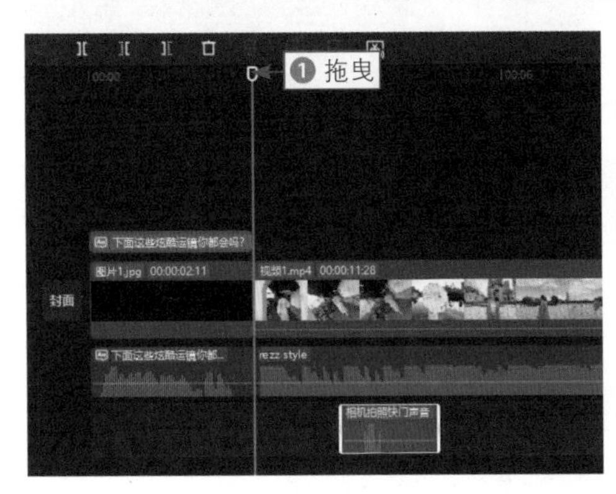

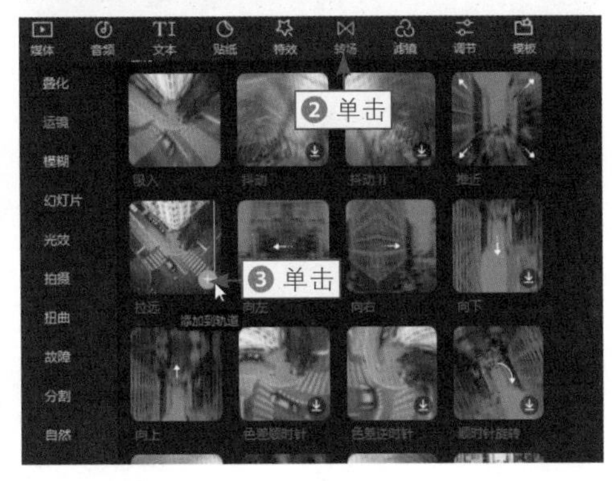

图 6-14　单击“添加到轨道”按钮（3）

6.2.2　制作踩点与朗读效果

扫码看教程

在剪映中，踩点有自动踩点和手动踩点两种踩点方式，该案例视频中使用的是自动踩点。视频中还利用文本朗读功能，制作了只有声音而没有文字的效果。

下面介绍制作踩点与朗读效果的操作方法。

步骤 01 ❶ 拖曳时间轴至视频素材的结束位置；❷ 在“媒体”功能区中，单击“背景音乐”素材的“添加到轨道”按钮，如图 6-15 所示，执行操作后，即可将素材添加至轨道中。

步骤 02 将鼠标指针放在“背景音乐”素材上，❶ 单击鼠标右键，在弹出的快捷菜单中，选择“分离音频”命令；❷ 默认选择视频轨道中的素材，单击“删除”按钮，如图 6-16 所示，执行操作后，即可删除画面素材，只保留背景音乐。

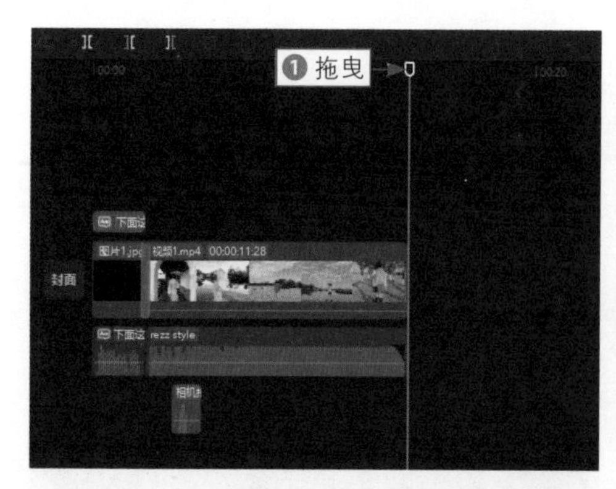

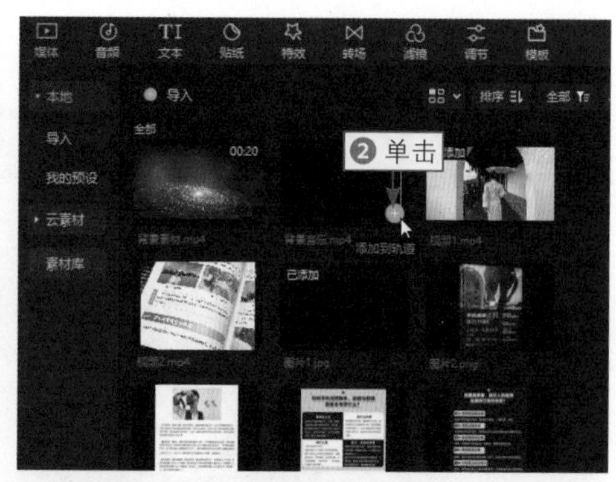

图 6-15　单击“添加到轨道”按钮

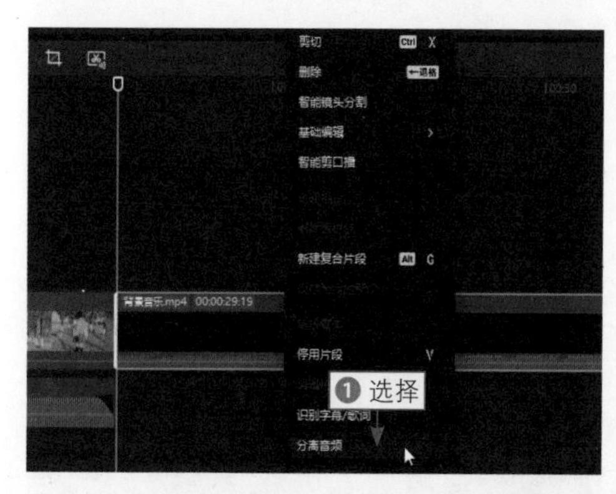

图 6-16　单击“删除”按钮

步骤 03 ❶ 选择“背景音乐”素材；❷ 单击“自动踩点”按钮；❸ 在弹出的列表中选择“踩节拍点Ⅰ”选项，执行操作后，便会在音频素材上生成黄色的节拍点，如图 6-17 所示。

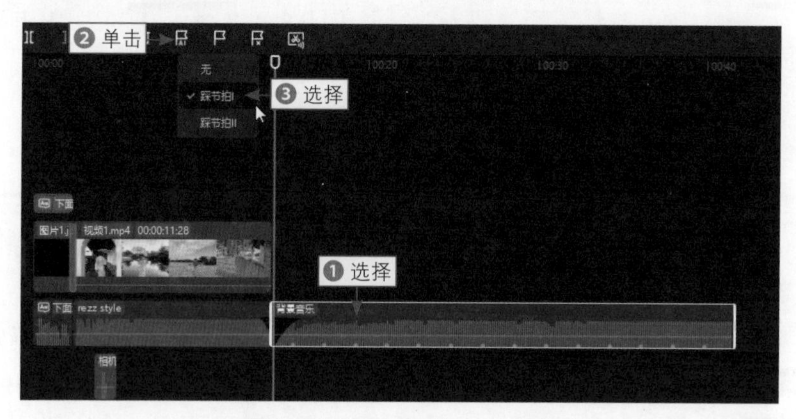

图 6-17　选择“踩节拍点Ⅰ”选项

步骤04 ❶ 将"背景素材"添加到视频轨道中；❷ 单击视频轨道左侧的"关闭原声"按钮，将"背景素材"的原声关闭；❸ 在"变速"操作区中，设置"常规变速"的"倍数"参数为0.7x，如图6-18所示，通过放慢速度，将"背景素材"的时长加长一点。

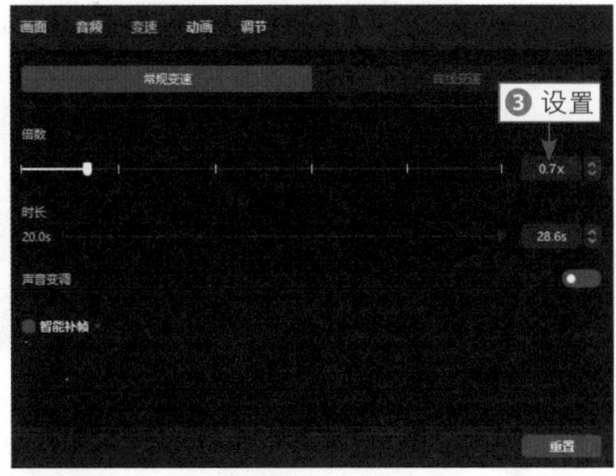

图6-18 设置"倍数"的参数

步骤05 用拖曳的方式，将"图片2"素材拖曳到画中画轨道中，并调整其时长，使其结束位置与"背景音乐"的第3个节拍点对齐，如图6-19所示。

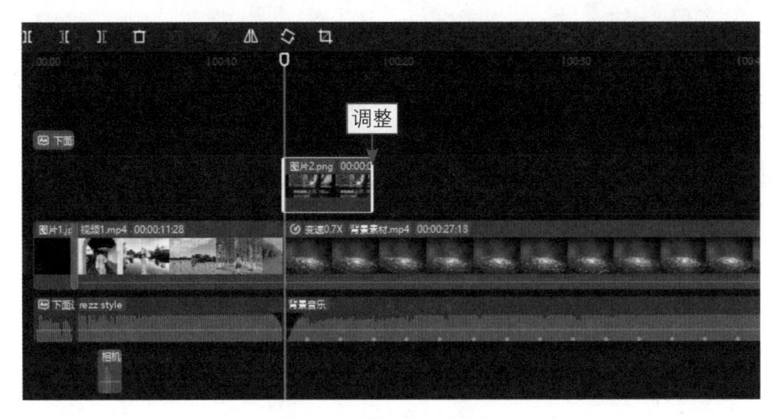

图6-19 调整素材的时长

步骤06 用同样的方法，依次拖曳"图片3""图片4""图片5""图片6""图片7""视频2""图片8"7个素材至画中画轨道，并调整素材时长，使其与相应的节拍点相对应，如图6-20所示。

步骤07 ❶ 拖曳时间轴至"图片8"的结束位置；❷ 调整"背景素材"的时长，使其结束位置与"图片8"的结束位置对齐；❸ 调整"背景音乐"的时长，如图6-21所示，使其结束位置与"图片8"的结束位置对齐。

步骤 08 在“音频”操作区，设置“淡入时长”参数为 2.0s，如图 6-22 所示，制作出音乐声逐渐变大的效果。

图 6-20　添加多个素材并调整

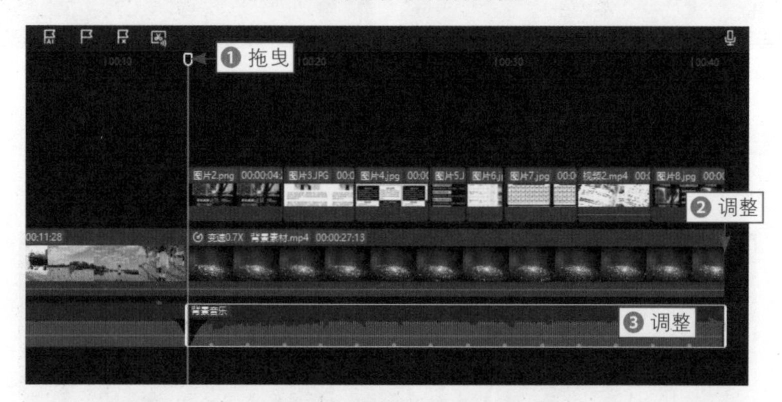

图 6-21　调整素材的时长

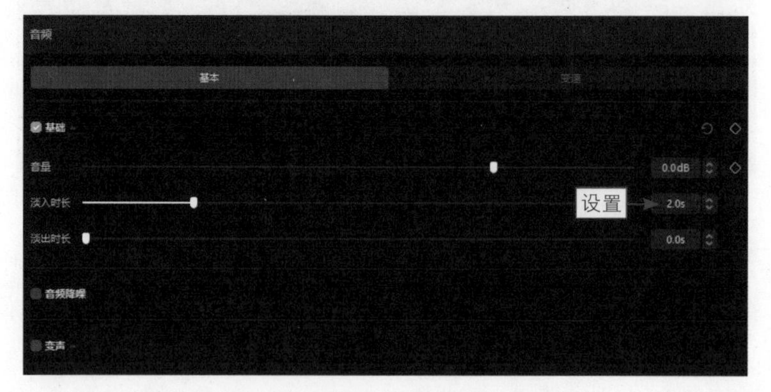

图 6-22　设置“淡入时长”参数

步骤 09 拖曳时间轴至“图片 2”的起始位置，❶ 添加一个“默认文本”到轨道；❷ 在“文本”操作区中，修改相应的文字内容，如图 6-23 所示。

图 6-23　修改文字内容

步骤 10 ❶ 切换至“朗读”操作区；❷ 选择“解说小帅”音色；❸ 单击“开始朗读”按钮，执行操作后会生成相应的音频素材；❹ 选择文字素材；❺ 单击“删除”按钮，如图 6-24 所示，将文字素材删除，只保留朗读音频。

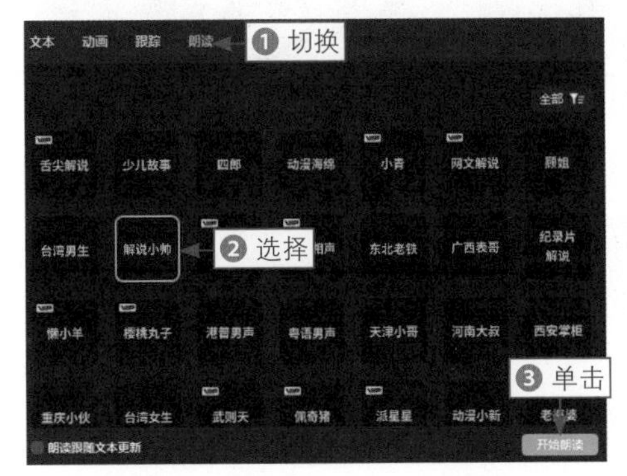

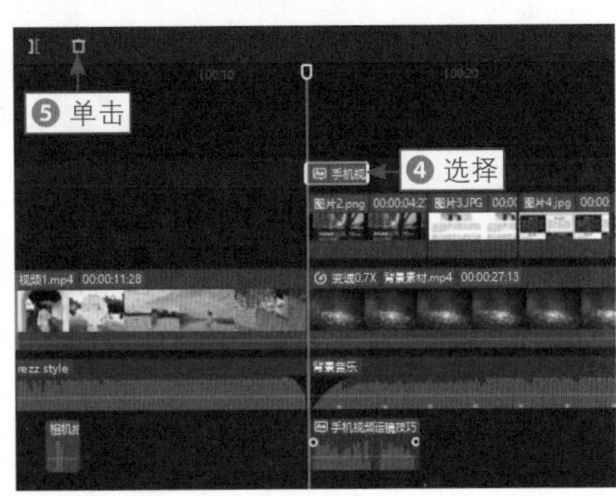

图 6-24　单击“删除”按钮

步骤 11 ❶ 选择文本朗读的音频素材；❷ 在“音频”操作区，设置“音量”参数为 8.5dB，如图 6-25 所示，将朗读的音量调高一点。

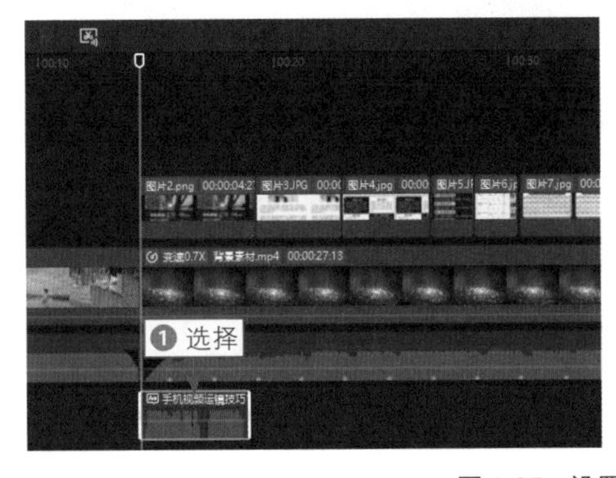

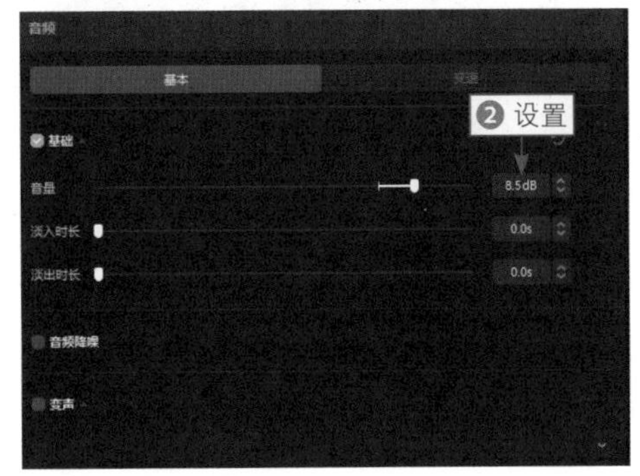

图 6-25　设置“音量”参数

6.2.3 制作动画效果

用户可以为素材添加剪映自带的动画效果，也可以利用关键帧制作出变化更多样的动画效果。此外，在素材和素材之间添加转场，也可以为画面带来动画效果。

下面介绍在剪映中制作动画效果的操作方法。

步骤 01 ❶ 选择“图片 2”素材；❷ 在预览窗口中调整素材的画面大小，如图 6-26 所示。

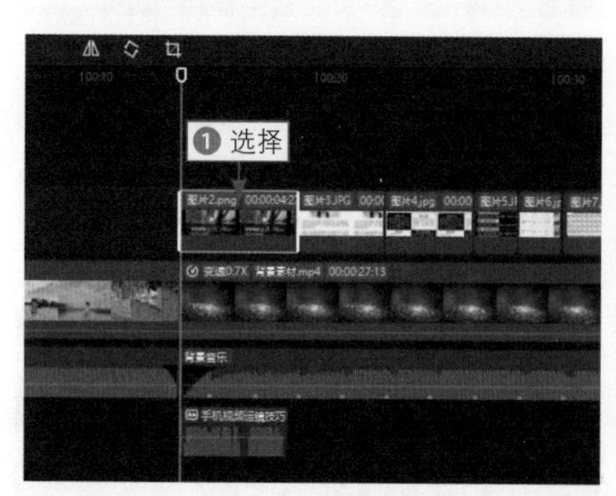

图 6-26 调整素材大小

步骤 02 在“画面”操作区中，❶设置“不透明度”参数为0；❷单击右侧的“添加关键帧”按钮◇，在素材的起始位置，为“不透明度”参数添加一个关键帧；❸拖曳时间轴至“背景音乐”的第1个小黄点处，如图6-27所示。

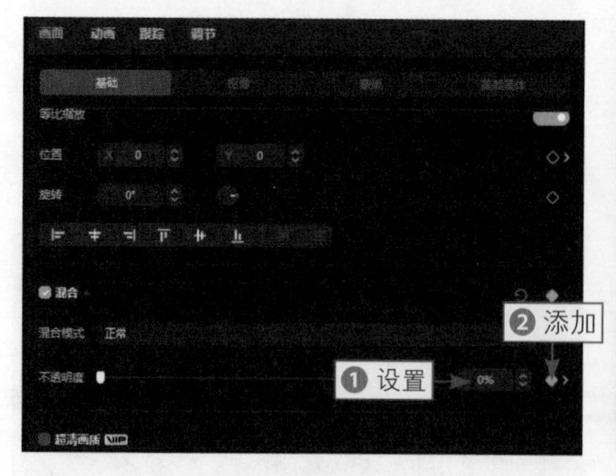

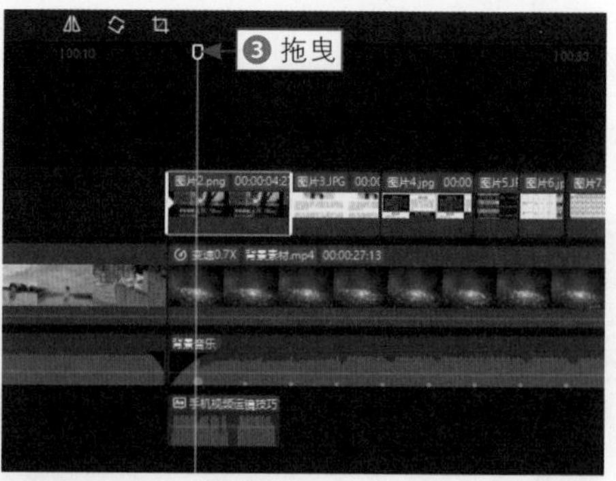

图 6-27 拖曳时间轴

步骤 03 ❶ 设置“不透明度”参数为 100%，自动生成一个关键帧，制作出素材逐渐显示的效果；❷ 依次单击“缩放”和“位置”右侧的“添加关键帧”按钮◇，为素材添加两个关键帧，如图 6-28 所示。

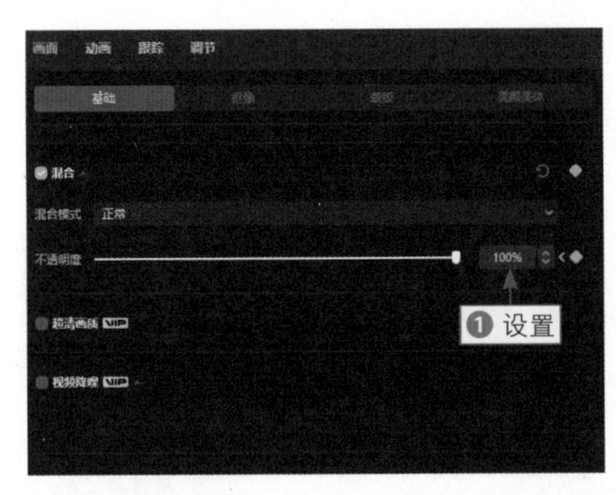

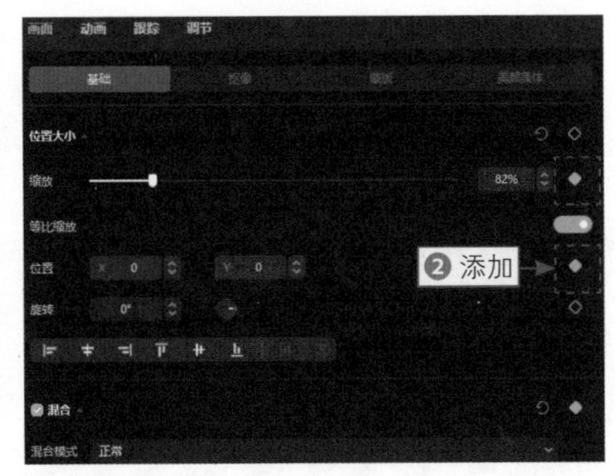

图 6-28　添加关键帧

步骤 04 ❶ 拖曳时间轴至“背景音乐”的第 2 个小黄点处；❷ 在预览窗口调整素材的位置和大小，如图 6-29 所示，即可制作出素材一边缩小一边向左移动的效果。

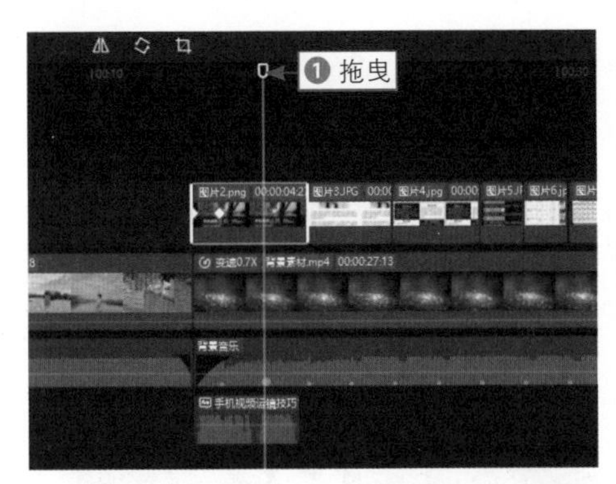

图 6-29　调整素材的位置和大小（1）

步骤 05 ❶ 拖曳时间轴至 00:00:18:10 处；❷ 单击“位置”右侧的“添加关键帧”按钮◇，如图 6-30 所示，使素材在画面中的位置不变。

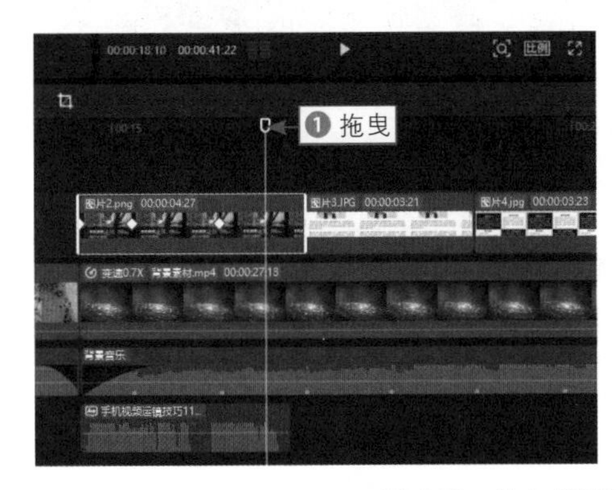

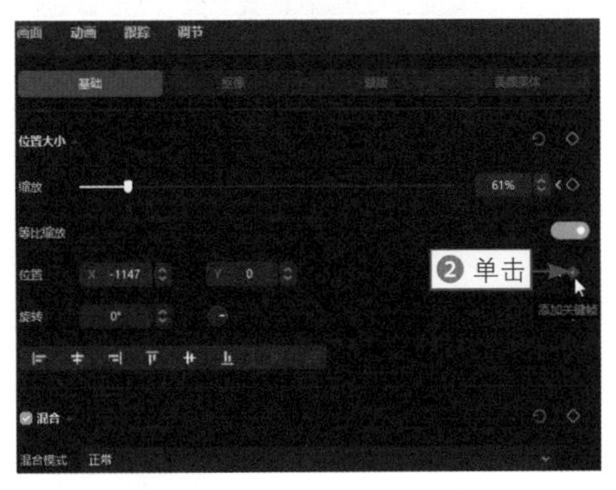

图 6-30　单击“添加关键帧”按钮（1）

步骤 06 ❶ 拖曳时间轴至“图片 2”的结束位置；❷ 在预览窗口中，调整素材的位置，如图 6-31 所示，将素材左移，调整到画面以外的位置，即可制作出素材向左移动直至移出画面的效果。

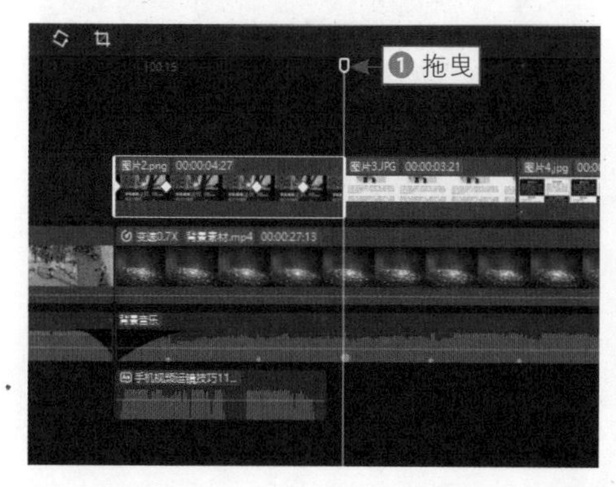

图 6-31　调整素材的位置（1）

步骤 07 选择“图片 3”素材；❶ 在预览窗口中，调整素材的位置和大小；❷ 在“动画”操作区中，选择“向左滑动”入场动画；❸ 设置“动画时长”参数为 0.8s，如图 6-32 所示。

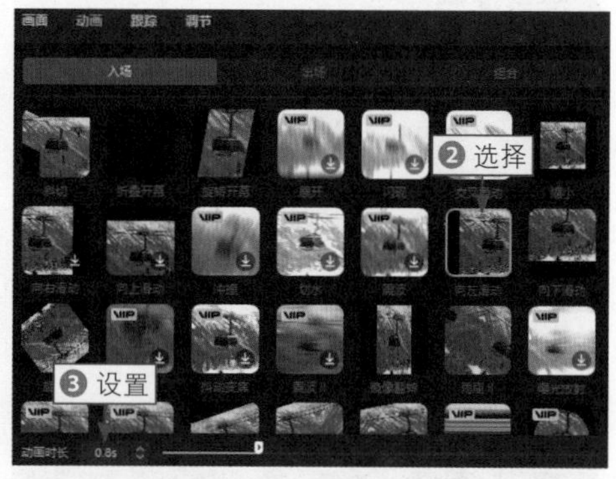

图 6-32　设置“动画时长”参数

步骤 08 拖曳时间轴至“图片 4”的起始位置，并选择“图片 4”素材；❶ 在预览窗口中，调整素材的位置和大小；❷ 在“画面”操作区中，单击“位置”右侧的“添加关键帧”按钮◇，如图 6-33 所示。

步骤 09 ❶ 拖曳时间轴至 00:00:24:05 处；❷ 在预览窗口中，调整素材的位置，如图 6-34 所示，使素材位于画面中间，制作出素材从下往上滑出的动画效果。

步骤 10 用与上面相同的操作方法，为“图片 5”素材制作一个与“图片 4”

素材方向相反的关键帧动画。

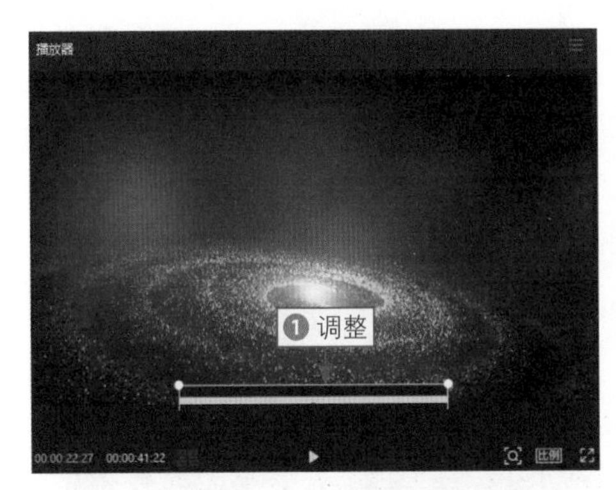

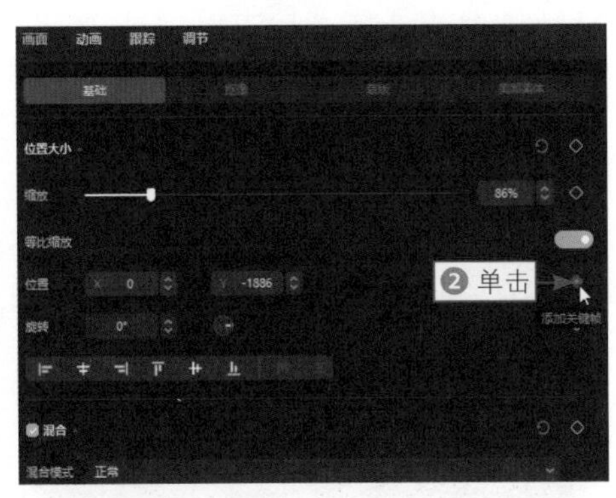

图 6-33 单击“添加关键帧”按钮（2）

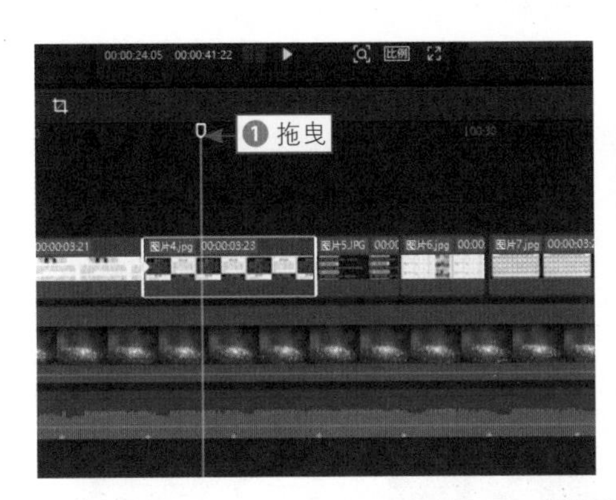

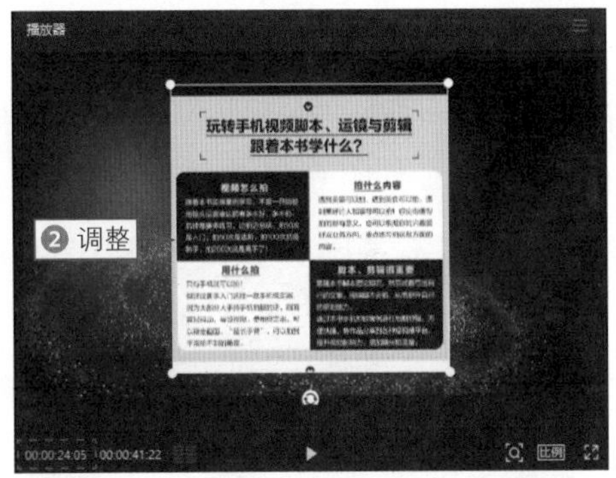

图 6-34 调整素材的位置（2）

步骤 11 在预览窗口中，依次调整“图片 6”和“图片 7”两个素材的大小，并为“图片 6”素材选择“钟摆”入场动画，为“图片 7”素材选择“旋转”入场动画，如图 6-35 所示。

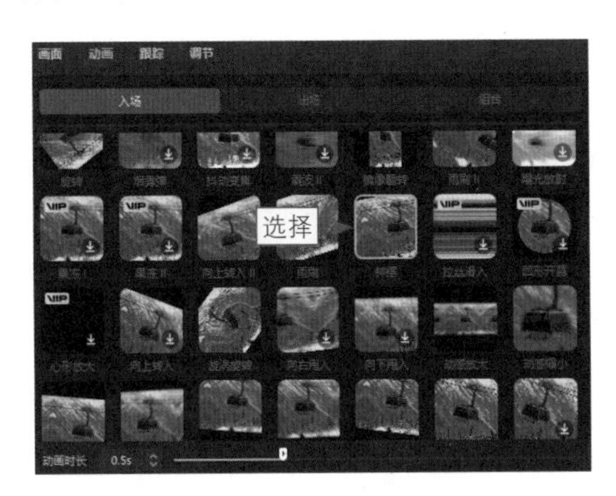

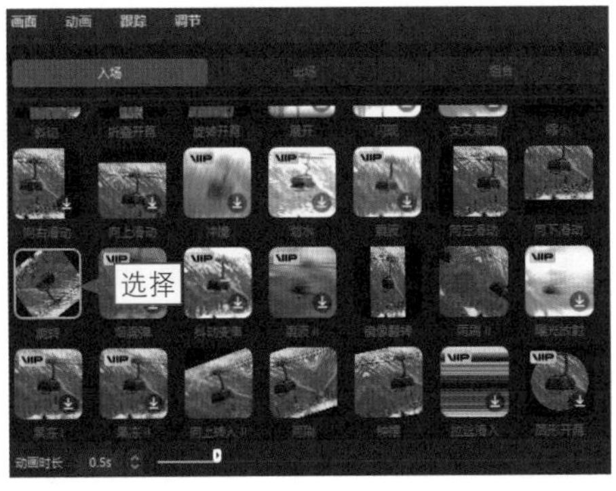

图 6-35 为多个素材设置动画效果

步骤 12 ❶ 在预览窗口中，调整“视频 2”素材的大小；❷ 调整“图片 8”素材的位置和大小，如图 6-36 所示。

图 6-36　调整素材的位置和大小（2）

步骤 13 ❶ 在“画面”操作区，依次单击“缩放”和“位置”右侧的“添加关键帧”按钮◇；❷ 拖曳时间轴至 00:00:39:08 的位置，在预览窗口调整素材的位置和大小，如图 6-37 所示。

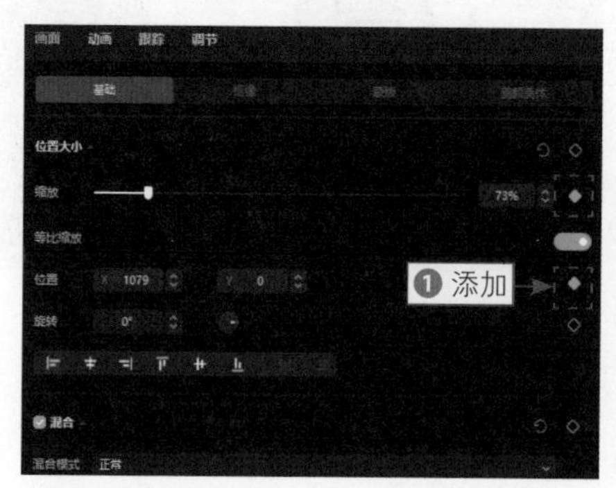

图 6-37　调整素材的位置和大小（3）

步骤 14 ❶ 拖曳时间轴至“视频 1”素材和“背景素材”之间的位置；❷ 在“转场”功能区中，选择“闪黑”叠化转场效果，单击“添加到轨道”按钮，如图 6-38 所示，即可将该转场效果应用到两个素材之间。

步骤 15 拖曳时间轴至“图片 2”和“图片 3”之间的位置，❶ 在“转场”功能区中，选择“吸入”运镜转场效果，拖曳该转场效果；❷ 将转场效果拖曳至“图片 2”和“图片 3”之间，如图 6-39 所示，释放鼠标左键，即可将该转场添加到两个素材之间。

步骤 16 用与上面相同的方法，在“视频 2”和“图片 8”两个素材之间添加一个“逆时针旋转 Ⅱ”运镜转场效果。

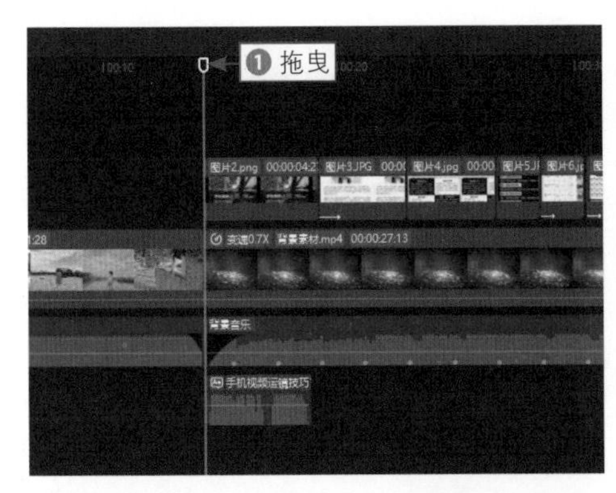

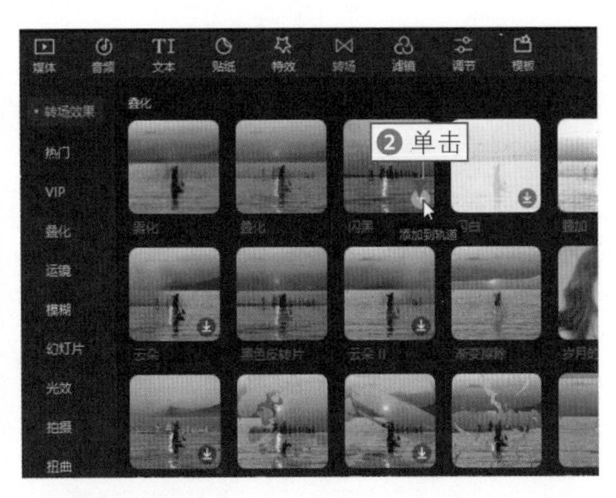

图 6-38　单击“添加到轨道”按钮

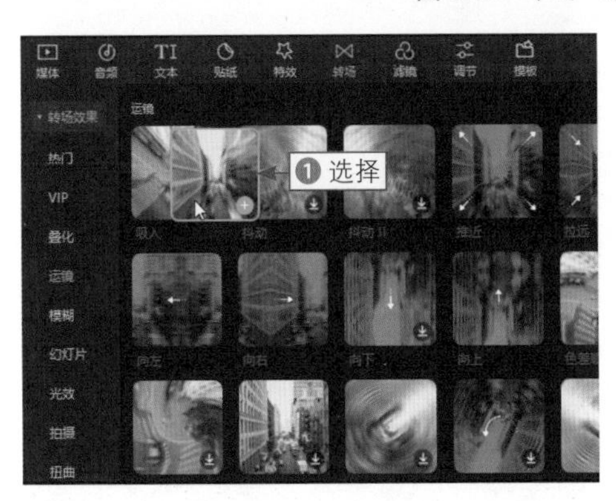

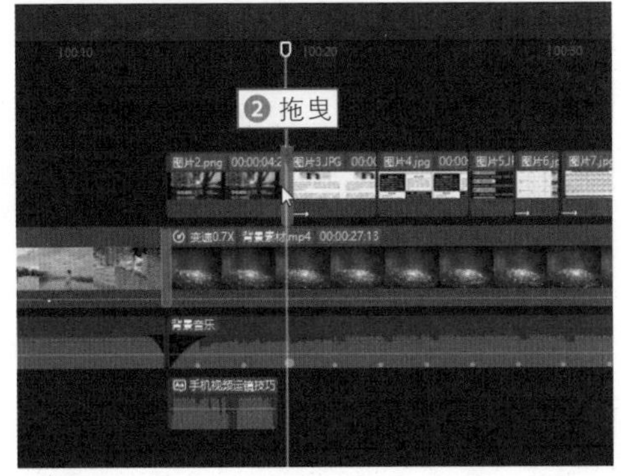

图 6-39　拖曳转场素材

6.2.4　添加文字和贴纸

扫码看教程

恰当的文字可以起到补充说明的作用，让观众在欣赏美观画面的同时获得必要的商品信息。贴纸可以起到吸引注意的作用，让观众注意到视频中的重要信息。

下面介绍在剪映中添加文字和贴纸的操作方法。

步骤 01 ❶ 拖曳时间轴至 00:00:16:10 处；❷ 从“文本”功能区中，添加一个“默认文本”到轨道，并调整文字素材时长，使其结束位置与“图片 2”的结束位置对齐；❸ 在“文本”操作区中，修改文字内容；❹ 选择一个合适的字体，如图 6-40 所示。

步骤 02 ❶ 拖曳时间轴至 00:00:17:10 的位置；❷ 在预览窗口中，调整文字的位置和大小，如图 6-41 所示。

步骤 03 ❶ 切换至“动画”操作区；❷ 选择“向左露出”入场动画；❸ 选择“向右缓出”出场动画；❹ 设置“动画时长”参数为 0.8s，如图 6-42 所示。

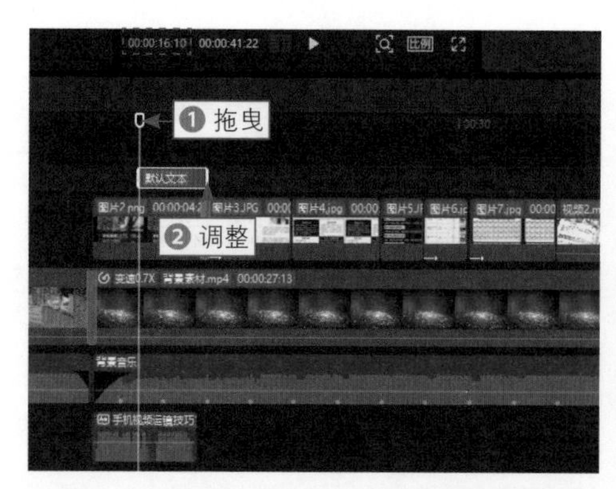

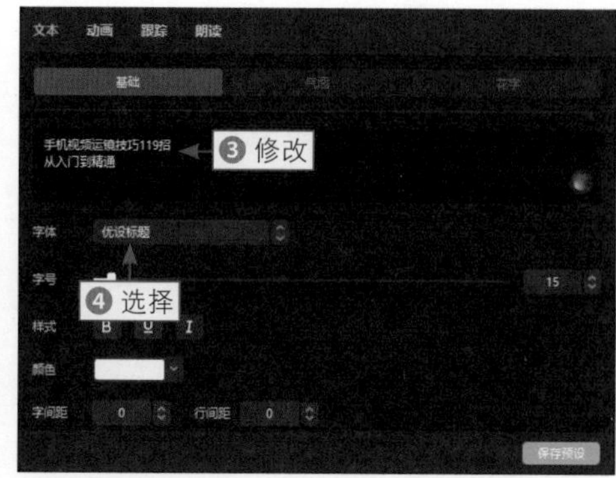

图 6-40　选择一个合适的字体

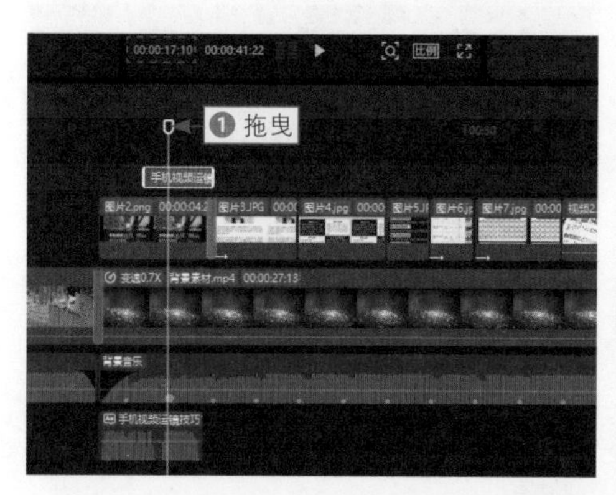

图 6-41　调整文字的位置和大小（1）

图 6-42　设置“动画时长”参数

步骤 04 复制并粘贴一个文字素材，❶ 调整复制的文字素材的时长和位置，将其时长适当缩短一点，使其结束位置与“图片 2”的结束位置对齐；❷ 在“文本”操作区，修改文字内容，如图 6-43 所示。

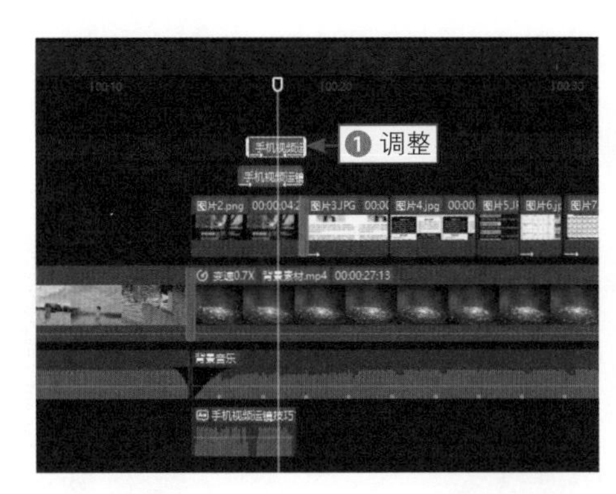

图 6-43　修改文字内容

步骤 05 ❶ 在“动画”操作区中，选择“向右露出”入场动画效果；❷ 在预览窗口中，调整文字的位置和大小，如图 6-44 所示。

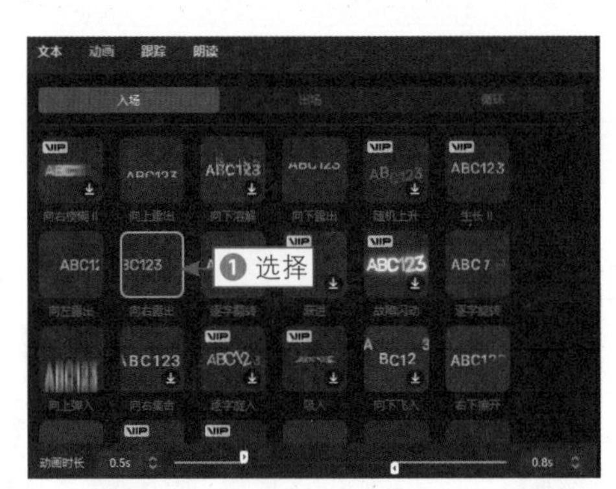

图 6-44　调整文字的位置和大小（2）

步骤 06 拖曳时间轴至“图片 3”的起始位置，❶ 再次粘贴文字素材，并调整其时长，使其结束位置与“图片 3”的结束位置对齐；❷ 在“文本”操作区中，修改文字内容；❸ 在“对齐方式”选项卡中，选择第 5 个对齐方式，如图 6-45 所示。

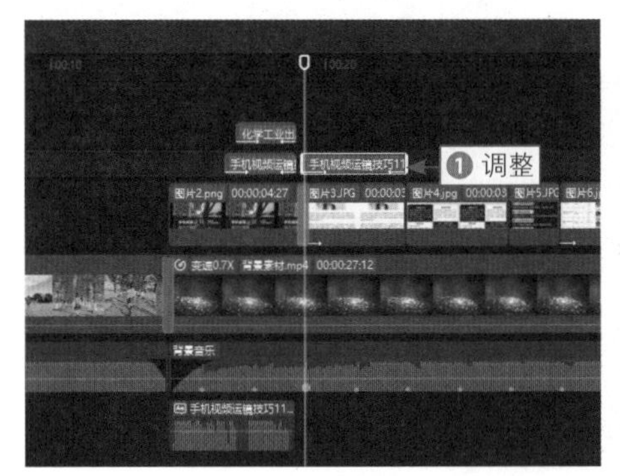

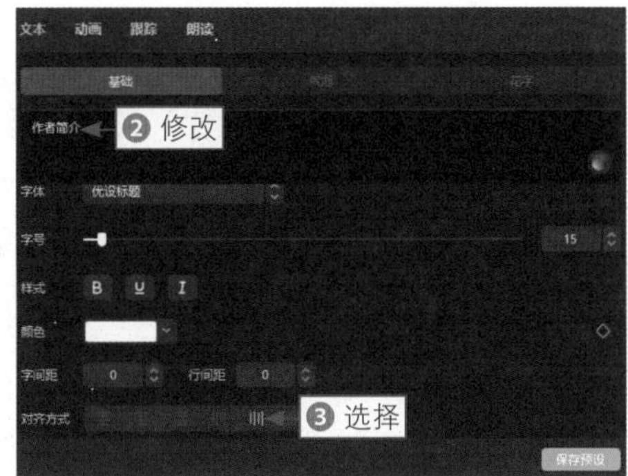

图 6-45　选择“对齐方式”

步骤07 ❶ 切换至“气泡”选项卡；❷ 选择一个合适的纵向气泡样式；❸ 在预览窗口中，调整文字的位置和大小，如图 6-46 所示，使其位于画面靠右的位置。

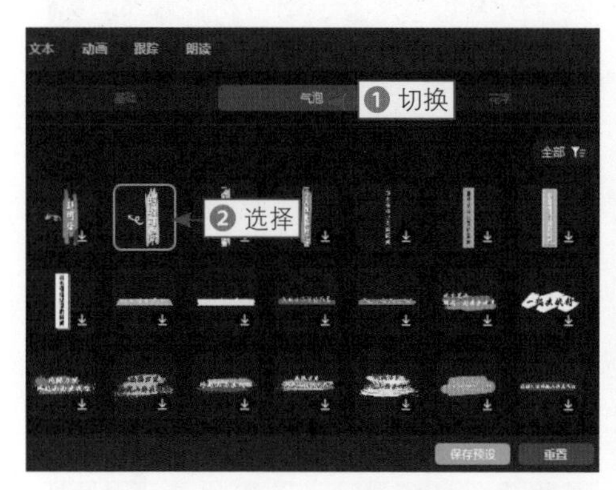

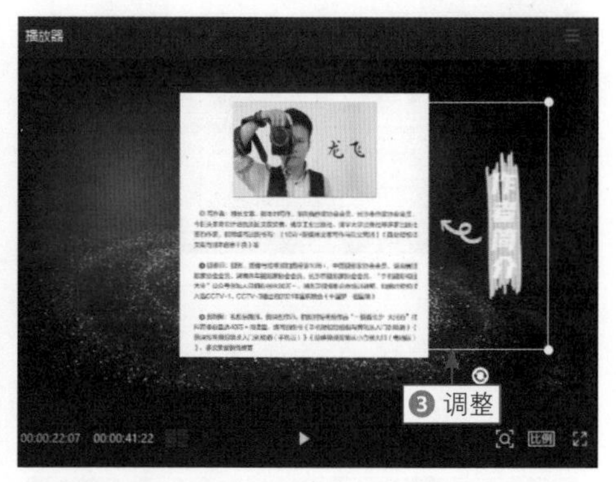

图 6-46　调整文字的位置和大小（3）

步骤08 切换至“动画”操作区，❶ 选择“开幕”入场动画效果；❷ 在“出场”动画中，选择禁用图标⊘，取消出场动画效果；❸ 在“循环”动画中选择“心跳”动画效果；❹ 设置“动画快慢”参数为 1.1s，如图 6-47 所示。

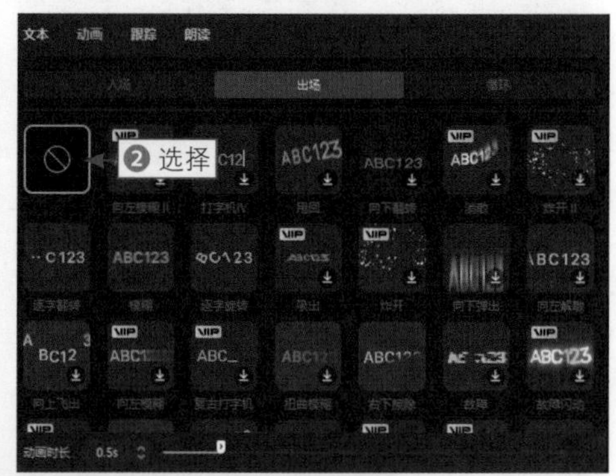

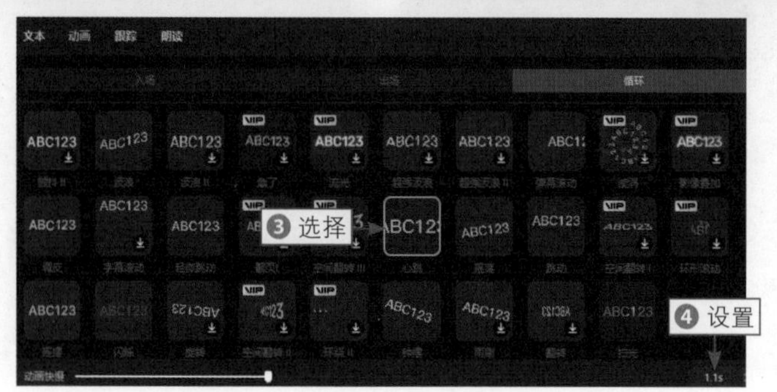

图 6-47　设置“动画快慢”参数

步骤 09 复制“作者简介”文字素材，在“图片 6”的起始位置粘贴，并调整其结束位置与“图片 6”的结束位置对齐，❶ 在“文本”操作区修改文字内容；❷ 在“气泡”选项卡中，选择禁用图标⃠，如图 6-48 所示，取消气泡样式。

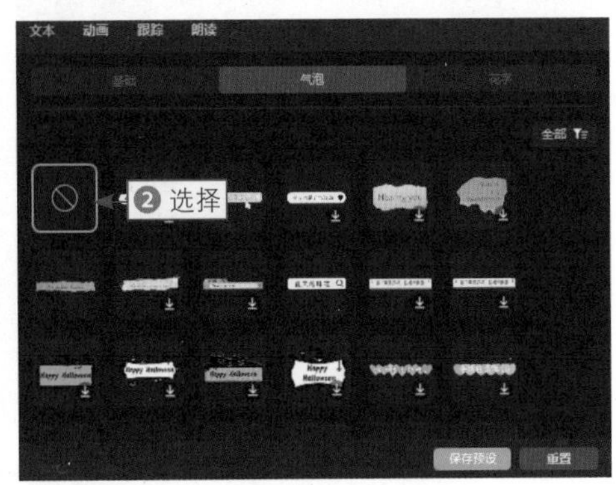

图 6-48　选择禁用图标

步骤 10 ❶ 在“循环”动画选项卡中，选择禁用图标⃠，取消循环动画效果；❷ 在预览窗口中，调整文字的位置和大小，如图 6-49 所示。

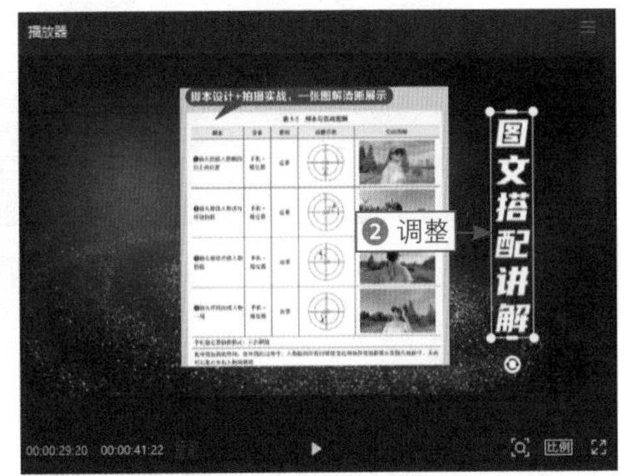

图 6-49　调整文字的位置和大小（4）

步骤 11 用与上面相同的方法，为“图片 7”“视频 2”“图片 8”添加相应的文字内容。对于“图片 7”和“视频 2”对应的文字素材，可以在“图文搭配讲解”文字素材的基础上修改；对于“图片 8”对应的两段文字素材，可以在“手机视频运镜……”和“化学工业出版社”两段文字素材的基础上进行修改，并取消最后两段文字素材的出场动画效果，这样可以更加快速地添加文字。

步骤 12 ❶ 拖曳时间轴至 00:00:39:10 的位置；❷ 在“贴纸”功能区中，搜索“注意”；❸ 选择一个合适的贴纸，单击“添加到轨道”按钮⊕，如图 6-50 所示，并调整贴纸素材的时长，使其结束位置与“图片 8”的结束位置对齐。

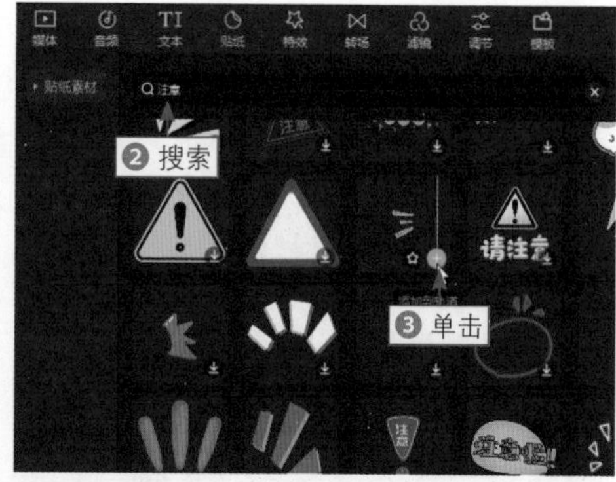

图 6-50　单击“添加到轨道”按钮

步骤 13　在预览窗口中，调整贴纸的位置、大小和倾斜角度，如图 6-51 所示。

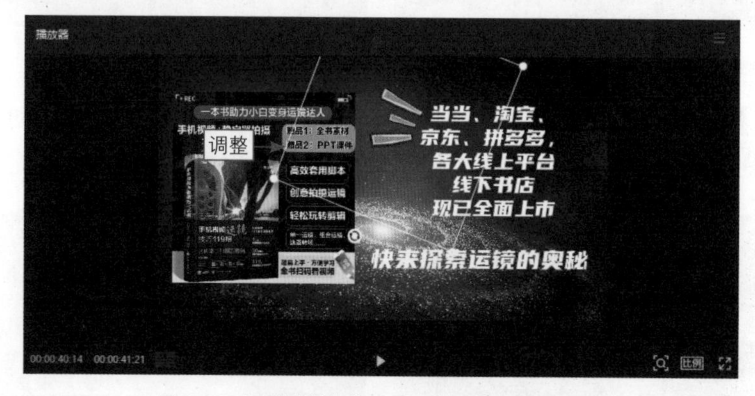

图 6-51　调整贴纸的位置、大小和倾斜角度（1）

步骤 14　❶ 复制并粘贴一个贴纸素材，并调整其位置和时长；❷ 单击“镜像”按钮，如图 6-52 所示。

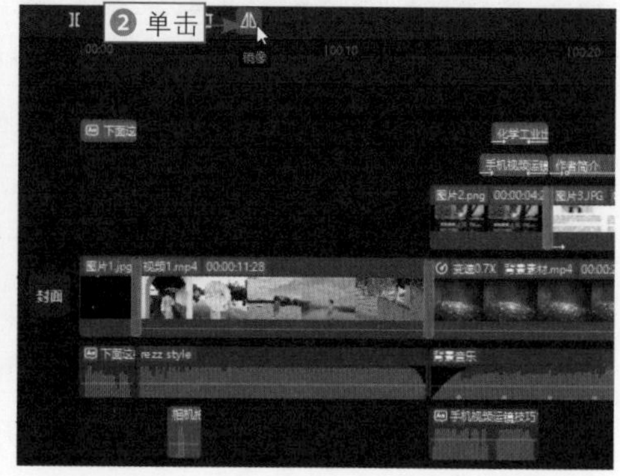

图 6-52　单击“镜像”按钮

步骤 15 在预览窗口中，调整复制后的贴纸的位置、大小和倾斜的角度，如图 6-53 所示。

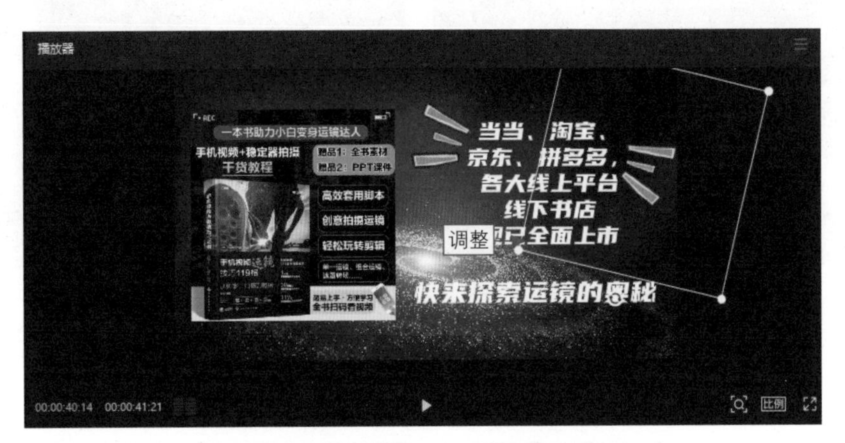

图 6-53　调整贴纸的位置、大小和倾斜角度（2）

6.2.5　添加特效

扫码看教程

为视频添加合适的特效可以增加其美观度，让视频更具美感。

下面介绍添加特效的操作方法。

步骤 01 ❶ 拖曳时间轴至 00:00:15:28 的位置；❷ 切换至“特效”功能区；❸ 展开“画面特效”选项卡；❹ 在“氛围”选项卡中选择“星火炸开”特效，单击“添加到轨道”按钮，如图 6-54 所示。

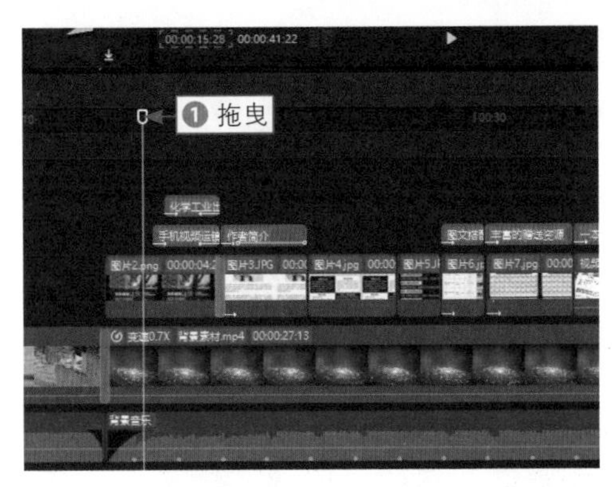

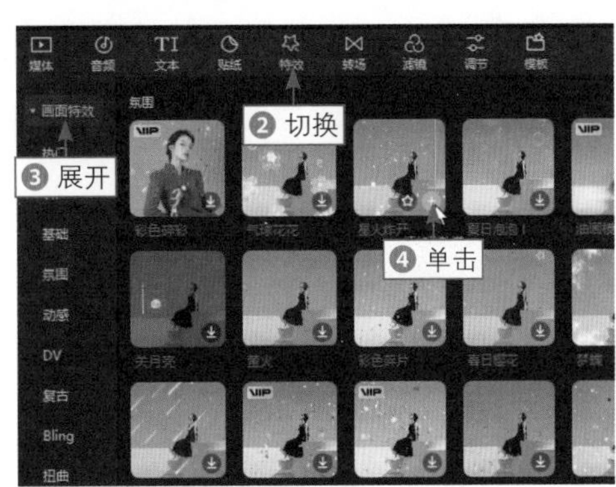

图 6-54　单击“添加到轨道”按钮（1）

步骤 02 ❶ 调整特效出现的位置和持续时长，使其位于“背景音乐”的第 1 个和第 3 个小黄点之间；❷ 在“特效”操作区中，设置“不透明度”参数为 80、“速度”参数为 60，如图 6-55 所示，使特效素材更好地与画面融合。

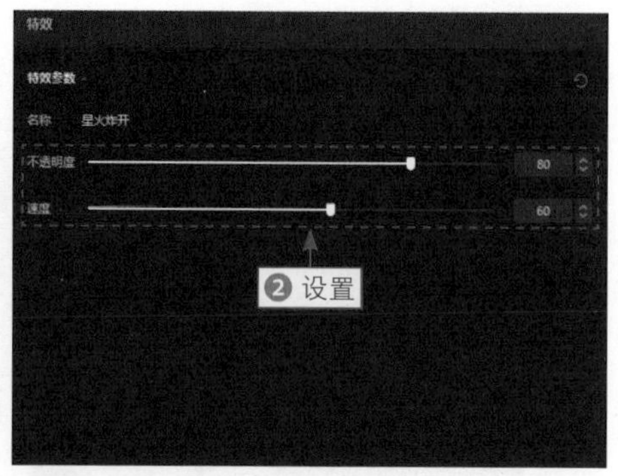

图 6-55　设置相关参数

步骤 03 ❶ 拖曳时间轴至“图片 3”素材的起始位置；❷ 在 Bling 选项卡中，选择“温柔细闪”画面特效，单击“添加到轨道”按钮，如图 6-56 所示。

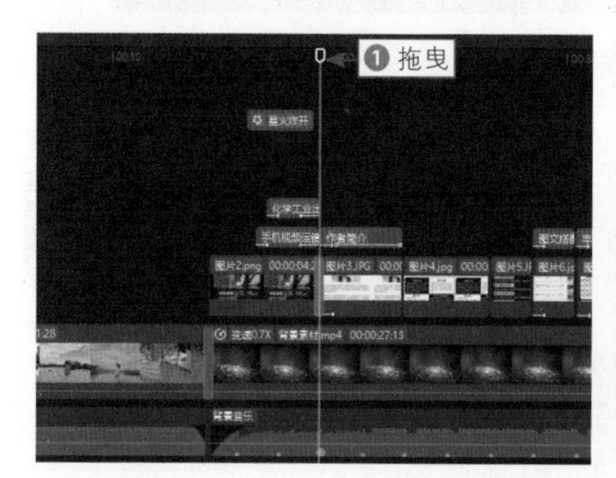

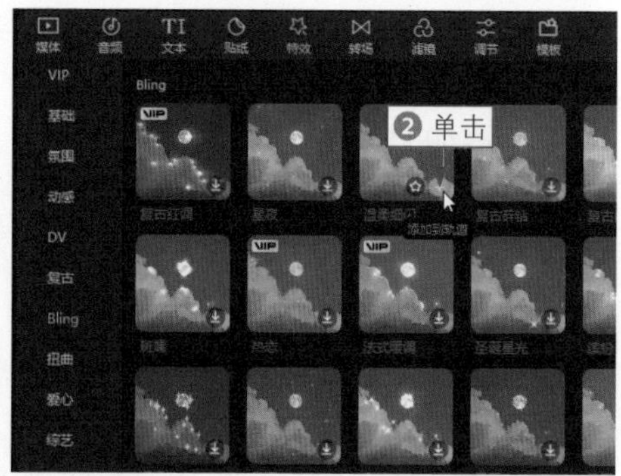

图 6-56　单击“添加到轨道”按钮（2）

步骤 04 ❶ 调整“温柔细闪”特效持续时长，使其结束位置和视频素材的结束位置对齐；❷ 在“特效”操作区，设置“速度”参数为 20，如图 6-57 所示，使特效的闪动频率变慢一点。

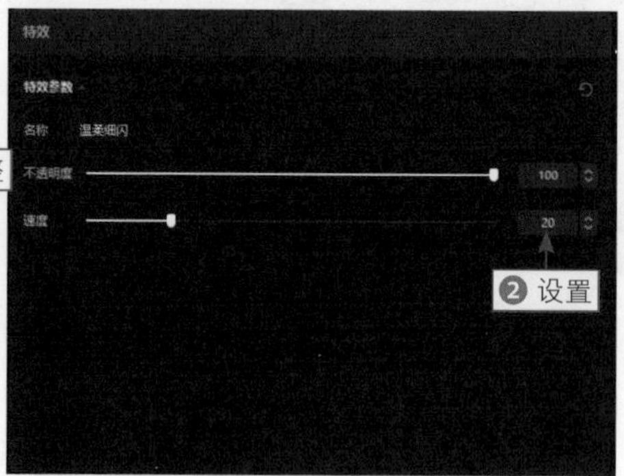

图 6-57　设置“速度”参数

第 7 章　种草视频：《唯美汉服》

种草视频是一种向观众推荐商品的视频，而成功的种草视频，可以激发观众的购买欲，短时间内提高商品的销量。种草视频也有很多种，可以是详细讲解和商品用途介绍，也可以是分享使用感受，还可以是纯粹地展示商品。本章将通过《唯美汉服》这个视频案例，介绍种草视频的制作技巧。

7.1 欣赏视频效果

要制作高质量的种草视频，首先要根据商品特性来确定制作什么类型的种草视频，然后拍摄好相关的视频素材，最后再进行后期制作。

本章所展示的案例视频《唯美汉服》，是一个通过展示汉服上身效果和细节，来达成种草效果的视频。因为汉服和人们平常所穿的衣服是有一定区别的，在特定场景中穿着汉服，才更有韵味，更能体现服装特色，所以过多的解说反而会显得多余，直接设定一个穿着场景，会更加吸引观众。

本节将先为大家展示视频效果，并简单介绍在剪映中主要使用的一些操作。

7.1.1 效果赏析

视频《唯美汉服》由 6 段视频素材组成，视频整体的古风感十足，模特和服装的适配度很高，可以达成比较好的种草效果。图 7-1 所示为种草视频《唯美汉服》效果展示。

图 7-1　种草视频《唯美汉服》效果展示图

7.1.2 技术提炼

制作该种草视频主要在剪映中运用了设置美颜美体、基础调色和添加滤镜、添加特效、识别歌词、添加转场这几个操作。

设置美颜美体，主要是在画面中有人物出现时，用来美化人物的一些设置。

在该案例视频中，为有人物正脸出现的素材适当地设置美颜美体，可以让人物在视频中呈现出更好的状态。

图 7-2 所示为视频《唯美汉服》设置美颜美体前后效果对比，可以看出，在对美颜和美体的一些参数进行设置之后，人物的皮肤状态、整体气色都看起来更好一点。

图 7-2　视频《唯美汉服》设置美颜美体前后效果对比

基础调色和添加滤镜是针对画面的色彩、明暗程度等进行的设置。在该案例视频中，通过该操作来提升画面的整体亮度、色彩饱和度和对比度。

图 7-3 所示为视频《唯美汉服》画面调节前后效果对比，可以明显看出，进行画面调节和添加滤镜之后的画面美观度更高，视觉体验感更好。

图 7-3　视频《唯美汉服》画面调节前后效果对比

特效，就是特殊效果，剪映中的特效又分为画面特效和人物特效两种。为视频添加一定的特效，可以增加视频的趣味性，或者增强氛围感等。但特效也不能随意选择，一定要根据视频的风格、主题来选择合适的特效。在该案例视频中，为视频添加了画面特效，让画面的整体氛围发生了一点改变。

图 7-4 所示为视频《唯美汉服》添加画面特效前后效果对比，添加画面特效后的画面看起来有了一些浪漫的氛围，也使画面更加丰富而不冗杂。

图 7-4　视频《唯美汉服》添加画面特效前后效果对比

识别歌词，是一种更便捷的添加字幕的方式。用户在添加合适的背景音乐之后，可以将其歌词制作成字幕。

图 7-5 所示为视频《唯美汉服》识别歌词前后效果对比，古风感的歌词字幕让视频更加有意境。

转场就是在素材与素材之间添加的转换过渡效果。在该案例视频中，通过添加转场效果，增强了视频的古风氛围。

图 7-6 所示为视频《唯美汉服》转场效果展示，水墨感的转场效果既起到了串联素材的作用，又让

图 7-5　视频《唯美汉服》识别歌词前后效果对比

视频的国风特色更加鲜明。

图 7-6　视频《唯美汉服》转场效果展示

7.2　视频制作过程

种草视频《唯美汉服》是通过相对简单的剪辑操作，实现高质量效果的一个视频。本节就来为大家具体讲解种草视频《唯美汉服》是如何制作出来的。

7.2.1　设置美颜美体

扫码看教程

通过设置美颜美体参数，可以让视频中的人物呈现出更好的状态，让视频更加赏心悦目。在该案例视频中只有两段素材中，出现了人物正脸，所以只要为这两段素材设置美颜美体参数即可。

下面介绍在剪映中设置美颜美体参数的操作方法。

步骤 01 将所有素材导入剪映，并按顺序添加到轨道中，❶ 拖曳时间轴至“视频 3”的起始位置，选择“视频 3”素材；❷ 在“画面”操作区中，展开“美颜美体”选项卡；❸ 选中“美颜”复选框，如图 7-7 所示。

步骤 02 ❶ 依次设置“磨皮”参数为 35、“祛法令纹”参数为 16、“祛黑眼圈”参数为 14、“美白”参数为 70，让人物的面部状态看起来更好；❷ 选中“美体”复选框，如图 7-8 所示。

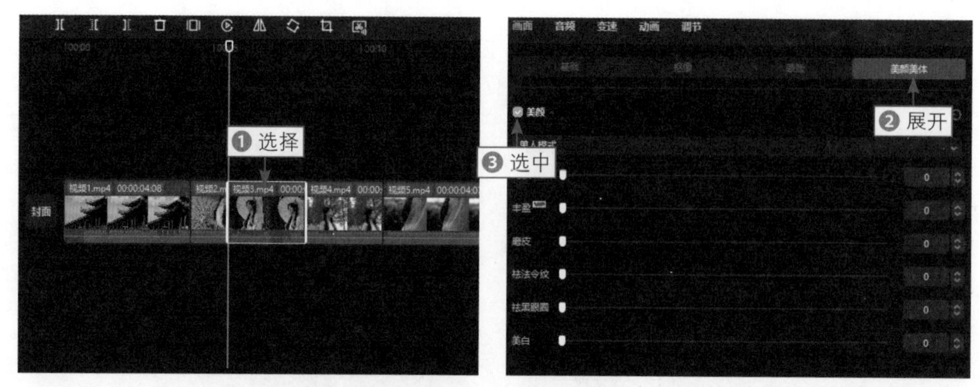

图 7-7　选中“美颜”复选框

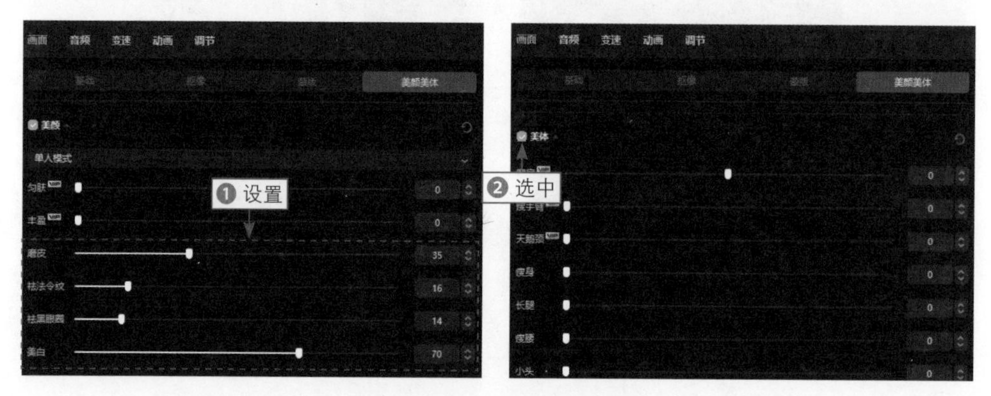

图 7-8　选中“美体”复选框

步骤 03 依次设置“瘦身”参数为 23、“瘦腰”参数为 13、“美白”参数为 70，如图 7-9 所示，即可将完成对人物美颜美体的设置。

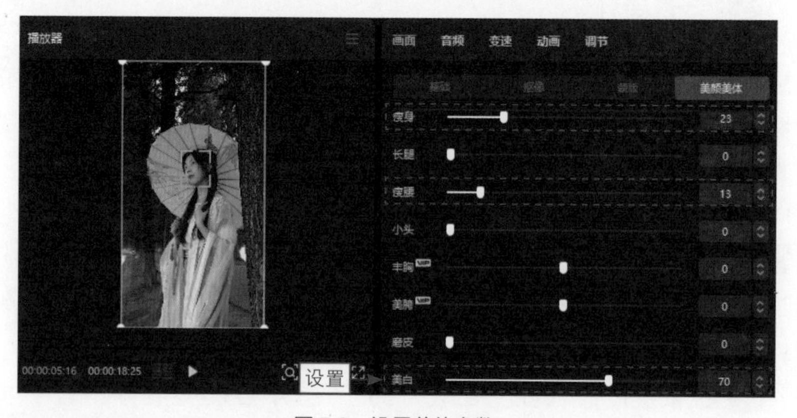

图 7-9　设置美体参数

步骤 04 用同样的方法为“视频 4”素材设置同样的“美颜美体”参数。

7.2.2　基础调色和添加滤镜

扫码看教程

基础调色和添加滤镜是两个操作，但都是用来调节画面色彩的。在该案例视频中，6 段视频素材的原始色调的区别不是特别大，可以将同样的参数应用到所有素材，再进行一定的微调。而滤镜的选择，也需要根据不同的画面特点进行选择，但一定要确保画面和谐统一。

下面介绍在剪映中进行基础调色和添加滤镜的操作方法。

步骤 01 拖曳时间轴至视频素材的起始位置，❶ 选择“视频 1”素材；❷ 切换至“调节”操作区，如图 7-10 所示。

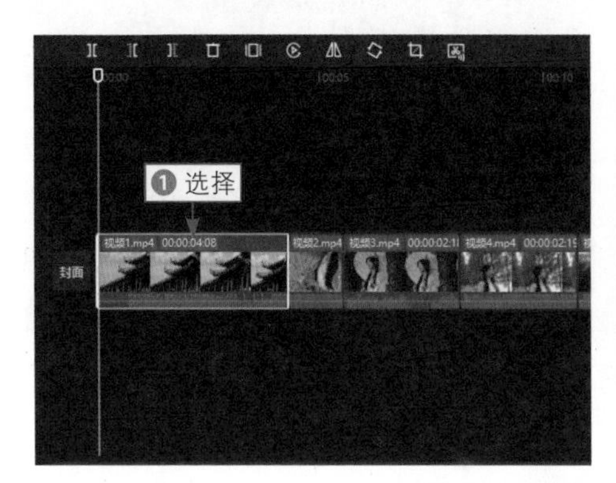

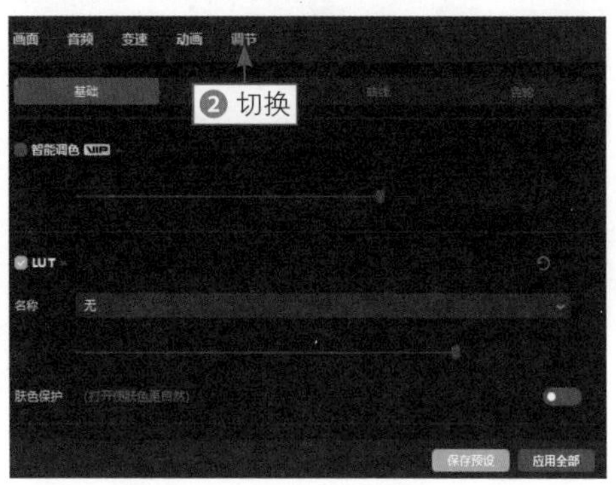

图 7-10　切换至“调节”操作区

步骤 02 ❶ 依次设置“色温”参数为 -8、“色调”参数为 15、“饱和度”参数为 17、“亮度”参数为 6、“对比度”参数为 14，“阴影”参数为 10，让画面的色彩更加鲜明；❷ 单击“应用全部”按钮，如图 7-11 所示，将调节参数应用到所有素材之中。

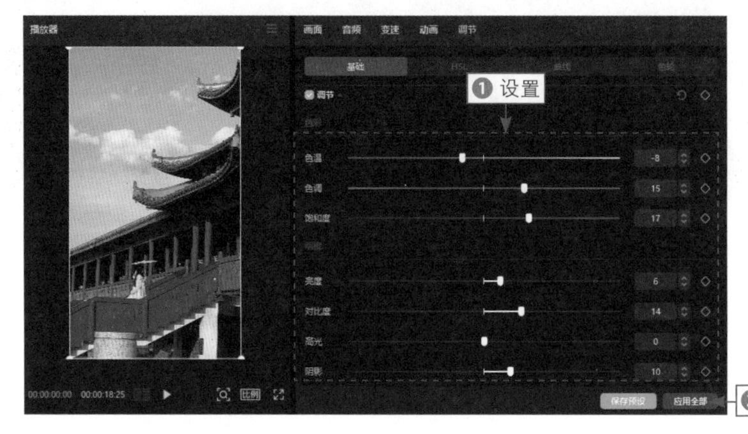

图 7-11　单击“应用全部”按钮

步骤 03 用同样的操作方法，对“视频 4”“视频 5”和“视频 6”3 段素材进行微调，确保画面的美观度、协调度。

步骤 04 拖曳时间轴至视频素材的起始位置，❶ 在功能区中单击“滤镜”按钮；❷ 在“风景”选项卡中选择“晴空”滤镜，单击“添加到轨道”按钮 ；❸ 调整滤镜素材的时长，使其结束位置和“视频 1”素材的结束位置对齐，如图 7-12 所示。

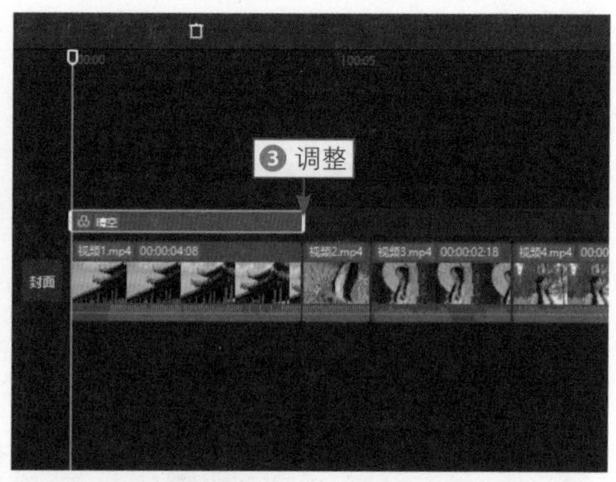

图 7-12　调整滤镜素材的时长

步骤 05 用同样的方法，为“视频 2”“视频 3”“视频 4”3 段素材添加“绿妍”风景滤镜，为“视频 5”素材添加“春日序”风景滤镜，为“视频 6”素材添加“橘光”风景滤镜，如图 7-13 所示。

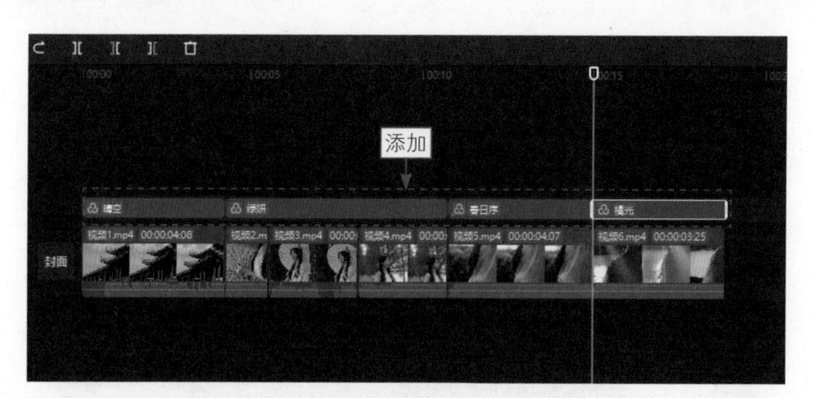

图 7-13　为多个素材添加不同的滤镜

7.2.3　添加特效

扫码看教程

为视频《唯美汉服》添加合适的画面特效，可以让整个视频更具有氛围感，画面元素更丰富。

下面介绍在剪映中添加特效的操作方法。

步骤 01 拖曳时间轴至视频素材的起始位置，❶ 切换至“特效”功能区；❷ 展开“画面特效”选项卡；❸ 在“氛围”选项卡中，选择“浪漫氛围”特效，单击“添加到轨道”按钮，如图 7-14 所示。

步骤 02 在操作区中，设置“浪漫氛围”的“不透明度”参数为 52，如图 7-15 所示，即可让特效在画面中呈现出若隐若现的效果。

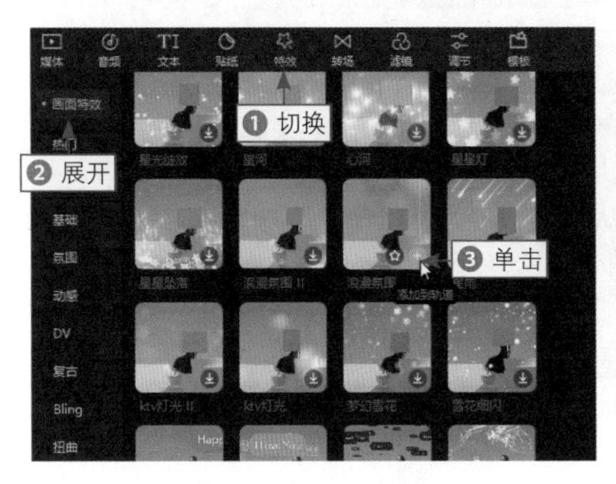

图 7-14　单击“添加到轨道”按钮

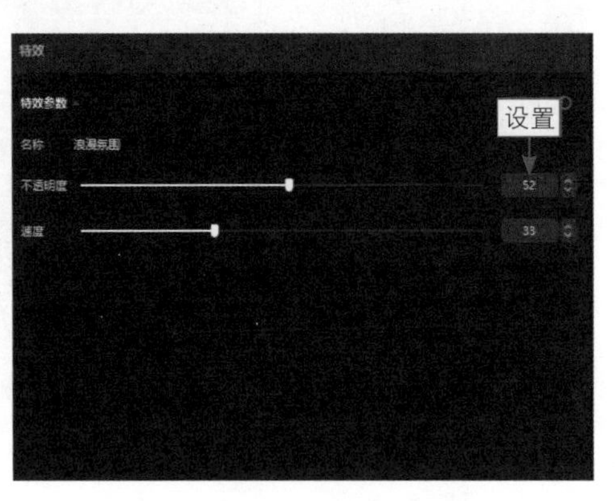

图 7-15　设置“不透明度”参数

步骤 03 调整“浪漫氛围”特效的时长，使其结束位置和视频素材的结束位置对齐，如图 7-16 所示，将该特效应用到所有视频素材中。

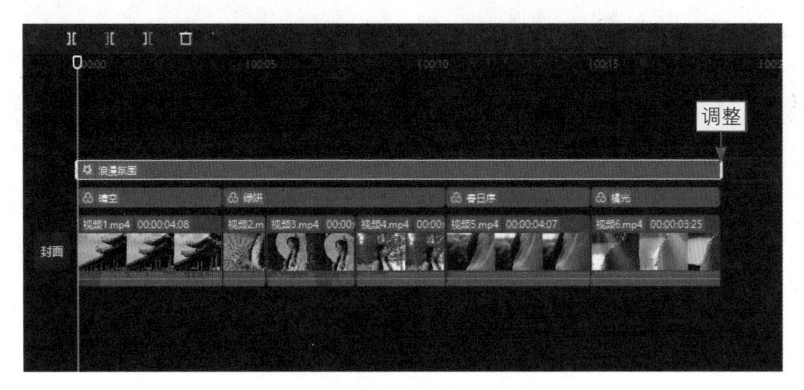

图 7-16　调整特效素材的时长

7.2.4　识别歌词

为视频《唯美汉服》添加一段合适的背景音乐后，通过识别歌词功能，为视频添加字幕，增加视频的古风感。

扫码看教程

下面介绍在剪映中识别歌词的操作方法。

步骤 01 单击视频轨道左侧的“关闭原声”按钮，如图 7-17 所示，执行操作后，即可将视频素材的原声关闭。

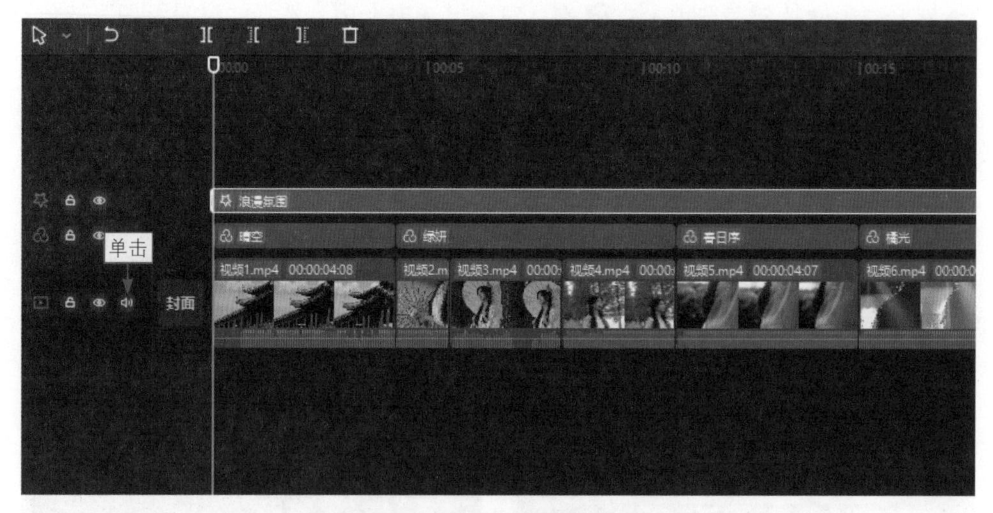

图 7-17 单击“关闭原声”按钮

步骤 02 ❶ 切换至“音频”功能区；❷ 单击“音乐素材”按钮；❸ 在“国风”选项卡中，选择一首合适的音乐，单击“添加到轨道”按钮，如图 7-18 所示。

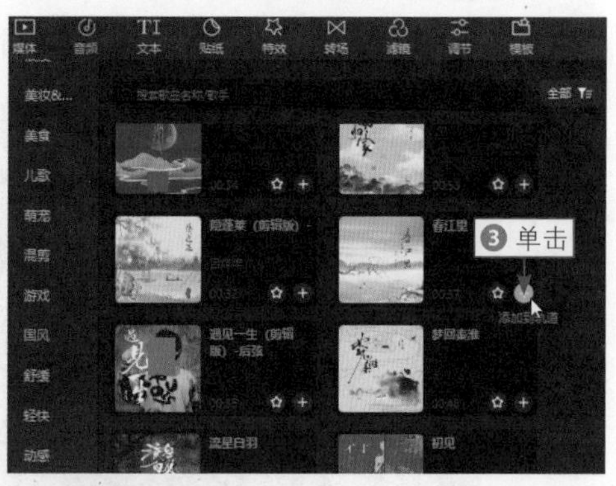

图 7-18 单击“添加到轨道”按钮

步骤 03 ❶ 拖曳时间轴至视频素材的结束位置；❷ 单击“向右裁剪”按钮，如图 7-19 所示，执行操作后，即可删除多余的音乐。

步骤 04 ❶ 切换至“文本”功能区；❷ 单击“识别歌词”按钮；❸ 单击“开始识别”按钮，识别完成后，即可生成文字素材；❹ 调整最后一段文字素材的时长，使其结束位置与视频素材的结束位置对齐，如图 7-20 所示。

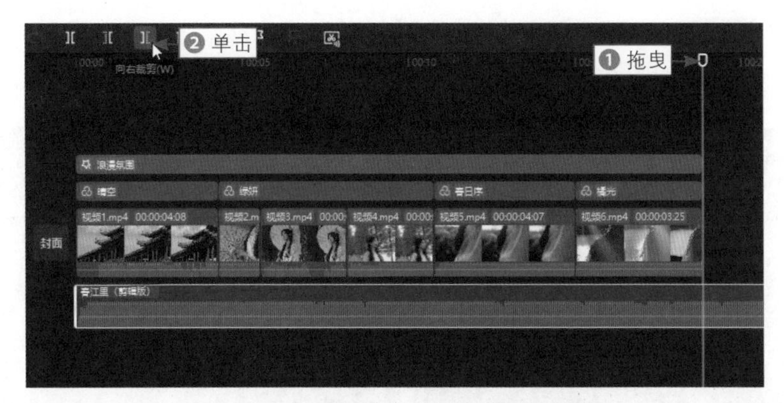

图 7-19　单击“向右裁剪”按钮

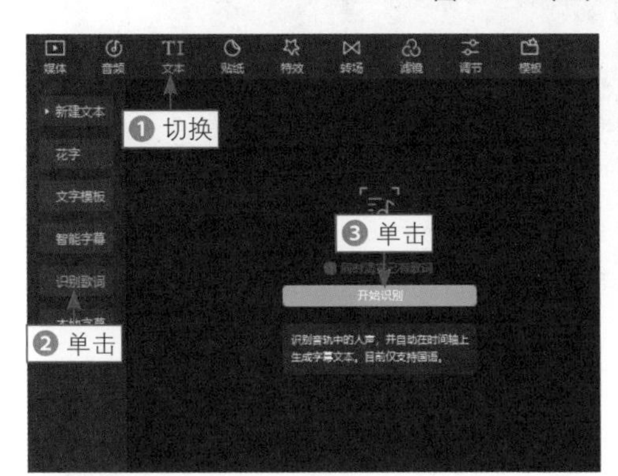

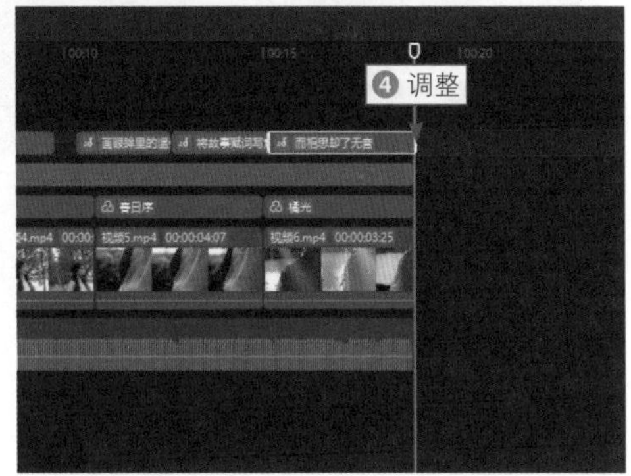

图 7-20　调整文字素材的时长

步骤 05 拖曳时间轴至 1s 左右的位置，选择第 1 段文字素材，❶在“文本”操作区中，选择一个合适的字体；❷设置“字号”参数为 12；❸选择第 5 种对齐方式；❹在预览窗口中，调整文字在画面中的位置，如图 7-21 所示，即可完成对所有文字素材的调整。

图 7-21　调整文字在画面中的位置

步骤06 ❶ 切换至“动画”操作区；❷ 选择“向右缓入”入场动画；❸ 设置“动画时长”为1s，如图7-22所示，即可为该段文字设置动画效果。

图7-22 设置“动画时长”

步骤07 用同样的操作方法，依次为其余的文字素材设置1.0s的“向右缓出”入场动画效果。

7.2.5 添加转场

扫码看教程

在剪映中，有非常多的转场效果，用户可以根据视频风格进行选择。在该案例视频中，为强化视频的古风感，设置了水墨画风格的转场效果。

下面介绍在剪映中为视频添加转场的操作方法。

步骤01 ❶ 拖曳时间轴至视频素材的起始位置；❷ 切换至“转场”功能区；❸ 选择“水墨”叠化转场效果，单击“添加到轨道”按钮，如图7-23所示。

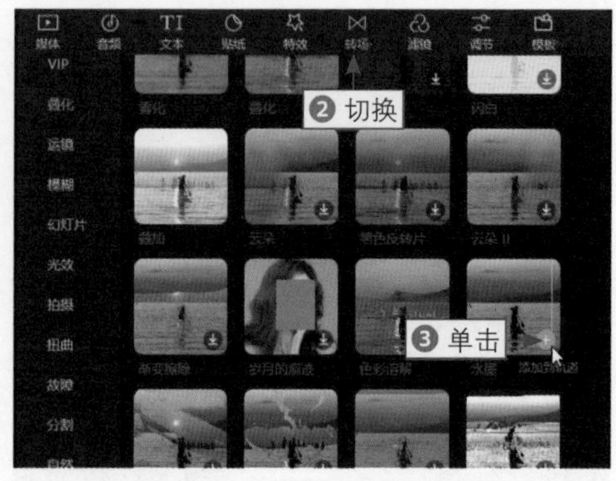

图7-23 单击“添加到轨道”按钮

步骤 02 在操作区中，单击"应用全部"按钮，如图 7-24 所示，将转场效果应用到所有素材之间。至此，已完成整个视频的制作，将视频导出即可。

图 7-24　单击"应用全部"按钮

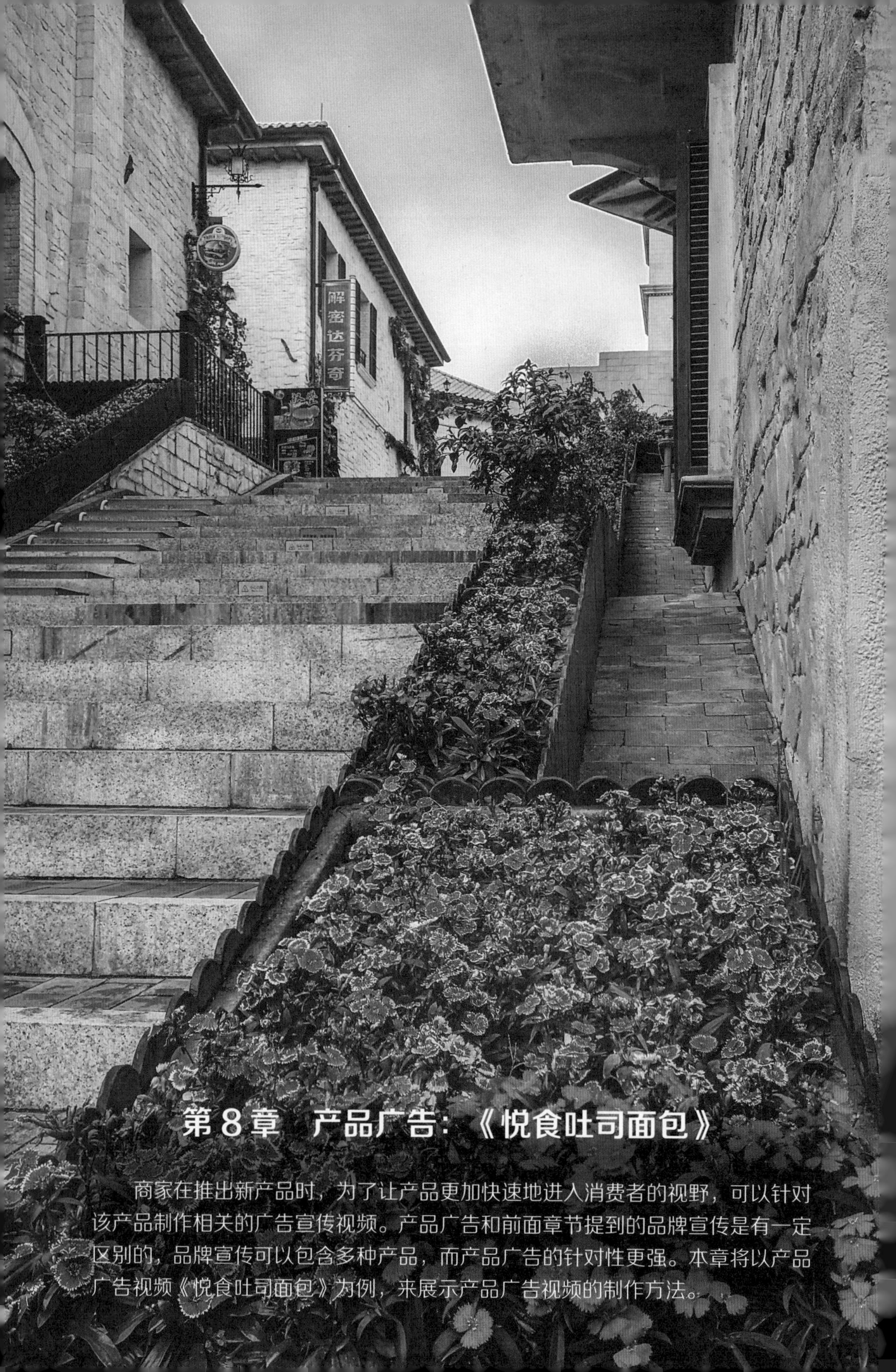

第 8 章　产品广告：《悦食吐司面包》

商家在推出新产品时，为了让产品更加快速地进入消费者的视野，可以针对该产品制作相关的广告宣传视频。产品广告和前面章节提到的品牌宣传是有一定区别的，品牌宣传可以包含多种产品，而产品广告的针对性更强。本章将以产品广告视频《悦食吐司面包》为例，来展示产品广告视频的制作方法。

8.1　欣赏视频效果

本章案例视频中的产品是一款面包，作为食物的广告，一定要通过视频让观众产生食欲，对产品产生好奇心，这样才能吸引观众进一步了解产品，进而产生消费。

本节将为大家呈现产品广告《悦食吐司面包》的视频效果，并简单介绍将会使用到的操作。

8.1.1　效果赏析

视频《悦食吐司面包》是一个食物的广告视频，视频中充分展示了食物的细节，介绍了产品的口感，还帮观众带入了食用的情景。

图 8-1 所示为产品广告视频《悦食吐司面包》效果展示。

图 8-1　产品广告视频《悦食吐司面包》效果展示

8.1.2 技术提炼

《悦食吐司面包》这个视频只有 4 段视频素材，素材不算丰富，而后期剪辑的作用就在于用简单的素材，制作出高质量的视频短片。该视频主要用到的操作是设置动画和转场、添加特效、添加字幕和文本朗读。

设置动画和转场是剪映中常用的两个操作，通过设置动画和转场，视频可以呈现出更丰富的变化。

图 8-2 所示为视频《悦食吐司面包》中动画和转场效果展示。

图 8-2 视频《悦食吐司面包》中动画和转场效果展示

添加特效可以为画面增加一些特殊的画面效果，能制造出其不意的效果。图 8-3 所示为视频《悦食吐司面包》特效效果展示。

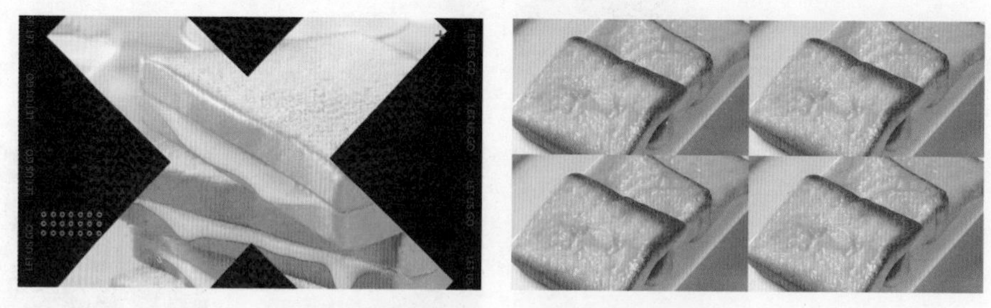

图 8-3 视频《悦享吐司面包》特效效果展示

字幕在广告中是必不可少的元素，通过字幕可以更好地介绍产品，让观众对产品有全方位的了解，而不只是停留在外观。

图 8-4 所示为视频《悦食吐司面包》字幕效果展示。

图 8-4　视频《悦食吐司面包》字幕效果展示

通过文本朗读功能可以将相应的文字内容朗读出来，剪映中有非常多不同的声音可以选择，用户可以多听一听，选择与视频匹配度更高的声音。

8.2　视频制作过程

产品广告《悦食吐司面包》是一个相对简洁的广告短片，具体的剪辑操作并不复杂。本节就为大家详细讲解产品广告《悦食吐司面包》的制作方法。用到的操作在前面章节也是提及过的，再次详细讲解主要是帮助大家熟悉更多不同效果的制作。

8.2.1　设置动画和转场

扫码看教程

由于拍摄的素材用到的运镜方式比较简单，素材本身的画面并不算丰富，所以为视频设置合适的动画和转场效果，可以让画面有更多变化。

下面介绍设置动画和转场的操作方法。

步骤 01 将 4 段视频素材导入剪映，并按顺序添加到轨道中，如图 8-5 所示。

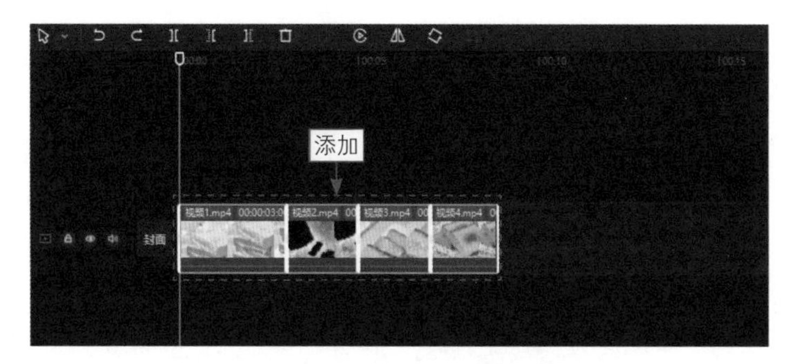

图 8-5　将视频素材添加到轨道中

步骤 02 ❶ 选择“视频 2”素材；❷ 在“动画”操作区中，选择“缩小旋转”组合动画；❸ 设置“动画时长”参数为 1.0s，如图 8-6 所示。

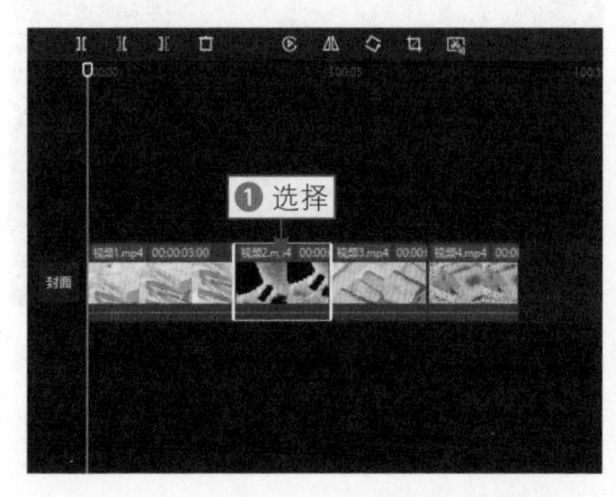

图 8-6　设置“动画时长”参数（1）

步骤 03 ❶ 选择“视频 4”素材；❷ 选择“方片转动”组合动画；❸ 设置“动画时长”参数为 1.0s，如图 8-7 所示。

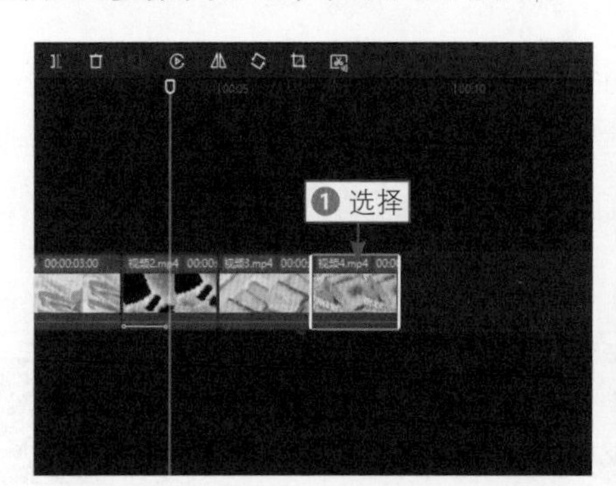

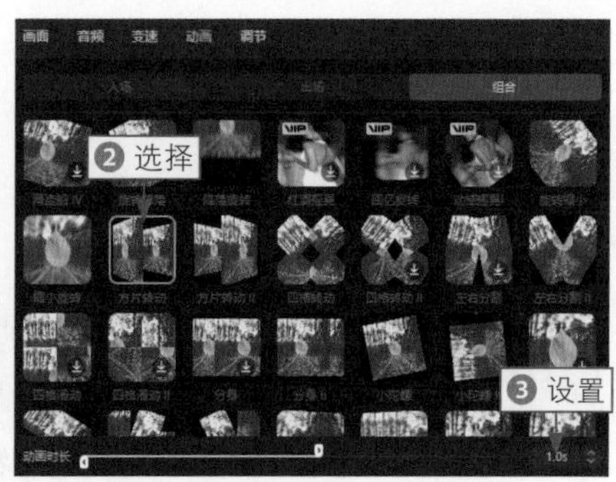

图 8-7　设置“动画时长”参数（2）

步骤 04 ❶ 拖曳时间轴至“视频 1”和“视频 2”之间的位置；❷ 在“转场”功能区中，选择“箭头向右”MG 动画转场，单击“添加到轨道”按钮，如图 8-8 所示。

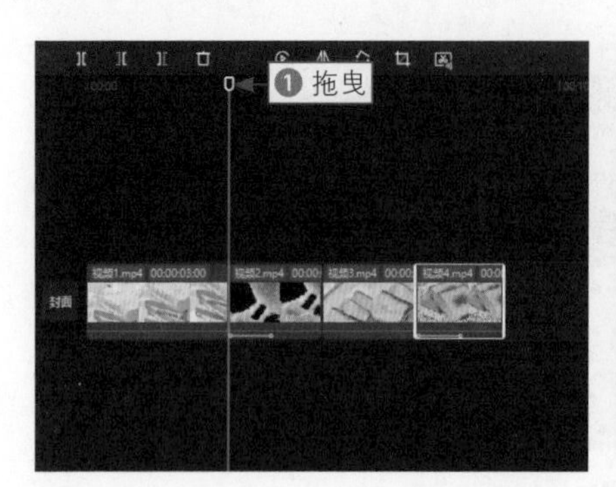

图 8-8　单击“添加到轨道”按钮

步骤 05 用同样的方法，在“视频 2”和“视频 3”之间添加“白色墨花”MG 动画转场效果，在“视频 3”和“视频 4”之间添加“动漫云朵”MG 动画转场效果。（MG 动画，英文全称为 Motion Graphics，直译为动态图形或者图形动画。）

8.2.2　添加特效

扫码看教程

剪映中有画面特效和人物特效两种，视频《悦食吐司面包》中运用到了两种画面特效，使画面有了更丰富的变化。

下面介绍添加特效的操作方法。

步骤 01 拖曳时间轴至视频的起始位置，❶ 选择“视频 1”素材；❷ 在“特效”功能区中，单击“画面特效”按钮，如图 8-9 所示。

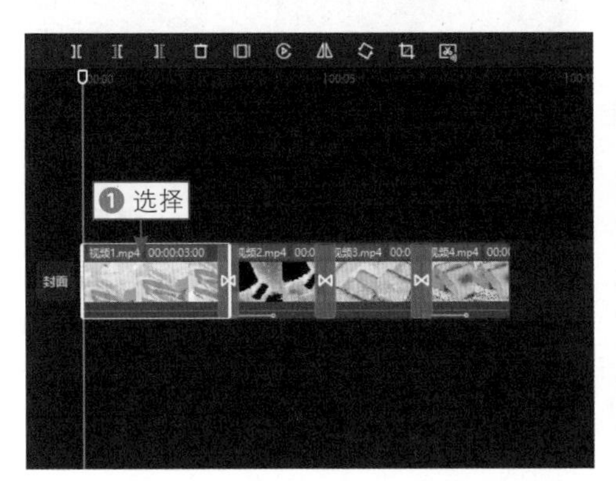

图 8-9　单击“画面特效”按钮

步骤 02 ❶ 切换至“边框”选项卡；❷ 选择“X 开幕”特效，单击“添加到轨道”按钮⊕，如图 8-10 所示，将特效应用到“视频 1”素材中。

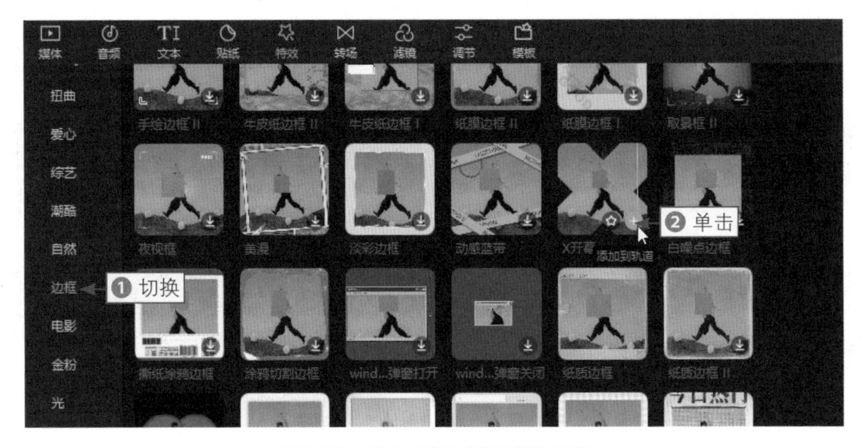

图 8-10　单击“添加到轨道”按钮

步骤 03 拖曳时间轴至“视频 3”素材的起始位置；❶ 在“分屏”选项卡中，选择“四屏”特效，单击“添加到轨道”按钮⊕；❷ 在时间线面板中，调整特效素材的时长，如图 8-11 所示，使其结束位置与“视频 3”的结束位置对齐。

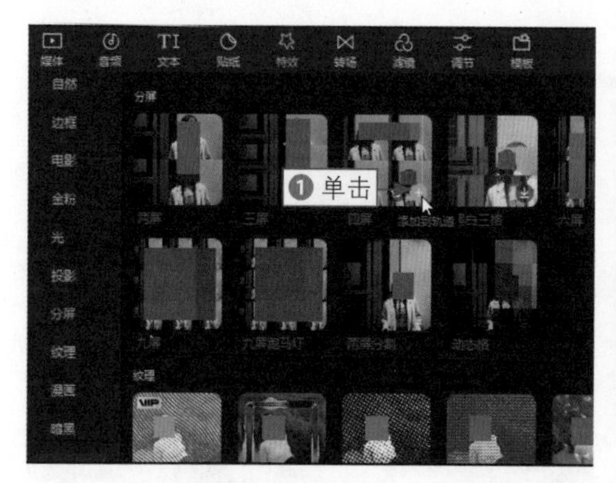

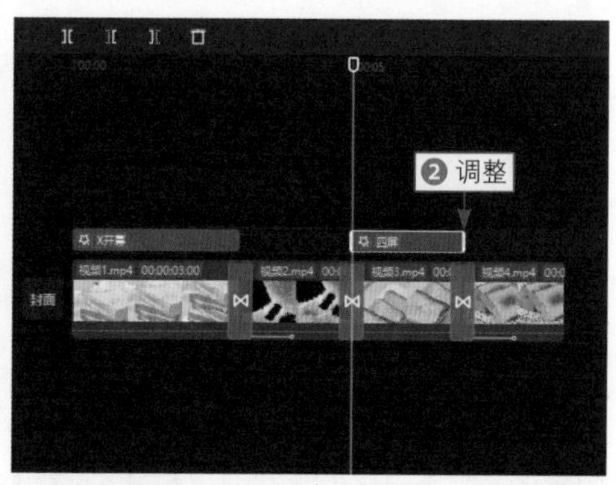

图 8-11　调整特效素材的时长

8.2.3　添加字幕和文本朗读

扫码看教程

字幕是视频《悦食吐司面包》的重要组成部分，通过字幕能更有效地让观众清楚产品的特色，更有效地传达视频的主题。而为部分文字内容添加朗读声音，可以让观众更有代入感。

下面介绍在剪映中添加字幕和文本朗读的操作方法。

步骤 01 拖曳时间轴至 1s 的位置，❶ 从“文本”功能区添加一个“默认文本”到轨道中，并调整其时长，使其结束位置与“视频 1”的结束位置对齐；❷ 在“文本”操作区中，修改文字内容；❸ 选择一个合适的字体，如图 8-12 所示。

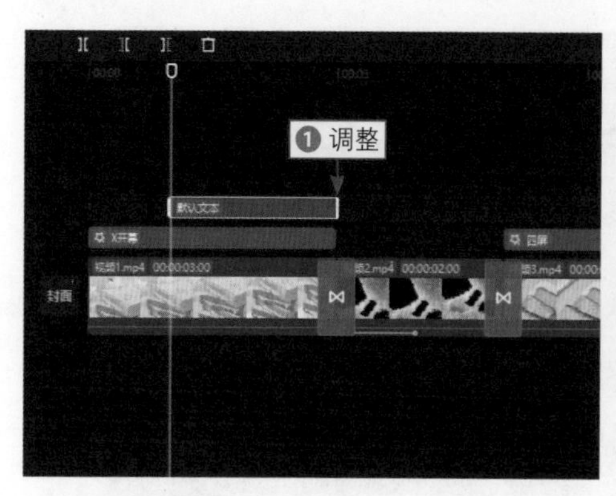

图 8-12　选择一个合适的字体

步骤 02 ❶ 在“预设样式”中选择一个合适的文字样式；❷ 设置“缩放”

参数为 60%，将文字缩小一点；❸ 在预览窗口中，调整文字在画面中的位置，如图 8-13 所示，使其位于画面的下方。

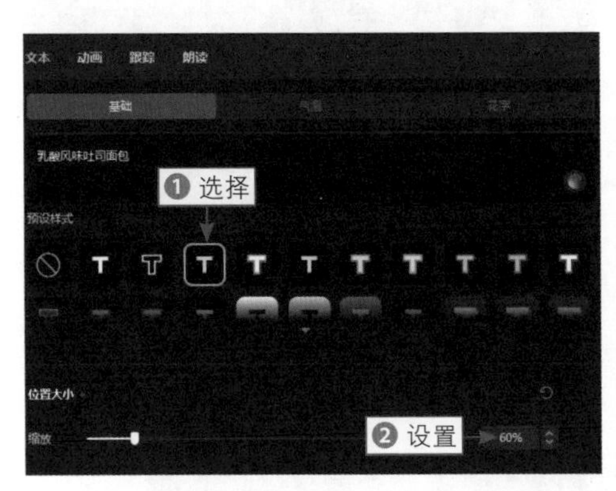

图 8-13　调整文字在画面中的位置

步骤 03 ❶ 切换至“动画”操作区；❷ 选择“弹入”入场动画；❸ 设置“动画时长”参数为 1.0s，如图 8-14 所示。

图 8-14　设置“动画时长”参数

步骤 04 ❶ 拖曳时间轴至“视频 2”的起始位置；❷ 复制并粘贴文字素材；❸ 在“文本”操作区中修改文字内容，如图 8-15 所示。

步骤 05 用同样的方法，为“视频 3”和“视频 4”添加对应的字幕内容，并根据视频素材的时长，调整相应文字素材的时长，添加好字幕的时间线面板如图 8-16 所示。

步骤 06 拖曳时间轴至视频的结束位置，❶ 在“文本”功能区中，展开“文字模板”选项卡；❷ 在“美食”选项卡中，选择一个合适的模板，单击“添加到轨道”按钮，如图 8-17 所示。

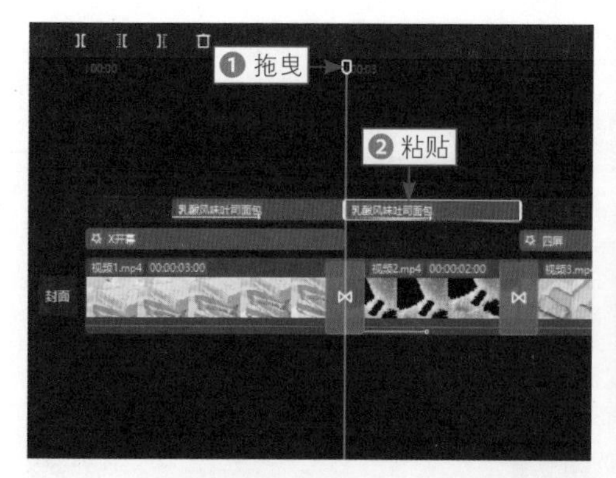

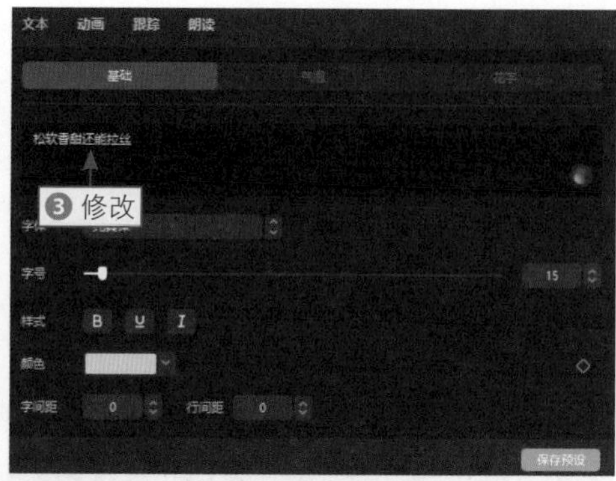

图 8-15　修改文字内容

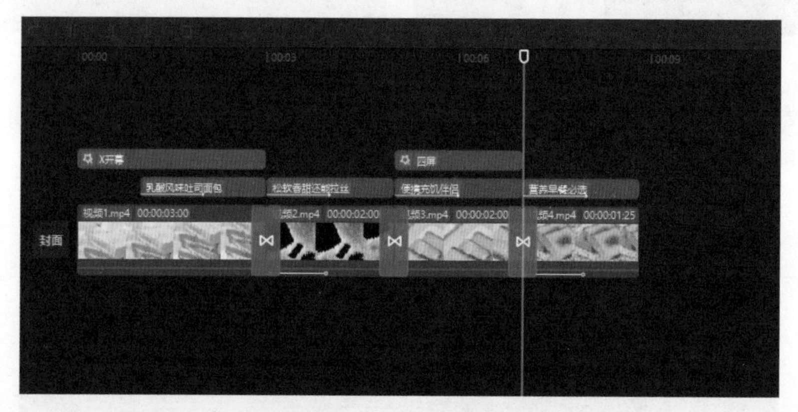

图 8-16　添加好字幕的时间线面板

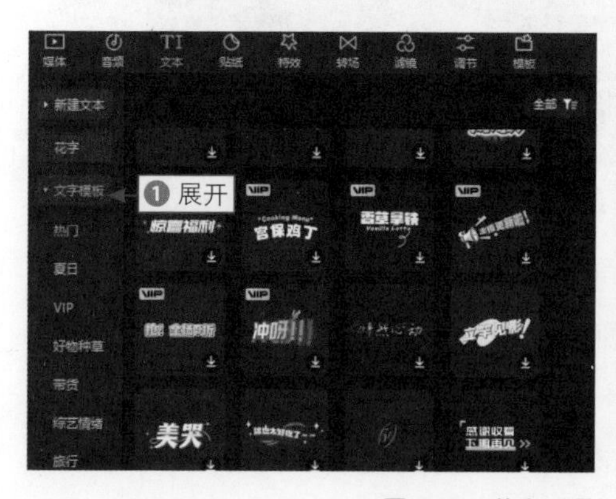

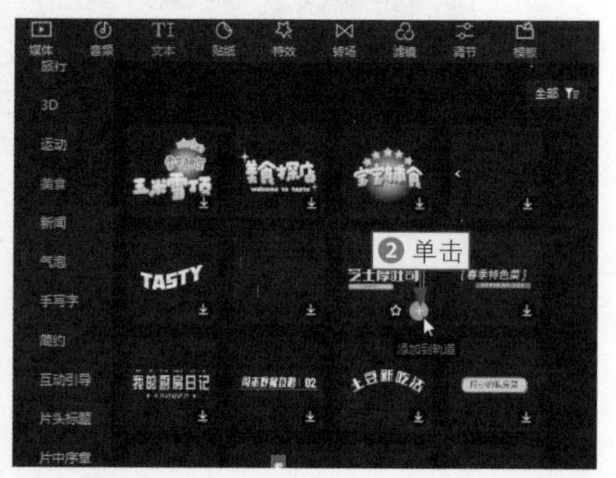

图 8-17　单击“添加到轨道”按钮（1）

步骤 07 ❶ 在“文本”操作区，删除“第 1 段文本”中的内容；❷ 修改“第 2 段文本”中的内容；❸ 切换至“朗读”操作区；❹ 选择“熊二”的音色；❺ 单击“开始朗读”按钮，如图 8-18 所示，执行操作后，会生成对应的音频素材。

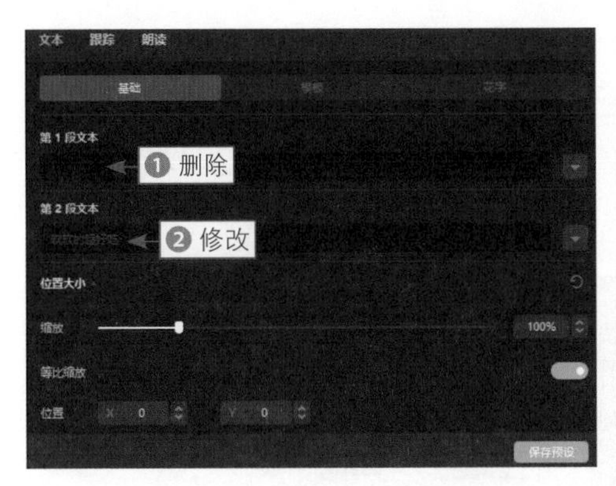

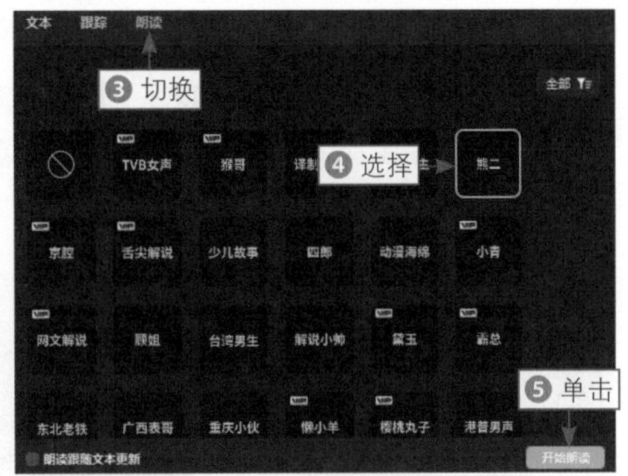

图 8-18　单击“开始朗读”按钮

步骤 08 在时间线面板中，调整音频素材的位置，如图 8-19 所示，使其结束位置与文字素材的结束位置对齐。

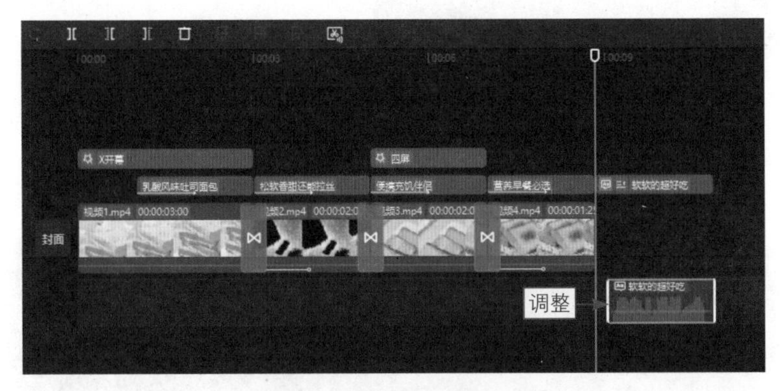

图 8-19　调整音频素材的位置

步骤 09 ❶ 选择文字模板素材；❷ 在“文本”操作区中，输入“第 1 段文本”对应的文字内容，如图 8-20 所示。

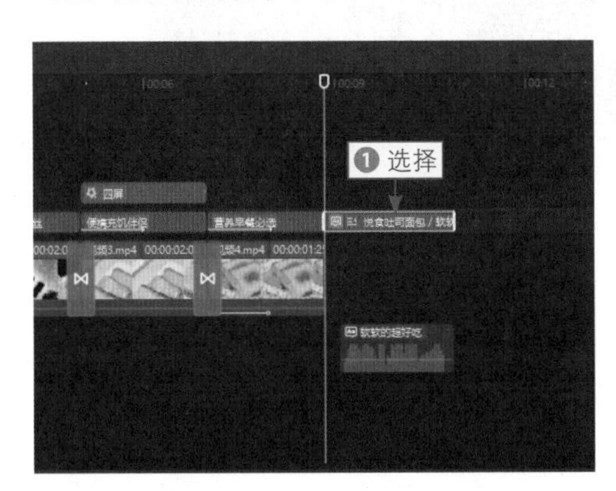

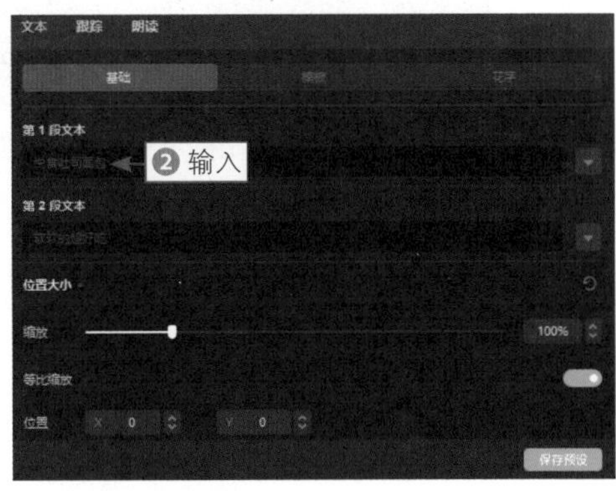

图 8-20　输入相应的文字内容

步骤 10 拖曳时间轴至视频的起始位置，❶ 在“音频”功能区中，单击“音频提取”按钮；❷ 单击“导入”按钮；❸ 打开“背景音乐”素材所在的文件夹，选择“背景音乐”；❹ 单击“打开”按钮，如图 8-21 所示，执行操作后，即可将音频导入剪映。

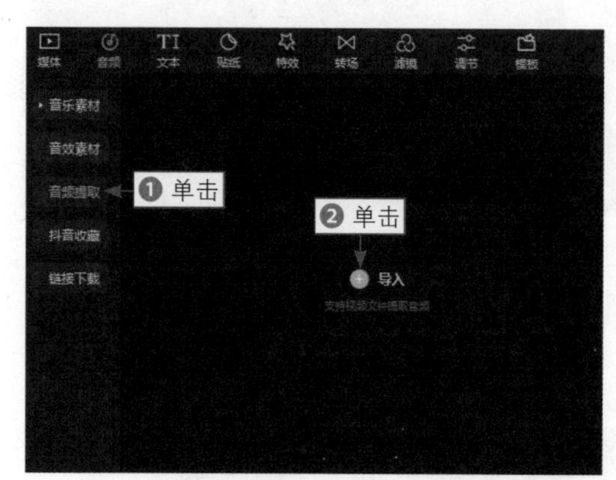

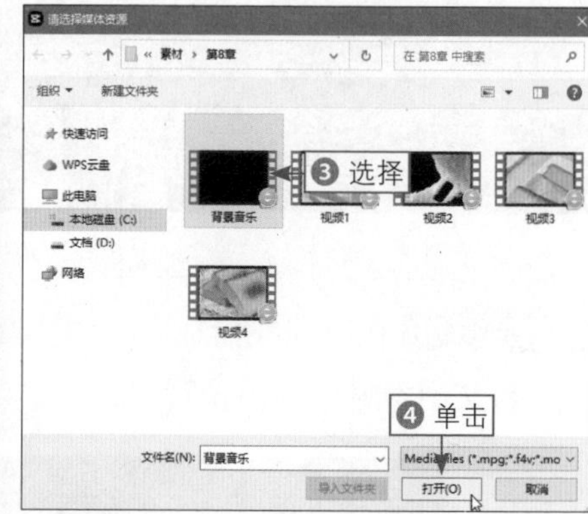

图 8-21 单击“打开”按钮

步骤 11 单击“提取音频”右下角的“添加到轨道”按钮，如图 8-22 所示，执行操作后，即可为视频添加背景音乐。至此，整个视频制作完成。

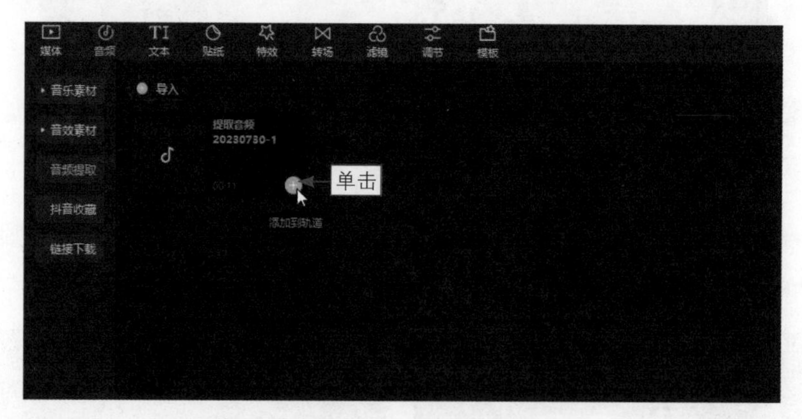

图 8-22 单击“添加到轨道”按钮（2）

第 9 章　产品宣传：《驰风汽车》

广告在人们的生活中越来越常见，而产品宣传广告短片主要是向消费者介绍产品或服务的品牌，吸引消费者的注意力，让大众对品牌名称熟悉起来，促使观众购买广告短片中的产品或服务，增加产品销量，提高产品知名度。本章将以《驰风汽车》这个视频为例，为大家介绍产品宣传视频的制作。

9.1 欣赏视频效果

汽车广告主要是向观众宣传汽车的优点、特点及产品质量等。制作汽车广告短片，可以多选用一些汽车局部的视频，例如车灯、轮胎、后视镜等，加上转场动画和广告文本，加深观众对汽车品牌的印象。

本节将为大家呈现产品宣传视频的效果，并简单介绍运用了哪些操作制作该视频。

9.1.1 效果赏析

视频《驰风汽车》由12段视频素材组成，是一个简约大气的产品宣传视频，和产品的卖点十分贴合。图9-1所示为视频《驰风汽车》效果展示。

图9-1 视频《驰风汽车》效果展示

9.1.2　技术提炼

制作该产品宣传视频，主要运用了分离音频、设置转场、设置动画、添加字幕和添加片尾 5 个操作。

分离音频是一种可以导入外部音频的操作。通过该操作，用户可以将其他视频的背景音乐用到自己的视频当中。

设置转场是指为视频设置合适的转场效果，转场是一种让视频具有变化的简单操作。

图 9-2 所示是为视频《驰风汽车》设置转场的效果展示，在该视频中，根据视频风格搭配了两种不一样的转场效果。

图 9-2　为视频《驰风汽车》设置转场的效果展示

设置动画是指为视频设置动画效果，可以让视频素材看上去更有变化，制造出其不意的效果。

图 9-3 所示是为视频《驰风汽车》设置动画的效果展示，为素材设置不同的动画效果，可以让观者在观看时不容易产生审美疲劳。

在产品宣传视频中字幕是非常重要的，通过字幕可以为观众介绍产品的亮点，让观众对产品的了解不止停留在外观上。

图 9-4 所示是为视频《驰风汽车》添加字幕前后效果对比，字幕和画面相配合，清楚地展示出了产品的主要宣传点。

图 9-3　为视频《驰风汽车》设置动画的效果展示

图 9-4　为视频《驰风汽车》添加字幕前后效果对比

在没有片头的视频中，片尾可以起到揭示悬念的作用，可以让观众对产品或者品牌加深印象。

图 9-5 所示为视频《驰风汽车》片尾效果展示，视频通过片尾告知产品的品牌，展示可以传达品牌理念的广告宣传语，使宣传效果更佳。

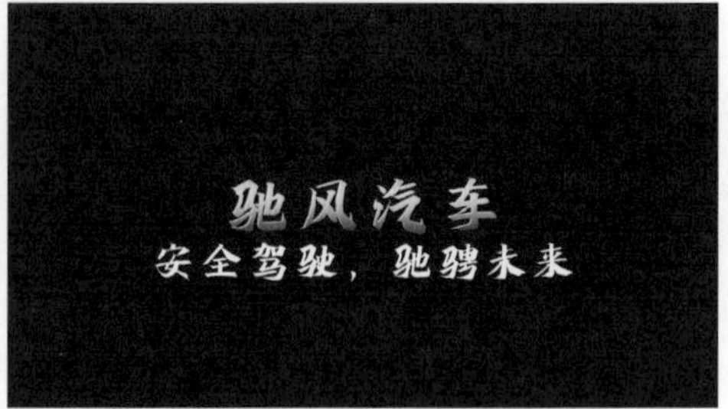

图 9-5　视频《驰风汽车》片尾效果展示

本章案例视频中所使用的操作都是在之前的案例中曾涉及的，本章重点是让大家学会利用简单的操作制作出高级视频的剪辑思路。

9.2　视频制作过程

整个视频的制作并不复杂，要注意各种效果的选择和设置风格要统一，与产品的适配度高，以达到较好的宣传效果。

本节就来为大家具体讲解视频《驰风汽车》的剪辑步骤。

9.2.1　分离音频

扫码看教程

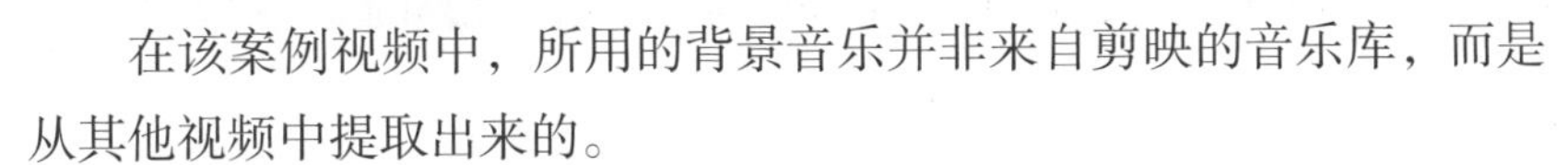

在该案例视频中，所用的背景音乐并非来自剪映的音乐库，而是从其他视频中提取出来的。

下面介绍在剪映中分离音频的操作方法。

步骤 01 导入 12 段汽车视频素材、一段片尾视频素材和一段背景音乐视频，如图 9-6 所示。

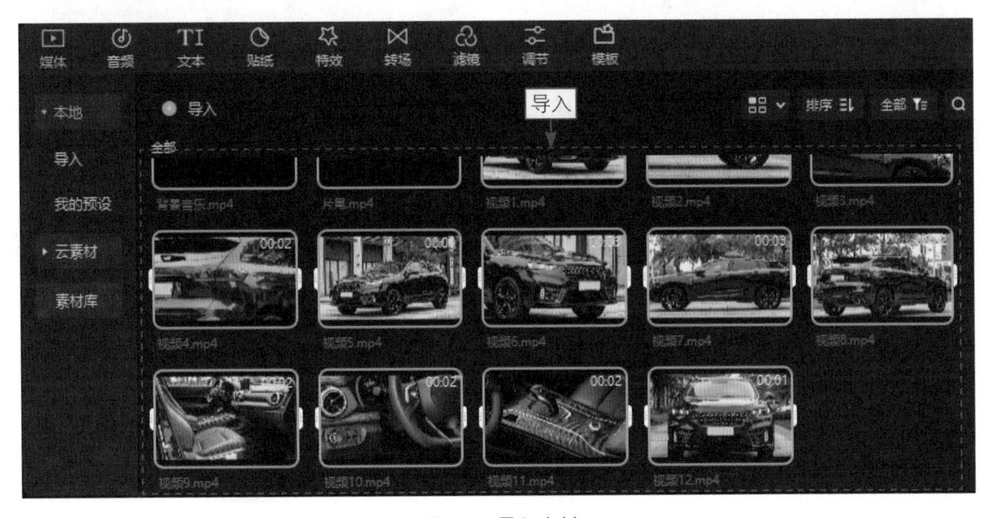

图 9-6　导入素材

步骤 02 ❶ 将“背景音乐”素材添加到轨道；❷ 将鼠标指针放在“背景音乐”素材上，单击鼠标右键，在弹出的快捷菜单中选择“分离音频”命令，如图 9-7 所示，执行操作后，音频素材被分离至音频轨道中。

步骤 03 单击“删除”按钮，如图 9-8 所示，执行操作后，即可删除视频轨道中的素材，只留下音频素材。

步骤04 将“视频 1”～“视频 12”素材按顺序添加到轨道中，如图 9-9 所示，执行操作后，即可进行后面的剪辑操作。

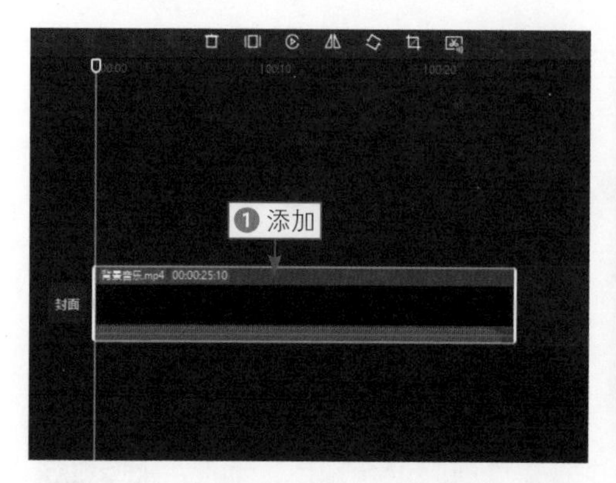

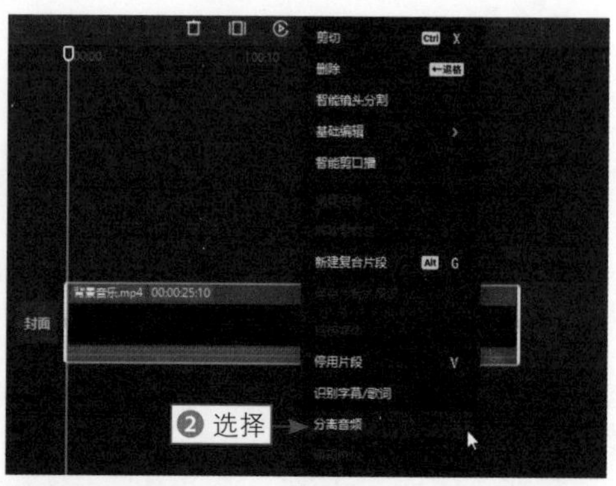

图 9-7 选择“分离音频”命令

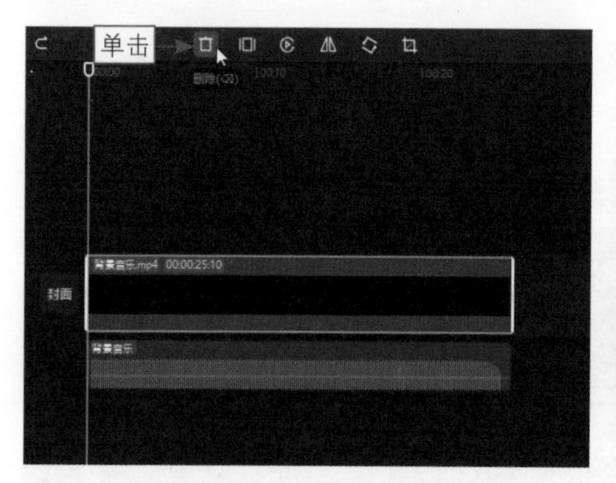

图 9-8 单击“删除”按钮

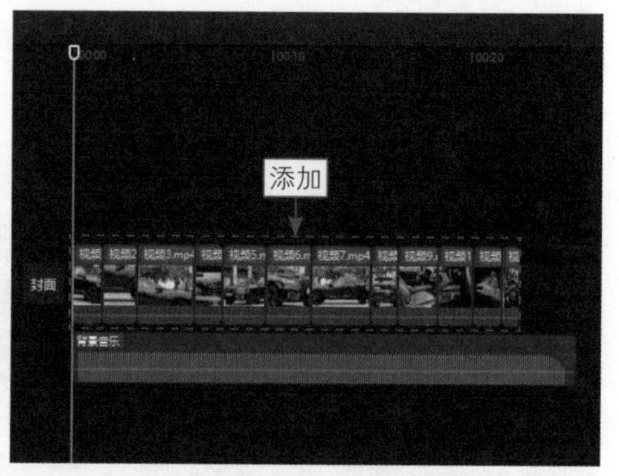

图 9-9 将视频素材添加到轨道中

9.2.2 添加转场

扫码看教程

在该案例视频中，并未在所有素材之间都设置转场，而且为了做出一些变化感，设置的转场效果也不止一个，但对于转场效果的选择十分重要。

下面介绍在剪映中设置转场的操作方法。

步骤01 ❶ 拖曳时间轴至“视频 2”和“视频 3”之间的位置；❷ 在“转场”功能区的“叠化”选项卡中，单击“闪黑”转场的“添加到轨道”按钮，如图 9-10 所示，执行操作后，即可在这两个视频之间成功设置该转场效果。

步骤02 拖曳“闪黑”转场右侧的白色拉杆，如图 9-11 所示，将转场效果的时长调整到最长。

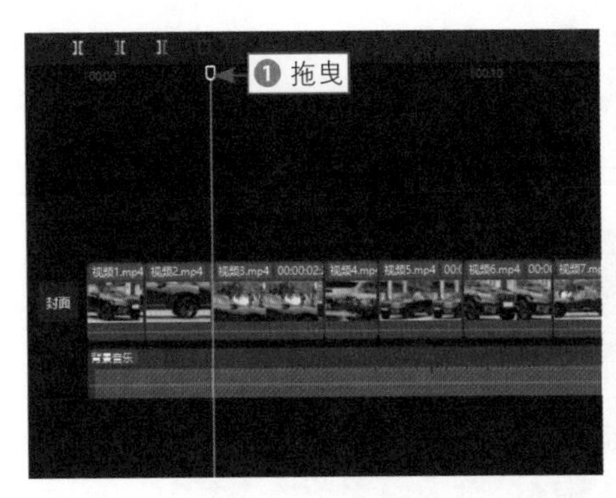

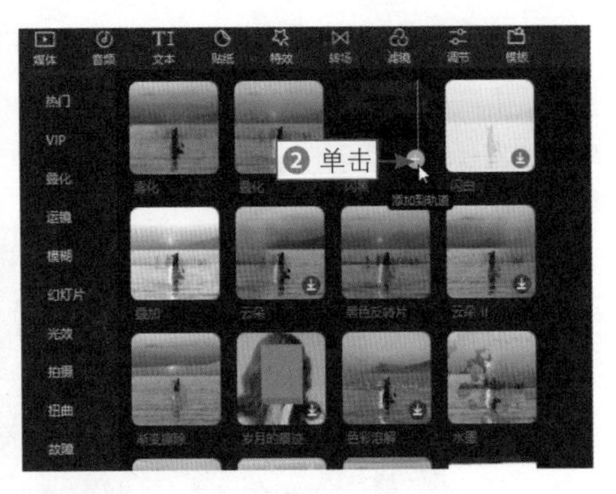

图 9-10　单击“添加到轨道”按钮（1）

步骤 03 用与上面相同的方法，在“视频 3”和“视频 4”之间、“视频 5”和“视频 6”之间、“视频 6”和“视频 7”之间，分别添加“闪黑”转场并调整转场时长为最长，如图 9-12 所示。

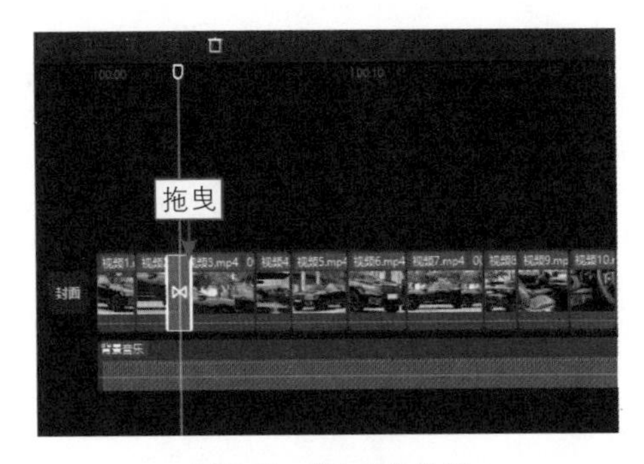

图 9-11　拖曳白色拉杆

图 9-12　添加多个转场并调整时长（1）

步骤 04 ❶ 拖曳时间轴至“视频 7”和“视频 8”之间的位置；❷ 在“转场”功能区的“叠化”选项卡中，单击“黑色反转片”转场的“添加到轨道”按钮⊕，如图 9-13 所示，执行操作后，即可在这两个素材之间添加一个不同的转场效果。

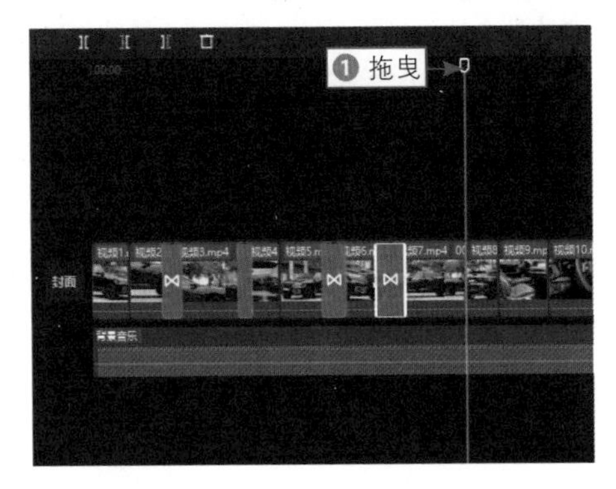

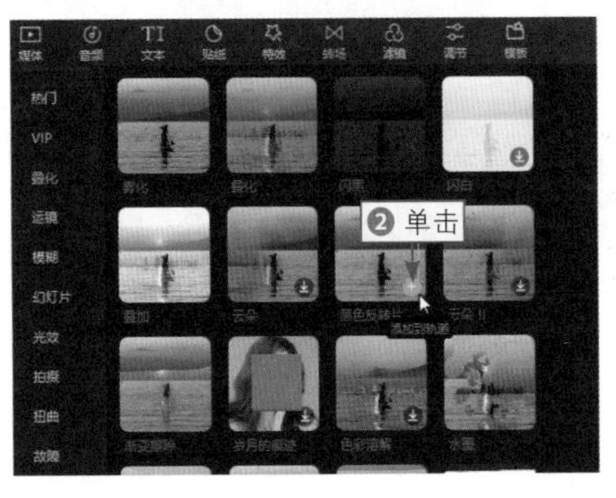

图 9-13　单击“添加到轨道”按钮（2）

步骤 05 将“黑色反转片”转场效果的时长调整到最长，并用同样的方法在“视频 8”和“视频 9”之间、“视频 9”和“视频 10”之间、“视频 10”和“视频 11”之间添加“黑色反转片”转场效果，调整转场效果时长为最长，如图 9-14 所示。

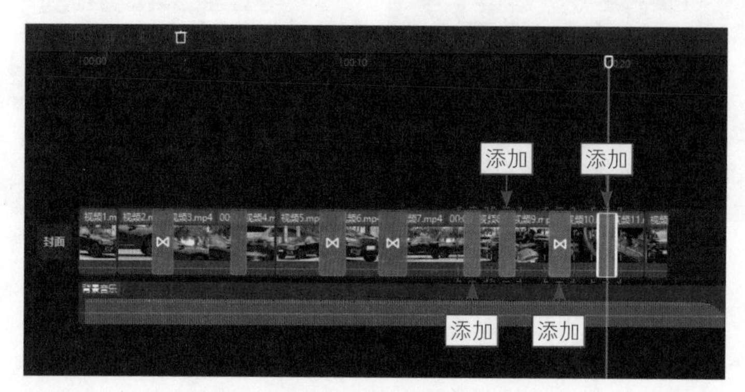

图 9-14　添加多个转场并调整时长（2）

9.2.3　设置动画

扫码看教程

在视频《驰风汽车》中，为 7 段视频素材设置了动画效果，在动画效果上也做出了一些区别，使动画效果既不会单一，同时也符合视频的主题风格。

下面介绍在剪映中设置动画的操作方法。

步骤 01 ❶ 选择“视频 1”素材；❷ 在“动画”操作区中，选择“渐显”入场动画；❸ 设置“动画时长”参数为 0.3s，如图 9-15 所示。

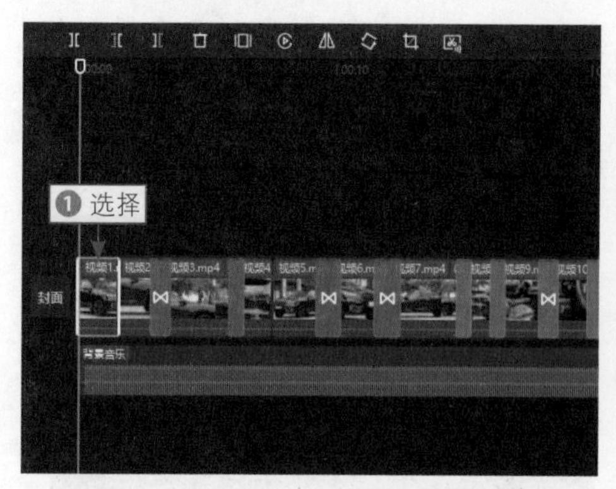

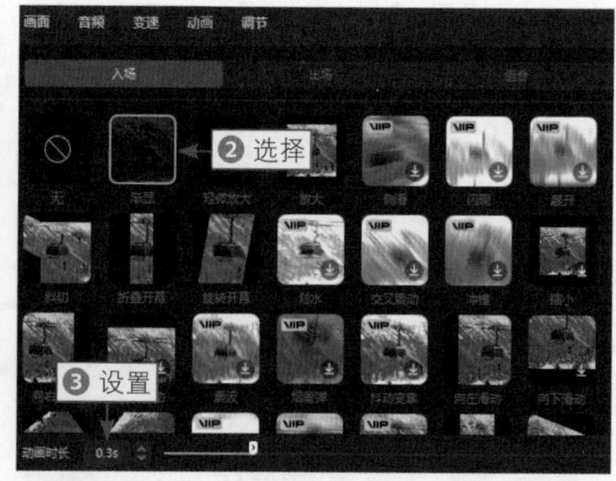

图 9-15　设置“动画时长”参数（1）

步骤 02 用与上面相同的方法，分别为“视频 4”和“视频 10”设置“动画时长”为 0.3s 和 0.7s 的“渐显”入场动画。

步骤 03 ❶ 选择“视频 2”素材；❷ 在“动画”操作区中，选择“渐隐”出场动画；❸ 设置“动画时长”为 0.4s，如图 9-16 所示。

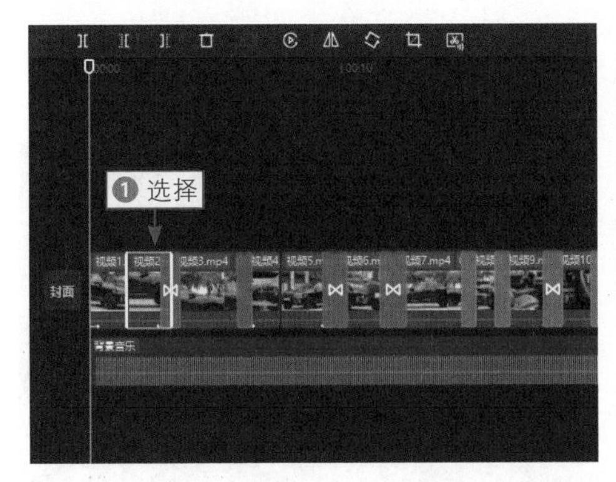

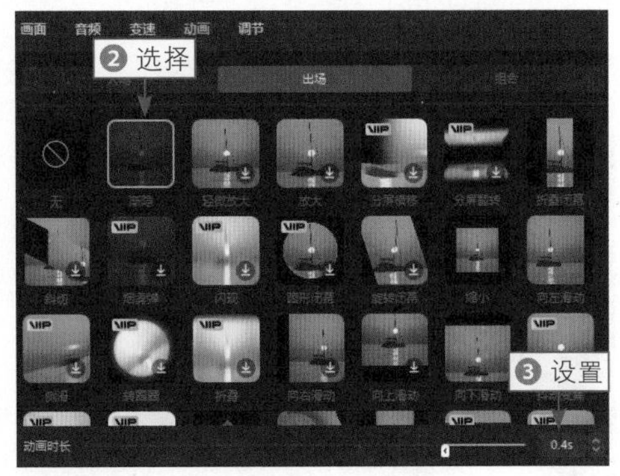

图 9-16　设置“动画时长”参数（2）

步骤 04 用同样的方法，分别为“视频 5”和“视频 11”设置“动画时长”为 0.5s 和 0.3s 的“渐隐”出场动画，为“视频 7”设置“动画时长”为 0.7s 的“动感放大”入场动画，为“视频 12”设置“动画时长”为 0.2s 的“漩涡旋转”入场动画效果。

9.2.4　添加字幕

扫码看教程

在视频《驰风汽车》中添加的字幕十分简单，是用最精练的语言来介绍产品卖点，让字幕成为该视频中必不可少的一部分。

下面介绍在剪映中添加字幕的操作方法。

步骤 01 在视频的起始位置添加一个“默认文本”，并调整其时长，使其与“视频 1”素材的时长一致，如图 9-17 所示。

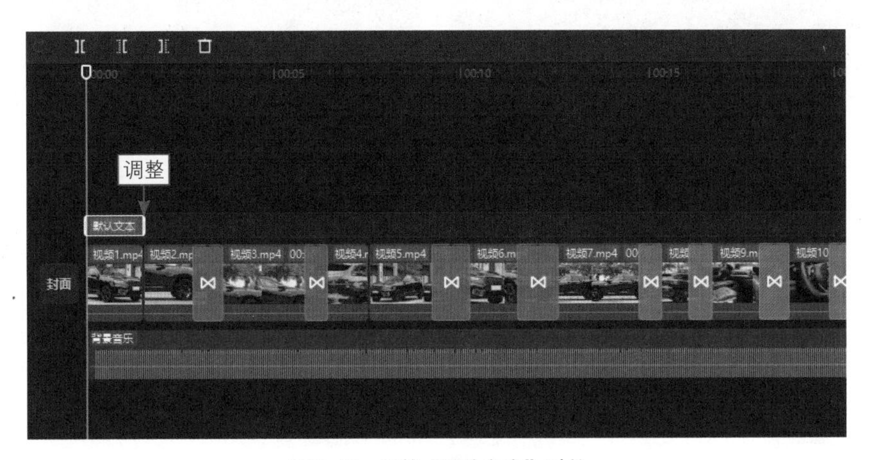

图 9-17　调整“默认文本”时长

步骤 02 在“文本”操作区中，❶ 输入与“视频 1”素材对应的广告内容；❷ 选择一个合适的字体；❸ 依次单击“样式”中的B和I按钮，为文字设置加粗和倾斜效果；❹ 设置“字间距”参数为 3，让两个文字之间距离拉开一点；❺ 在“花字”选项卡中，选择一个合适的花字效果，如图 9-18 所示。

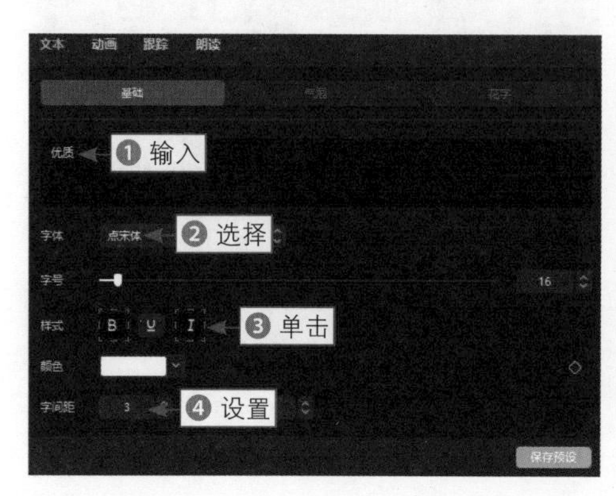

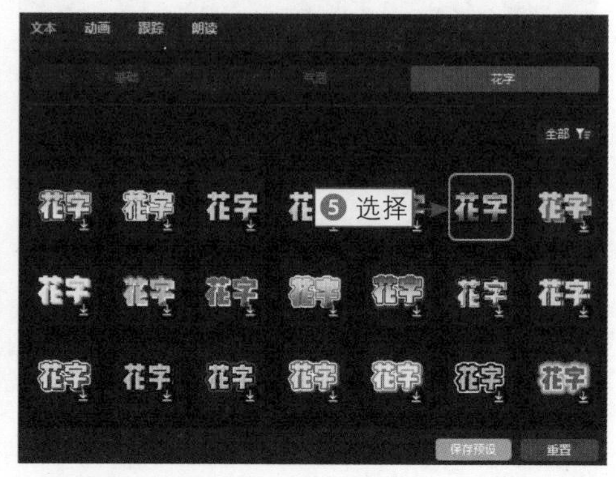

图 9-18　选择一个合适的花字效果

步骤 03 在“动画”操作区中，❶ 选择“放大”入场动画；❷ 选择“拖尾”出场动画，如图 9-19 所示，为文字素材添加相应的动画效果。

图 9-19　选择“拖尾”出场动画

步骤 04 在预览窗口中，调整文字在画面中的位置，如图 9-20 所示。

步骤 05 在“视频 2”素材的起始位置，复制并粘贴文字素材，调整复制后的文字素材的时长，如图 9-21 所示，使其与“视频 2”素材的时长一致。

步骤 06 ❶ 在“文本”操作区中，修改文字内容；❷ 在“动画”操作区中，选择“缩小”入场动画，如图 9-22 所示。

步骤 07 在预览窗口中，调整文字在画面中的位置，如图 9-23 所示。

图 9-20　调整文字在画面中的位置（1）

图 9-21　调整文字素材的时长

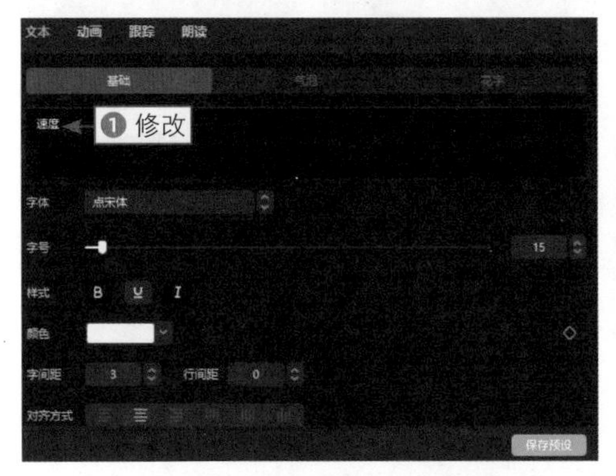

❷ 选择

图 9-22　选择“缩小”入场动画

图 9-23　调整文字在画面中的位置（2）

步骤 08 用同样的方法，为“视频 3”～“视频 11”素材添加对应的广告字幕；调整文字在画面中的位置，如图 9-24 所示，并将“视频 4”“视频 6”“视频 8”“视频 10”对应文字的入场动画设置为“缩小”。

添加
调整
卓越
极致
凌厉
时尚
优雅
敏捷
舒适

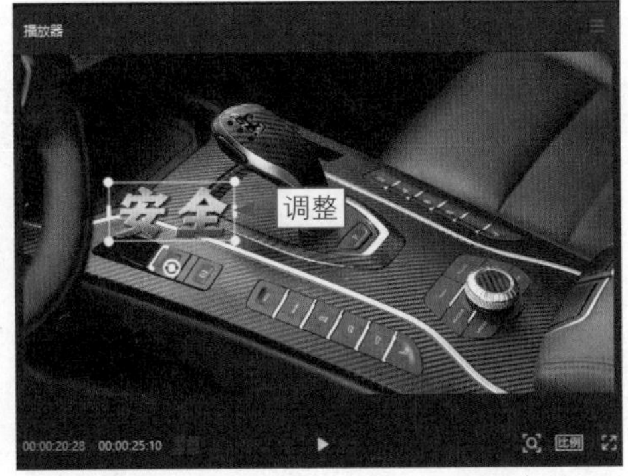

图 9-24　添加并调整多个字幕

9.2.5　添加片尾

扫码看教程

本章没有为视频《驰风汽车》制作片头，汽车品牌对观众来说是个悬念，在片尾再呈现出品牌名称和广告宣传语，可以制造一种揭示悬念的效果。

下面介绍在剪映中添加片尾的操作方法。

步骤 01 在“媒体”功能区中，用拖曳的方式将“片尾”素材添加到“视频12”的后面，拖曳时间轴至“片尾”素材的起始位置，❶ 切换至“文本”功能区，并单击“花字”按钮；❷ 选择一个跟片尾视频中粒子颜色相近的金色花字，单击“添加到轨道”按钮；❸ 调整文字素材的时长，如图 9-25 所示，使其结束位置与音频素材的结束位置对齐。

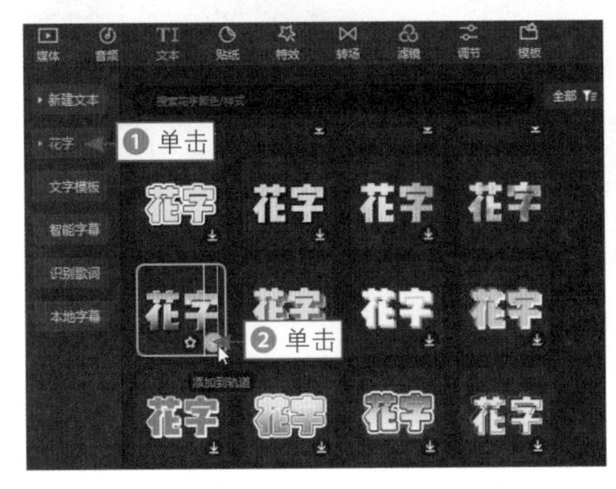

图 9-25　调整文字素材的时长

步骤 02 在“文本”操作区中，❶ 输入汽车品牌名称（该案例中为虚拟品牌名）；❷ 选择一个合适的字体；❸ 设置“字间距”参数为 3；❹ 在预览窗口中，调整文字在画面中的位置，如图 9-26 所示。

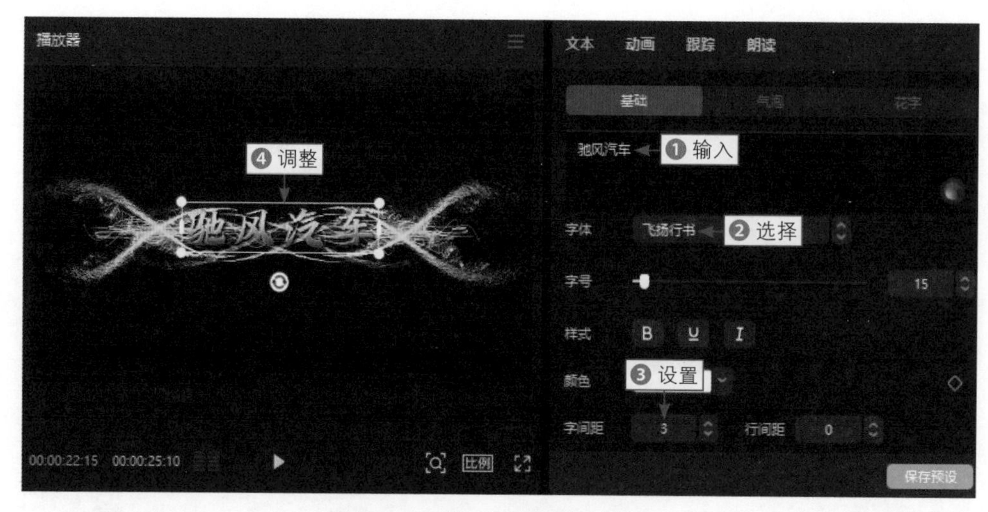

图 9-26　调整文字在画面中的位置

步骤 03 ❶ 切换至“动画”操作区；❷ 选择“缩小Ⅱ”入场动画；❸ 设置“动画时长”参数为 1.0s，如图 9-27 所示。

图 9-27　设置“动画时长”参数

步骤 04 复制“驰风汽车”文字素材，❶ 在第 23s 的位置粘贴，并调整时长，使其结束位置与音频素材的结束位置对齐；❷ 在“文本”操作区中，修改文字内容；❸ 设置“字号”参数为 10，如图 9-28 所示，将文字缩小一点。

步骤 05 ❶ 在“花字”选项卡中，选择禁用图标⃠，将文本颜色恢复成白色；❷ 在预览窗口中调整文字的位置，如图 9-29 所示，使其位于“驰风汽车”文字下方。

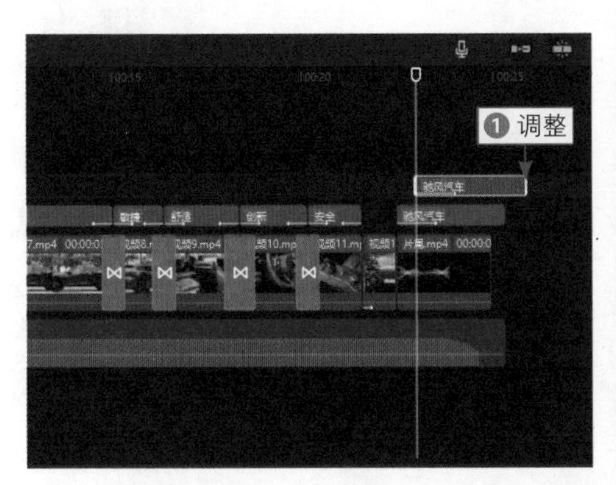

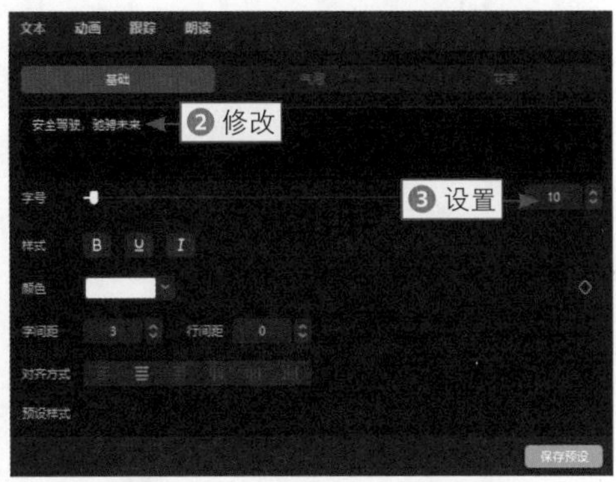

图 9-28　设置“字号”参数

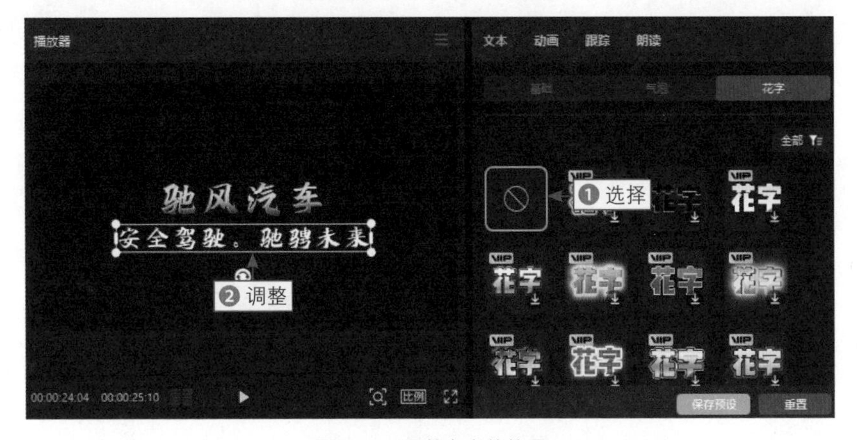

图 9-29　调整文字的位置

步骤 06 切换至“动画”操作区，在“入场”选项卡中，选择“逐字显影”动画效果，如图 9-30 所示。至此，产品宣传视频《驰风汽车》制作完成。

图 9-30　选择“逐字显影”入场动画

第 10 章　学校庆典：《开学典礼》

庆典，即为庆祝某一事件而举行的较为盛大的典礼。人们在生活中也会常常遇到各种庆典，比如婚礼庆典、公司周年庆典和学校庆典等。一般来说，庆典比较盛大、庄重，所以我们在后期剪辑时，要在不改变典礼特性的前提下，让视频更有特色。本章将以《开学典礼》视频为例，介绍学校庆典视频的制作方法。大家掌握一定的剪辑思路之后，可以尝试剪辑其他庆典视频。

10.1　欣赏视频效果

《开学典礼》视频中所用的素材，几乎呈现的都是大场面，会给人一种庄重感。在后期制作这个视频时，既要让视频不失庄严肃穆之感，又要让观众看起来不会觉得呆板。

本节先为大家呈现《开学典礼》的剪辑效果，并简要介绍需要使用的操作。

10.1.1　效果赏析

视频《开学典礼》由 8 段视频素材组成，将整个典礼的核心内容都浓缩在了四十几秒之中。图 10-1 所示为视频《开学典礼》效果展示。

图 10-1　视频《开学典礼》效果展示

10.1.2　技术提炼

在视频《开学典礼》中，我们对素材进行了定格和倒放处理，添加了音效、转场、动画和字幕，还为音乐设置了淡入淡出效果。

定格是让视频的某一帧画面停止，定格时长可以根据具体情况来设置。倒放是指让视频从后往前播放。在该视频中，将定格和倒放组合运用，可以制作出一种时间倒退的效果。

图 10-2 所示为视频《开学典礼》中的定格和倒放的画面。

图 10-2　视频《开学典礼》中的定格和倒放的画面

剪映中的音效素材有很多，在视频《开学典礼》中，通过与画面内容相配的音效，可以为视频适当增加一点趣味性。

为音乐设置淡入和淡出效果，会给人一种循序渐进之感，让音乐的开始和结束变得更加自然。

在素材画面相对单一的情况下，巧妙地添加转场和动画效果，会让画面变得更丰富一点。

图 10-3 所示为视频《开学典礼》中的转场和动画效果展示，不同的画面效果，让人不易感到审美疲劳。

图 10-3　视频《开学典礼》中的转场和动画效果展示

字幕是该视频的重要组成部分，可以通过字幕来交代整个典礼过程，明确典礼中领导讲话的核心，点明典礼的意义所在。

图 10-4 所示为视频《开学典礼》的字幕效果展示。

图 10-4　视频《开学典礼》的字幕效果展示

10.2　视频制作过程

由于视频《开学典礼》中的素材画面相对单一，因此就需要通过后期剪辑让画面看起来富有变化，才能让相对呆板的内容变得吸引人。

本节就来具体讲解如何让单调的素材灵动起来。

10.2.1　制作倒放效果

扫码看教程

视频《开学典礼》将结束画面放在了开头部分，利用定格和倒放操作，制作出时间倒回的效果后，再连接真正的开始画面。这一操作可以让视频变得有新意。

下面介绍在剪映中制作倒放效果的操作方法。

步骤 01 将所有的视频素材导入剪映，并按顺序添加到轨道中，❶ 选择“视频 1”素材；❷ 拖曳时间轴至 1s 左右的位置；❸ 单击“定格”按钮，即可生成定格片段；❹ 多次单击“时间线放大”按钮，如图 10-5 所示，将时间线放大一些，放大时间线之后更便于下一步的操作。

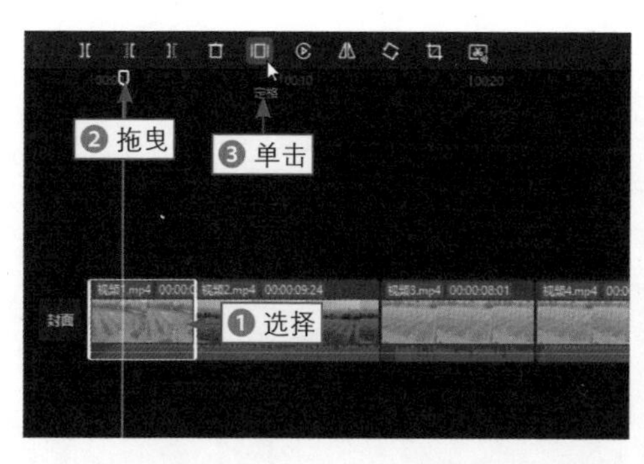

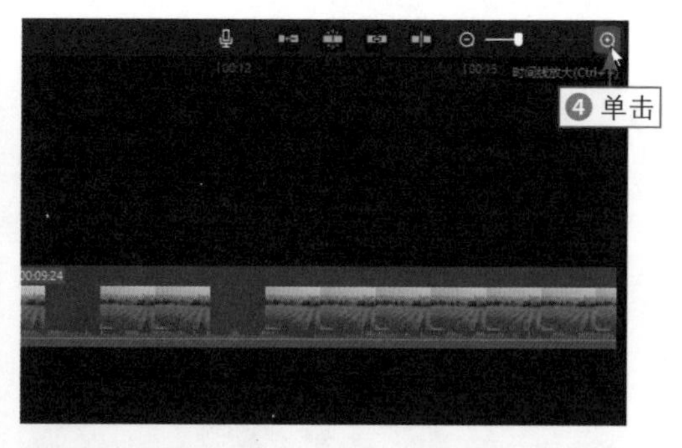

图 10-5 单击“时间线放大”按钮

步骤 02 ❶ 拖曳“定格”素材右侧的白色拉杆，调整定格时长为 00:00:00:16，将定格素材的时长缩短一点；❷ 多次单击“时间线缩小”按钮，如图 10-6 所示，将时间线缩小到一个合适的长度。

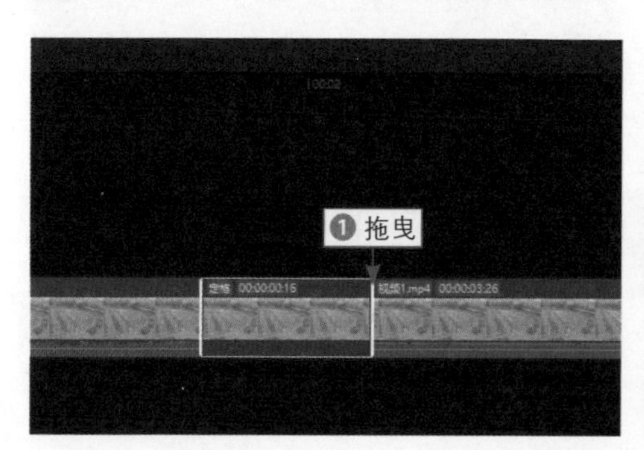

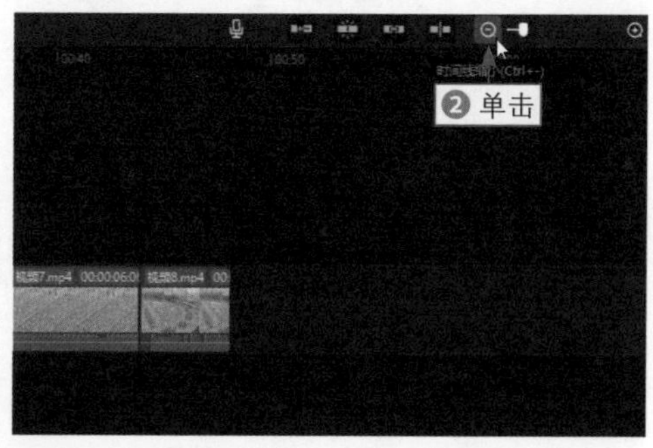

图 10-6 单击“时间线缩小”按钮

步骤 03 ❶ 选择定格片段后面的“视频 1”素材；❷ 单击“倒放”按钮，即可让视频倒放；❸ 在“变速”操作区中，设置“常规变速”的“倍数”参数为 1.5x，如图 10-7 所示，让倒放速度加快一点。

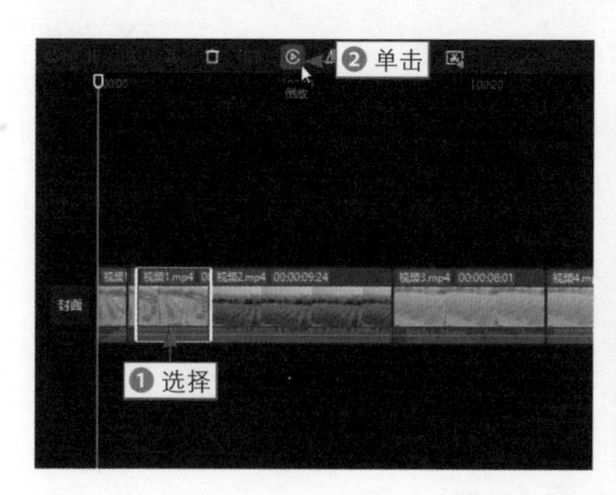

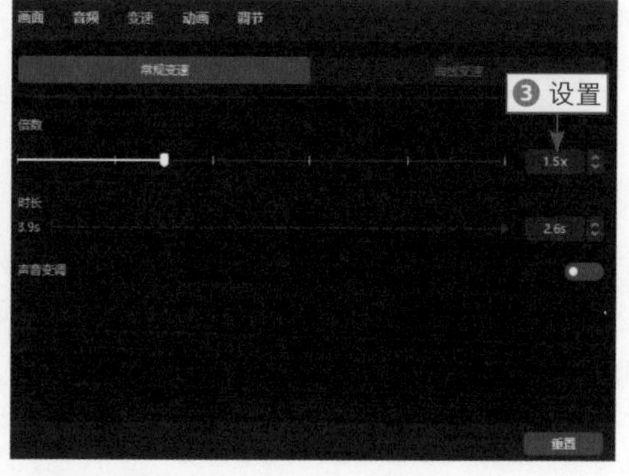

图 10-7 设置“倍数”参数

10.2.2　添加音效

扫码看教程

在视频《开学典礼》中，为配合画面内容，添加了两个不同的音效，为视频增加了一点趣味性。

下面介绍在剪映中添加音效的操作方法。

步骤 01 拖曳时间轴至视频素材的起始位置，❶ 在“音频”功能区中，单击“音效素材”按钮；❷ 在搜索框中，搜索“军训”；❸ 选择“军队整齐踏步声”音效，单击“添加到轨道”按钮；❹ 调整音效素材的时长，如图 10-8 所示，使其结束位置与定格片段前的“视频 1”的结束位置对齐。

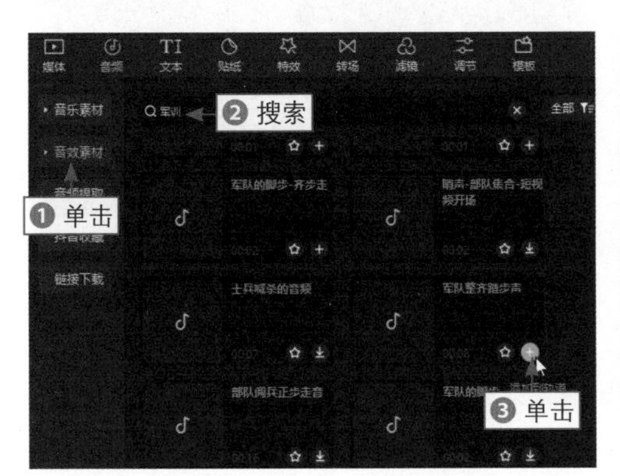

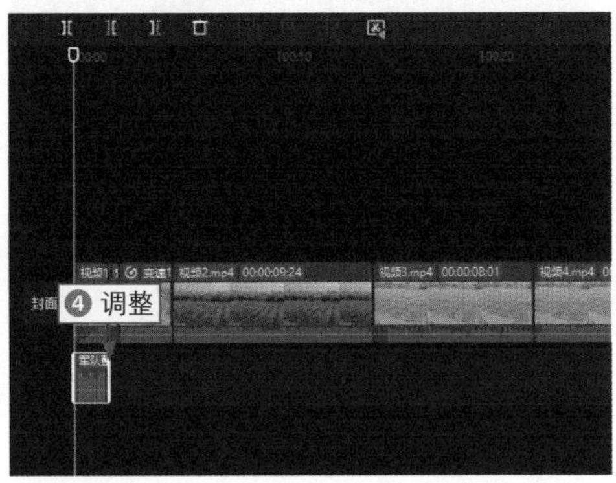

图 10-8　调整音效素材的时长（1）

步骤 02 拖曳时间轴至定格片段的起始位置，❶ 在“音效素材”选项卡中，搜索“录音机按钮”；❷ 选择“录音机播放和停止按钮按下”音效，单击“添加到轨道”按钮；❸ 调整素材的时长，如图 10-9 所示，使其结束位置与定格片段的结束位置对齐。

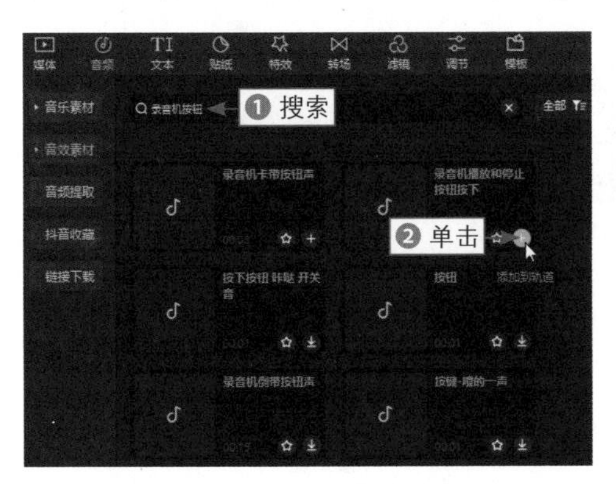

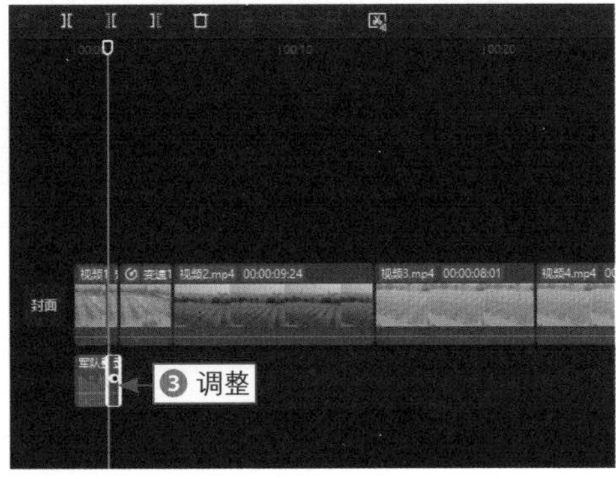

图 10-9　调整音效素材的时长（2）

步骤 03 拖曳时间轴至定格片段后“视频 1”的起始位置，❶ 在“音效素材”选项卡中，搜索“倒放”；❷ 选择“倒磁带声”音效，单击“添加到轨道”按钮⊕；❸ 调整素材的时长，如图 10-10 所示，使其结束位置与“视频 1”的素材结束位置对齐。

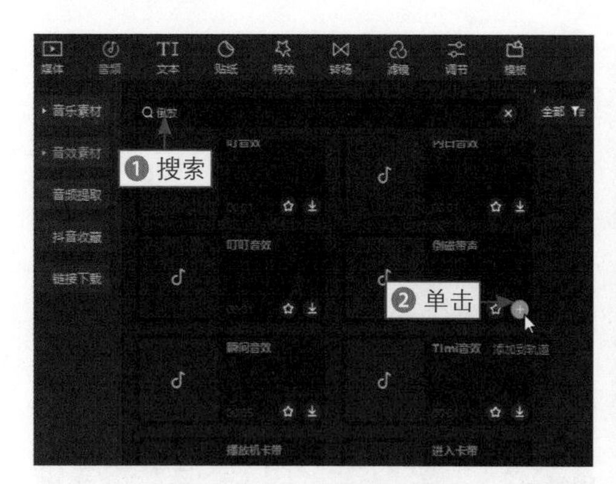

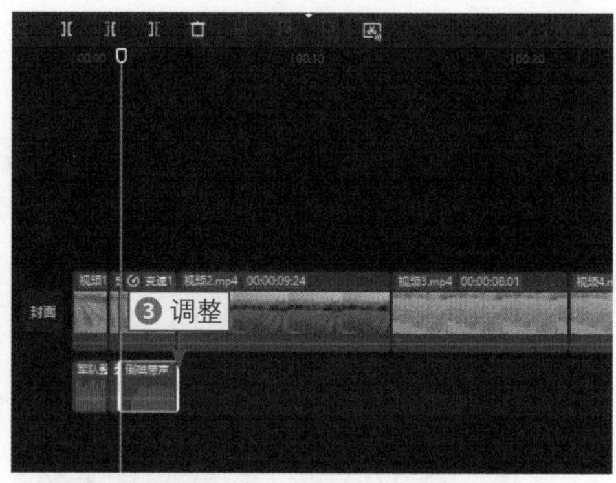

图 10-10　调整音效素材的时长（3）

步骤 04 复制“军队整齐踏步声”音效，❶ 拖曳时间轴至 10s 左右的位置；❷ 粘贴音效素材，并调整音效素材的时长，如图 10-11 所示，使其结束位置与“视频 2”素材的结束位置对齐。

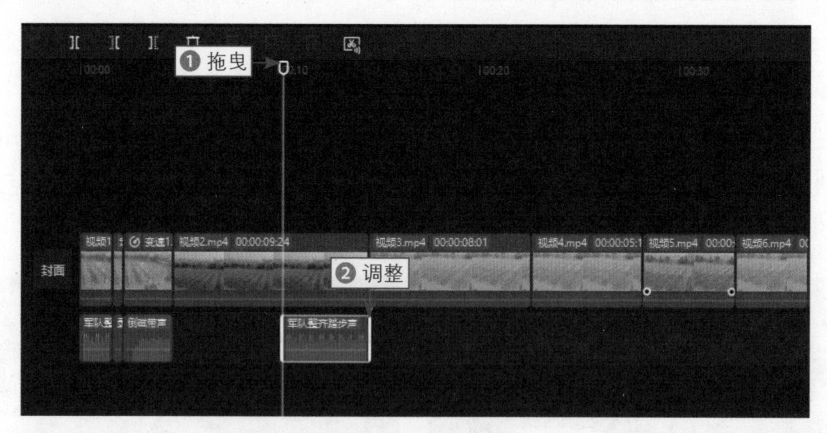

图 10-11　调整音效素材的时长（4）

10.2.3　设置淡入淡出

扫码看教程

淡入淡出是让音乐的音量在开始时逐渐增高，在快结束时逐渐降低的操作。为音乐设置淡入淡出效果可以让音乐开始和结束变得更加自然。

下面介绍在剪映中为背景音乐设置淡入淡出效果的操作方法。

步骤 01 拖曳时间轴至“视频 2”素材的起始位置，❶ 在“音频”功能区中，单击“音频提取”按钮；❷ 单击“导入”按钮；❸ 从相应的文件夹中导入“背景音乐”素材，导入成功即提取了音频，单击“添加到轨道”按钮，如图 10-12 所示。

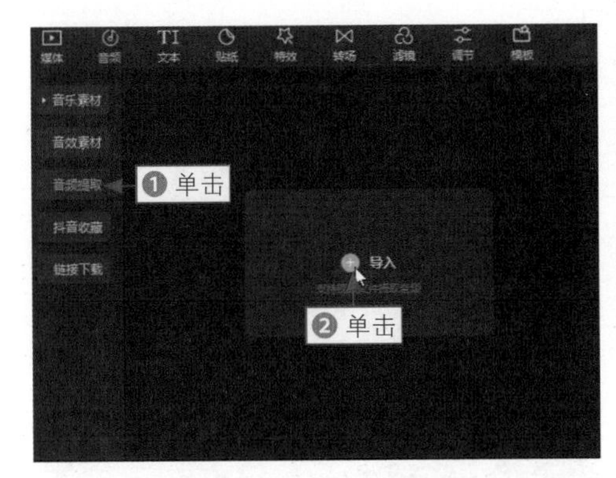

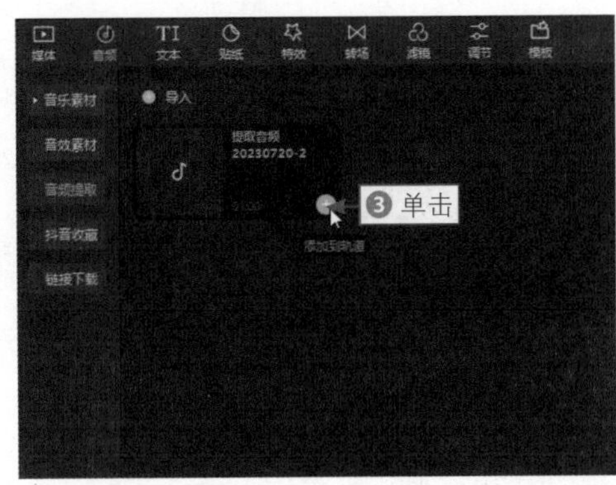

图 10-12　单击“添加到轨道”按钮

步骤 02 ❶ 单击视频轨道左侧的“关闭原声”按钮，关闭素材原声；❷ 拖曳时间轴至视频素材的结束位置；❸ 单击“向右裁剪”按钮，执行操作后，即可删除多余的音频素材；❹ 在操作区中，依次设置“音量”参数为 -3.8dB、“淡入时长”参数为 1.0s、“淡出时长”为 1.0s，如图 10-13 所示，即成功为音频设置淡入淡出效果。

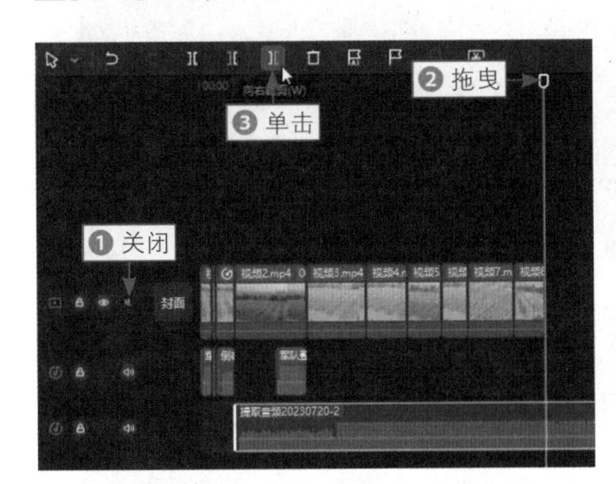

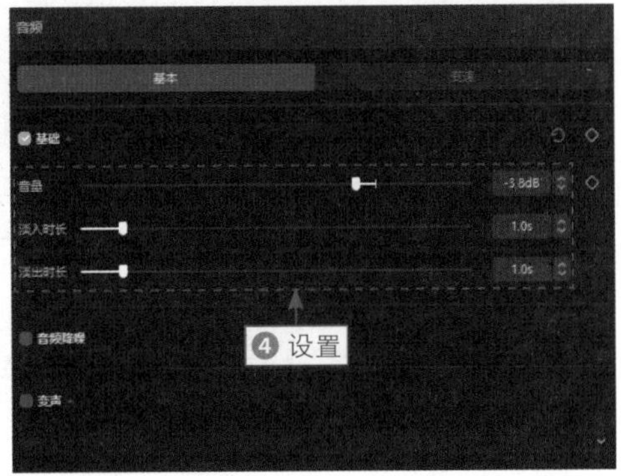

图 10-13　设置相关参数

10.2.4　添加转场和动画

扫码看教程

由于视频《开学典礼》中的原素材画面相对单一，所以可以通过一些动画效果让单调的画面看起来丰富一点。该视频主要是通过添加转场和动画来达到相应效果的。

下面介绍在剪映中添加转场和动画效果的操作方法。

步骤 01 ❶ 拖曳时间轴至“视频 2”和“视频 3”中间的位置；❷ 在“转场”功能区中，选择“推近”运镜转场效果，单击“添加到轨道”按钮，如图 10-14 所示，将该转场效果应用到这两个素材之间。

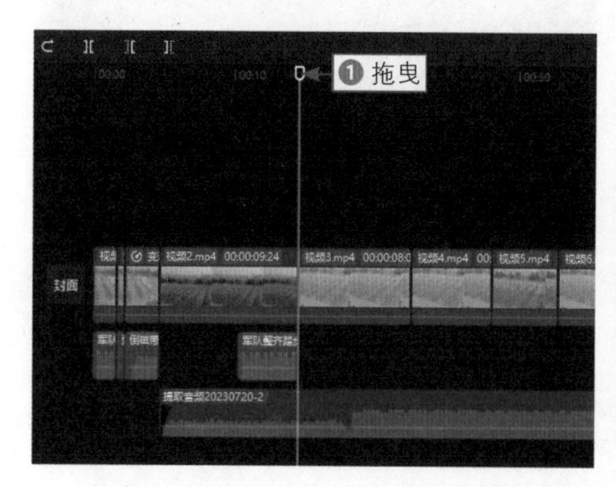

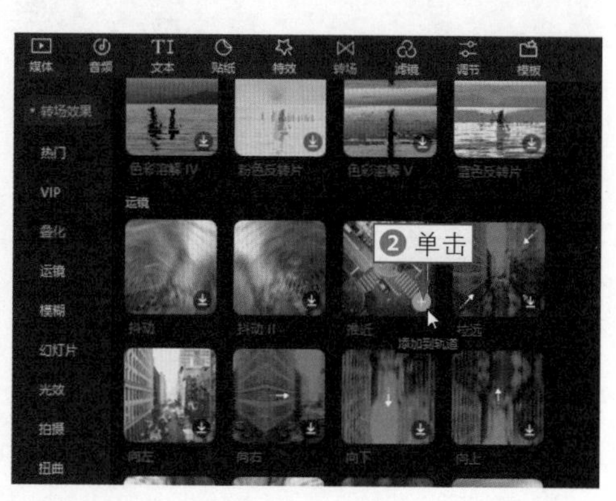

图 10-14 单击“添加到轨道”按钮

步骤 02 用同样的操作方法，在“视频 4”和“视频 5”、“视频 6”和“视频 7”之间添加“推近”运镜转场，在“视频 3”和“视频 4”、“视频 5”和“视频 6”、“视频 7”和“视频 8”之间添加“拉远”运镜转场，如图 10-15 所示。

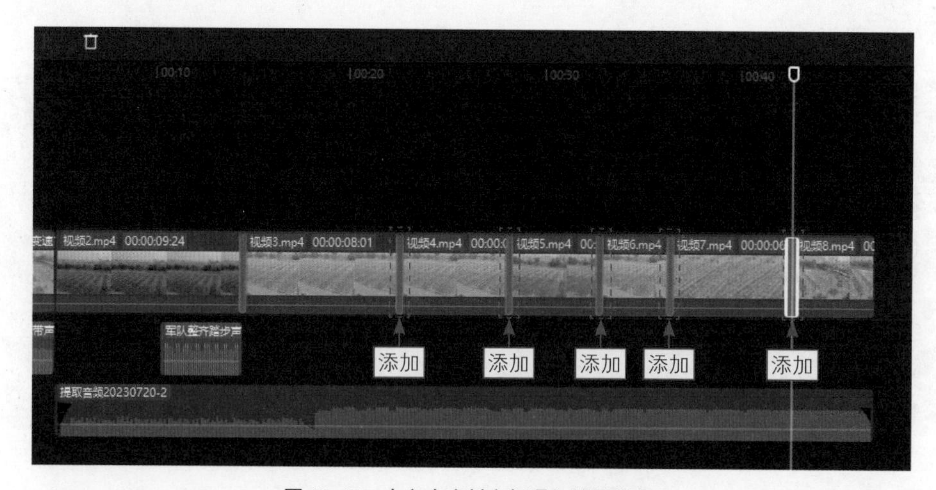

图 10-15 在多个素材之间添加转场效果

步骤 03 拖曳时间轴至“视频 2”的起始位置，❶ 选择“视频 2”素材；❷ 在“动画”操作区中，选择“折叠开幕”入场动画；❸ 设置“动画时长”参数为 3.3s，如图 10-16 所示。

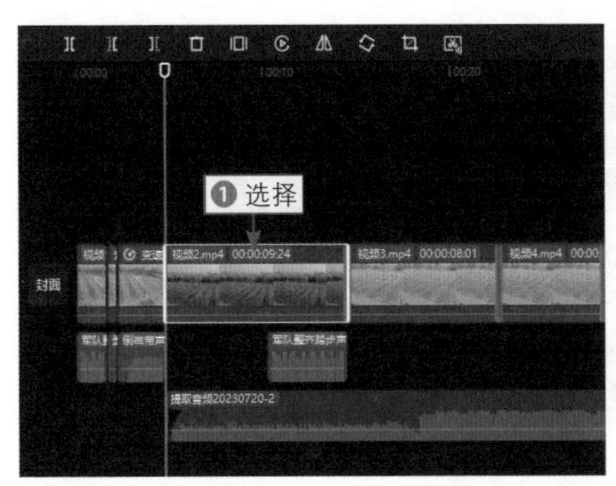

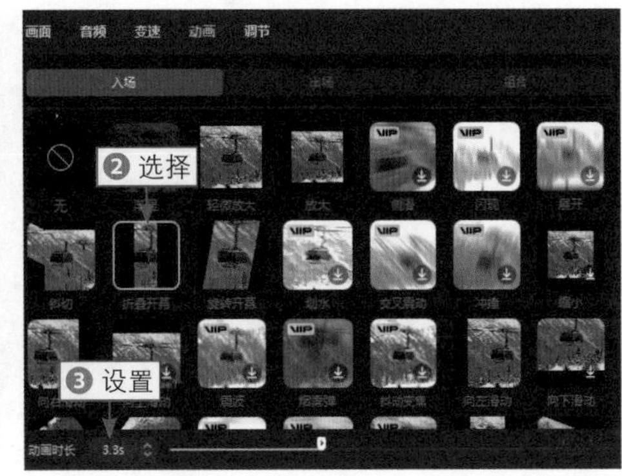

图 10-16　设置“动画时长”参数

步骤 04 用同样的操作方法，为“视频 3”设置 4.0s 的“缩放”组合动画，为“视频 4”设置 3.0s 的“海盗船Ⅲ”组合动画，为“视频 5”设置 2.0s 的“左右分割Ⅱ”组合动画，为“视频 6”设置 1.6s 的“缩小旋转”组合动画，为“视频 7”设置 3.3s 的“三分割”组合动画，如图 10-17 所示。

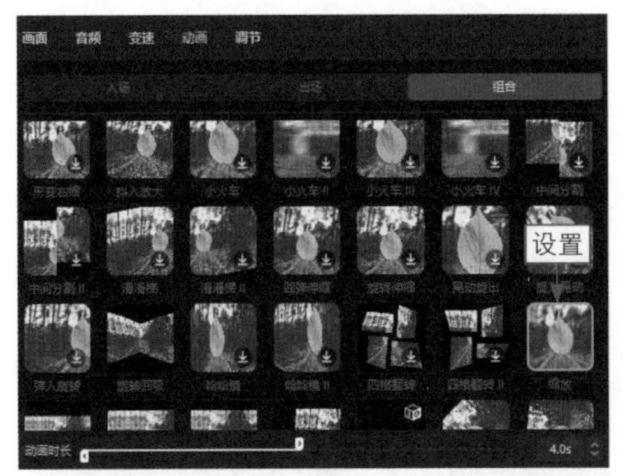

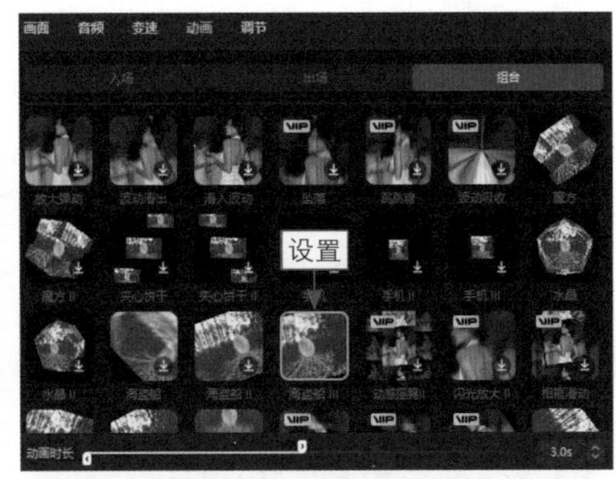

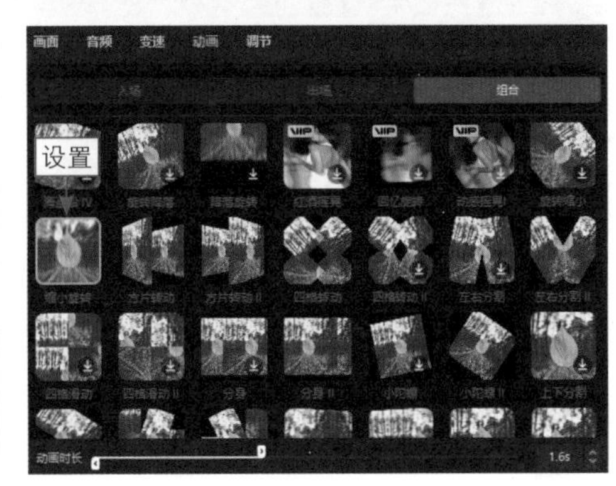

图 10-17

图 10-17　为多个素材设置动画

10.2.5　添加字幕

扫码看教程

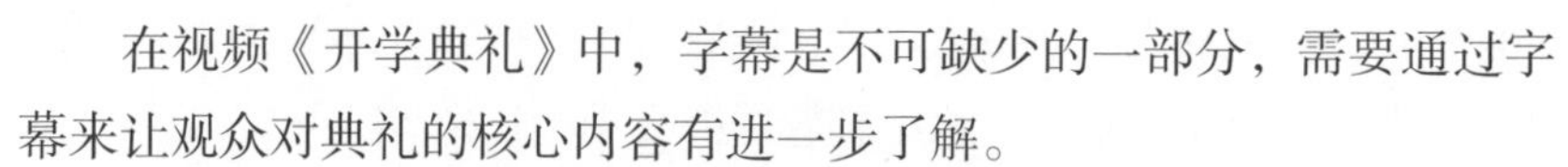

在视频《开学典礼》中，字幕是不可缺少的一部分，需要通过字幕来让观众对典礼的核心内容有进一步了解。

下面介绍在剪映中添加字幕的操作方法。

步骤 01 拖曳时间轴至视频素材的起始位置，❶ 从“文本”功能区添加一个“默认文本”到轨道中，并调整文本素材的时长，使其结束位置与定格片段前“视频 1”的结束位置对齐；❷ 在“文本”操作区中修改文字内容；❸ 选择一个合适的字体，如图 10-18 所示。

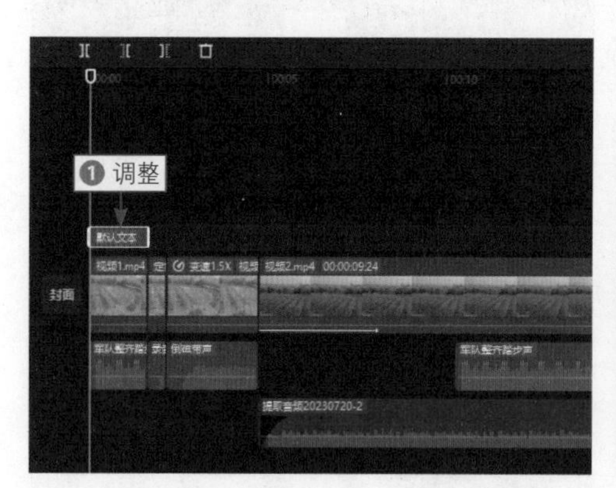

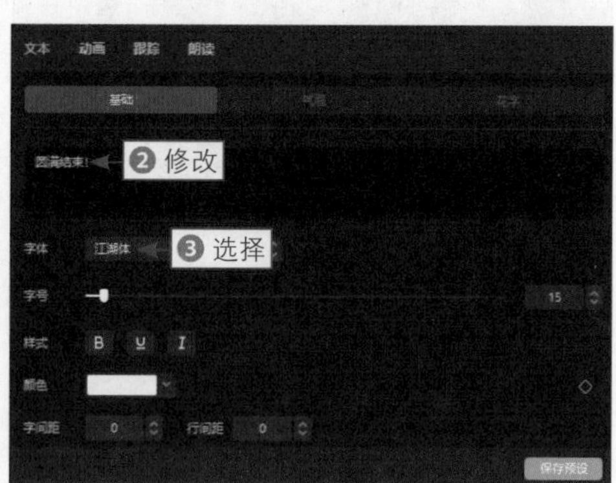

图 10-18　选择一个合适的字体

步骤 02 ❶ 选择一个合适的“预设样式”；❷ 在预览窗口中，调整文字在画面中的位置，如图 10-19 所示。

步骤 03 复制文字素材，拖曳时间轴至“视频 2”素材的起始位置，❶ 粘贴文字素材，并将文字素材时长调整为 3s 左右；❷ 在“文本”操作区修改文字内容，如图 10-20 所示。

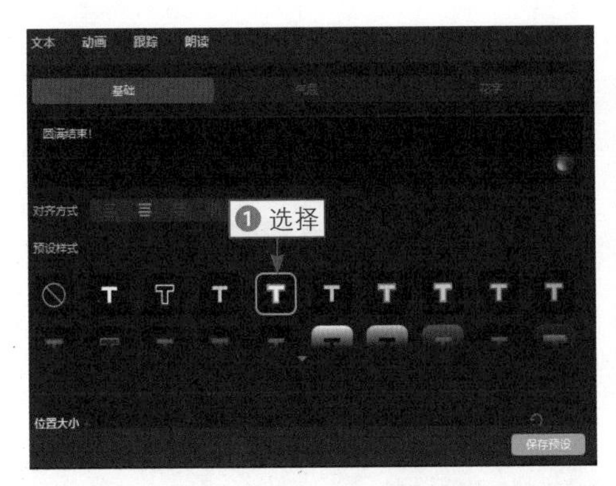

图 10-19　调整文字在画面中的位置（1）

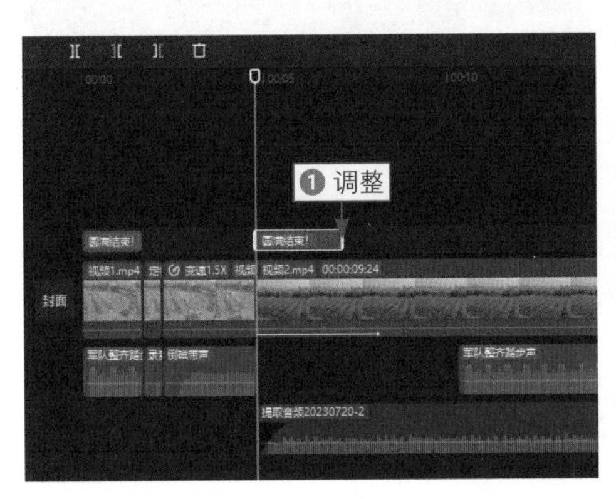

图 10-20　修改文字内容（1）

步骤 04 在“动画”操作区中，❶选择“羽化向右擦开”入场动画；❷设置“动画时长”参数为 2.0s，如图 10-21 所示。

步骤 05 拖曳时间轴至“2023 军训成果展示暨开学典礼”文字素材的结束位置，复制并粘贴该文字素材，如图 10-22 所示。

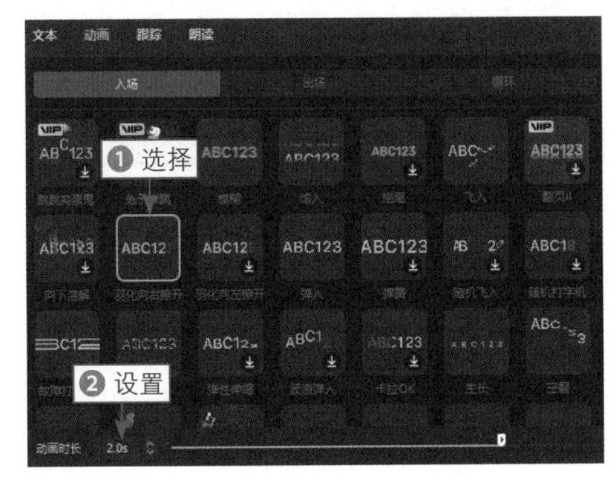

图 10-21　设置“动画时长”参数（1）

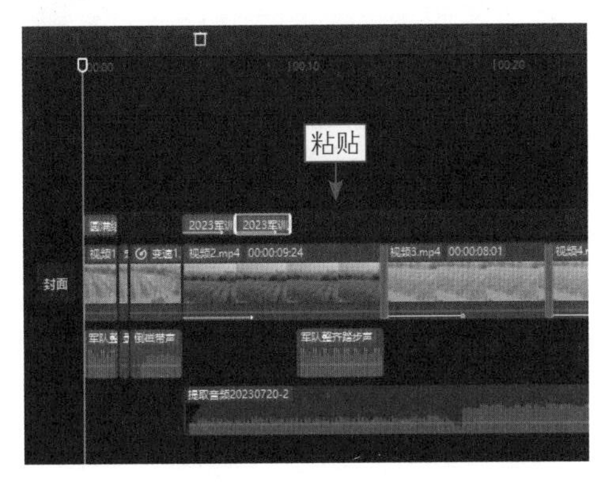

图 10-22　粘贴文字素材

步骤 06 ❶ 在“文本”操作区中修改文字内容；❷ 在“动画”操作区中，设置“羽化向右擦开”入场动画的“动画时长”参数为 1.5s，如图 10-23 所示，至此，片头字幕制作完成。

图 10-23 设置“动画时长”参数（2）

步骤 07 拖曳时间轴至 00:00:39:14 的位置，❶ 再次粘贴文字素材；❷ 拖曳时间轴至文字素材的结束位置，复制并粘贴“圆满结束”文字素材；❸ 在“圆满结束”素材的结束位置，再次粘贴文字素材，并调整其结束位置与视频素材的结束位置对齐；❹ 在“文本”操作区中修改最后一段文字的内容，如图 10-24 所示，片尾字幕制作完成。

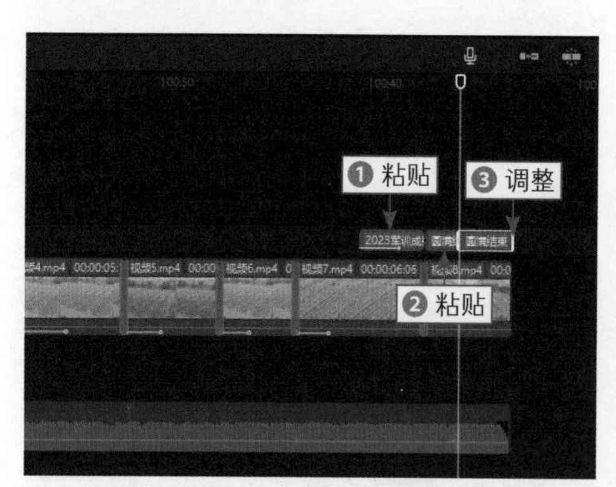

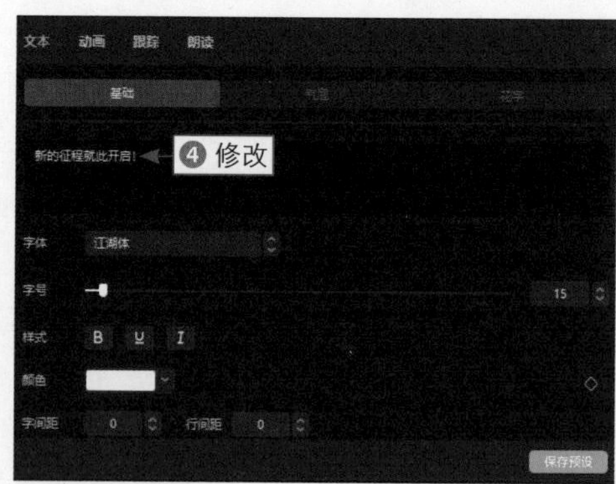

图 10-24 修改文字内容（2）

步骤 08 ❶ 拖曳时间轴至 00:00:11:05 的位置；❷ 再次粘贴文字素材，并调整文字素材的时长，使其结束位置与“视频 2”的结束位置对齐；❸ 在“文本”操作区中，修改文字内容，如图 10-25 所示。

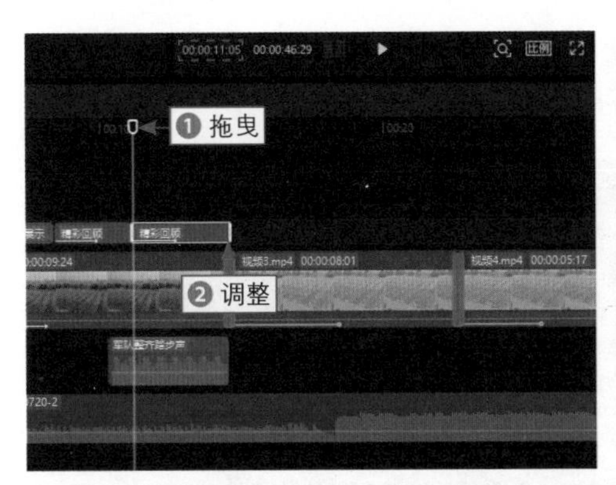

图 10-25　修改文字内容（3）

步骤 09 ❶ 在“预设样式”选项卡中，选择禁用图标⊘，取消文字的预设样式；❷ 设置“缩放”参数为 40%；❸ 在“动画”操作区中，选择“模糊”入场动画；❹ 设置“动画时长”参数为 1.0s，如图 10-26 所示。

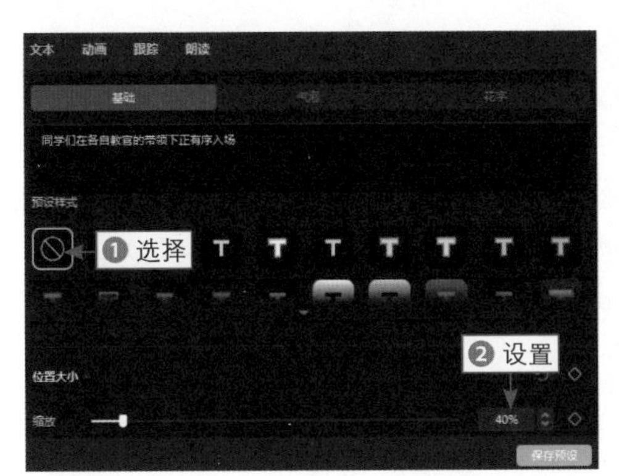

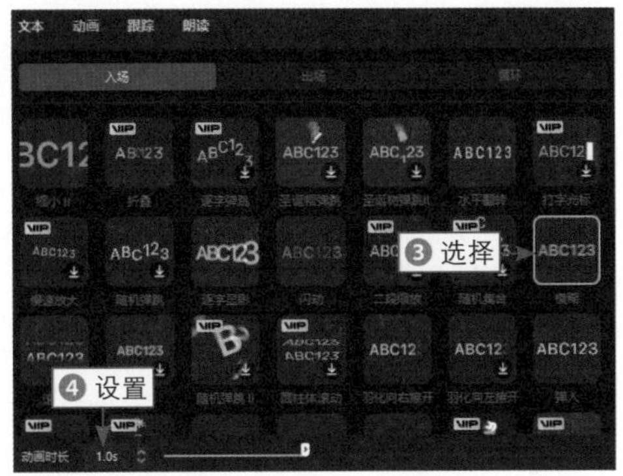

图 10-26　设置“动画时长”参数（3）

步骤 10 在预览窗口中，调整文字在画面中的位置，如图 10-27 所示，使其位于画面下方的位置。

图 10-27　调整文字在画面中的位置（2）

步骤 11 通过复制并粘贴刚刚制作好的文字素材，依次修改相应的文字内容即可将字幕制作完成，添加好所有字幕的时间线面板如图 10-28 所示。

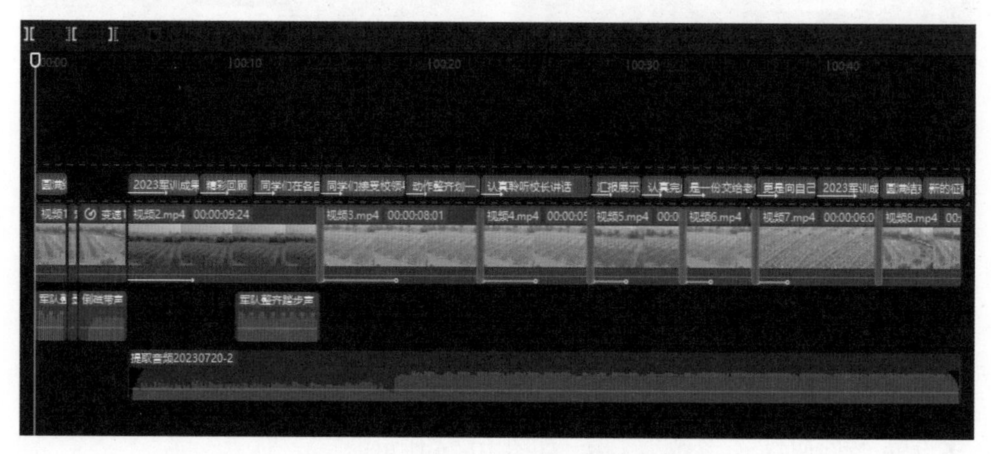

图 10-28　添加好所有字幕的时间线面板

第 11 章　晚会记录：《晚会精彩回顾》

晚会记录，也是在日常生活中会遇到的一种视频类型。晚会记录可以是商业性的晚宴，也可以是精彩的舞台表演，但这类视频的核心就在于要将精彩的时刻呈现给观众。本章将通过《晚会精彩回顾》这个视频案例，为大家讲解晚会记录类视频的制作技巧。

11.1 欣赏视频效果

要制作出好看精彩的晚会记录视频，首先要拍摄到充足的素材，一定要将精彩的场景都记录下来，并运用到视频中。

本章所展示的案例视频《晚会精彩回顾》是一个炫酷感短片，在视频中还添加了卡点效果，使视频的感染力倍增。

11.1.1 效果赏析

视频《晚会精彩回顾》由 12 段视频素材和 1 张图片素材组成，呈现了晚会的精彩瞬间，可以让看过晚会的人再次回味，也可以让没有看过的人期待有机会观看，从而达到一定的商业宣传效果。图 11-1 所示为视频《晚会精彩回顾》效果展示。

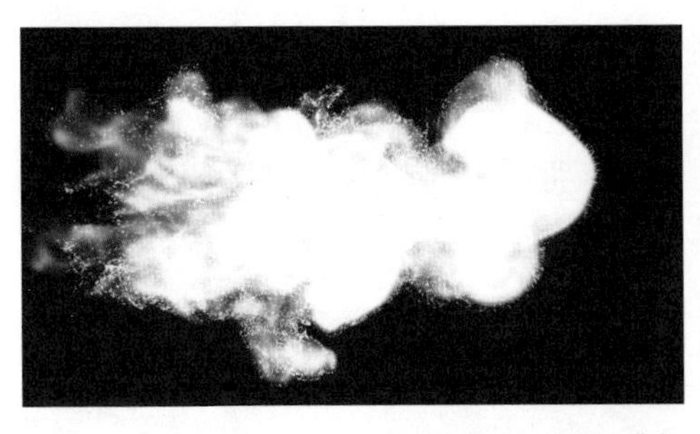

图 11-1　视频《晚会精彩回顾》效果展示

11.1.2　技术提炼

制作该视频主要在剪映中运用了音频分离、自动踩点、添加水印、设置动画、添加字幕和片头片尾等操作。

分离音频：该操作主要是为了提取所需要的音频素材。当用户需要使用其他视频中的背景音乐时，可以通过剪映中的分离音频操作，保留所需要的音频素材，删除不需要的视频画面。

自动踩点：主要是在制作卡点视频时使用。在该视频的开头部分，运用自动踩点制作出了一段卡点效果，让视频动感十足。

添加水印：为视频添加水印是保护原创和让观众加强对账号印象的一种方式。图 11-2 所示是为视频《晚会精彩回顾》添加水印前后效果对比。

图 11-2　为视频《晚会精彩回顾》添加水印前后效果对比

设置动画：在该视频中，主要是为制作卡点效果的视频素材设置相应的动画效果，以此增强视频的酷炫感。此外，还为最后一段视频素材设置了出场动画效果，可以给观众一种晚会结束时的闭幕之感。

图 11-3 所示是为视频《晚会精彩回顾》设置动画后的效果展示，在设置动画之后，会给人一种视频被甩入画面的感觉。

添加字幕：这个操作几乎在每个案例中都有体现，可见字幕在视频中的重要程度。但字幕也不是随意添加的，一定要和视频的内容做到互相配合，避免起到画蛇添足的负面效果。

图 11-4 所示是为视频《晚会精彩回顾》添加字幕前后效果对比，字幕为视频内容起到了解说的作用。

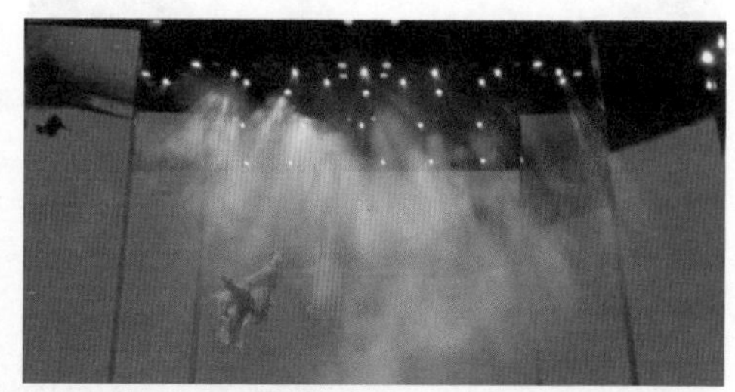

图 11-3　为视频《晚会精彩回顾》设置动画后的效果展示

图 11-4　为视频《晚会精彩回顾》添加字幕前后效果对比

为视频添加片头片尾，可以使视频的主题更加明确，且给观众一种有头有尾的感觉，还能利用片头片尾的文字，让观众对该内容或者账号有更多的关注。

图 11-5 所示为视频《晚会精彩回顾》片头片尾效果展示。

图 11-5　视频《晚会精彩回顾》片头片尾效果展示

11.2　视频制作过程

视频《晚会精彩回顾》是一个动感十足的短片，短短 30 秒为观众呈现了整场晚会最精华的部分。本节就来为大家具体讲解视频《晚会精彩回顾》的制作过程。

11.2.1　分离音频

扫码看教程

分离音频是指将音频和画面分离开来，用户可以只留下画面素材，也可以只留下音频素材。在该视频中，主要是为了提取所需要的音频素材而进行的这一操作。

下面介绍在剪映中分离音频的操作方法。

步骤 01 ❶ 将所有素材导入剪映中；❷ 在空白处单击，取消全选素材；❸ 将“背景音乐”素材添加到轨道，如图 11-6 所示。

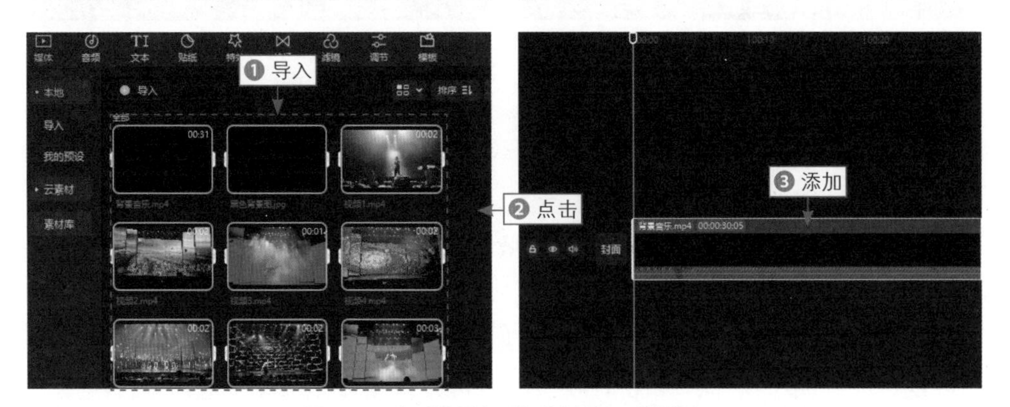

图 11-6　将“背景音乐”素材添加到轨道中

步骤 02 将鼠标指针放在“背景音乐”素材上，单击鼠标右键，在弹出的快捷菜单中，选择“分离音频”命令，如图 11-7 所示，执行操作后，即可将音频分离出来。

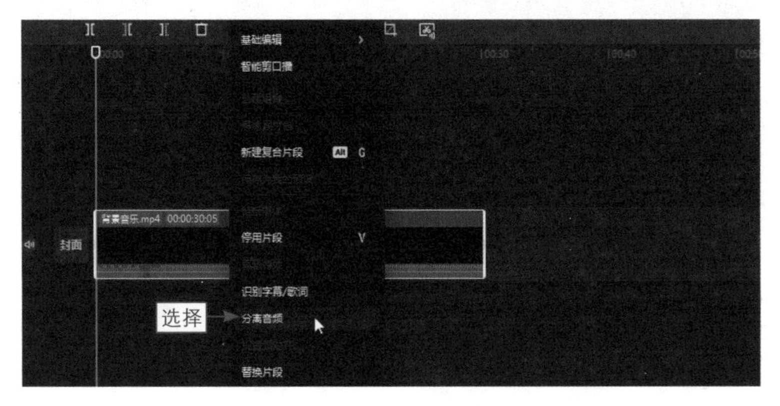

图 11-7　选择“分离音频”命令

步骤03 单击“删除”按钮，执行操作后，即可删除视频画面，只留下音频素材，如图 11-8 所示。

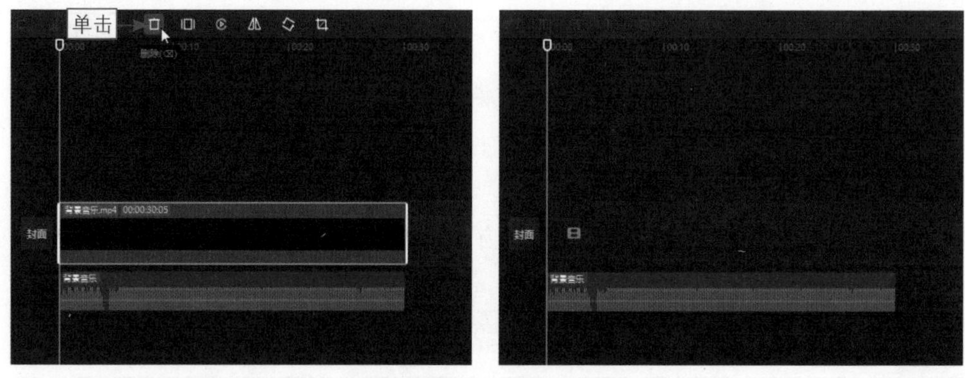

图 11-8　单击“删除”按钮

11.2.2　制作卡点效果

扫码看教程

开启自动踩点后，在音频素材上会生成对应的节拍点，将视频素材与节拍点一一对齐，便可制作出卡点效果。

下面介绍在剪映中制作卡点效果的操作方法。

步骤01 将视频素材按顺序添加到轨道中，单击“时间线放大”按钮，将时间线放大，便于操作，如图 11-9 所示，可以根据具体情况，选择是否继续放大时间线。

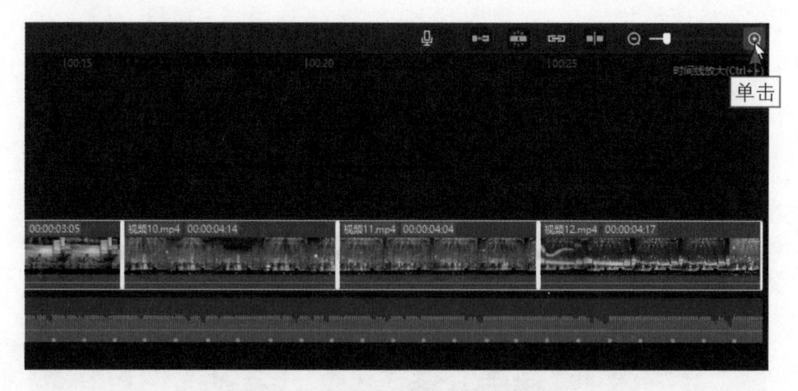

图 11-9　单击“时间线放大”按钮

步骤02 ❶ 选择音频素材；❷ 单击“自动踩点”按钮；❸ 在弹出的列表框中，选择“踩节拍Ⅱ”选项，执行操作后，音频素材上便会生成黄色的节拍点，如图 11-10 所示。

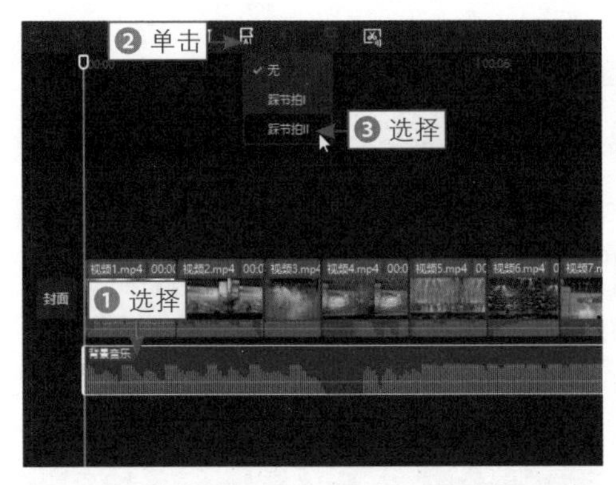

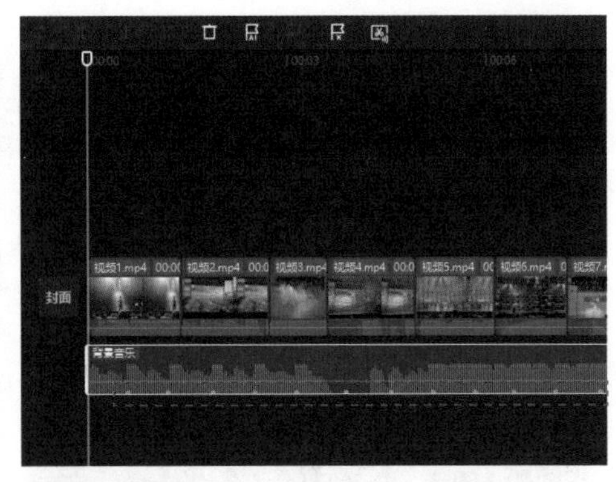

图 11-10　选择“踩节拍Ⅱ”选项

步骤 03 ❶ 调整“视频 1”素材的时长，使其结束位置和第 1 个节拍点对齐；❷ 依次调整“视频 2”～“视频 6”素材的时长，使这些素材的结束位置依次对齐第 2 个～第 6 个节拍点，如图 11-11 所示，执行操作后，即可制作出卡点效果。

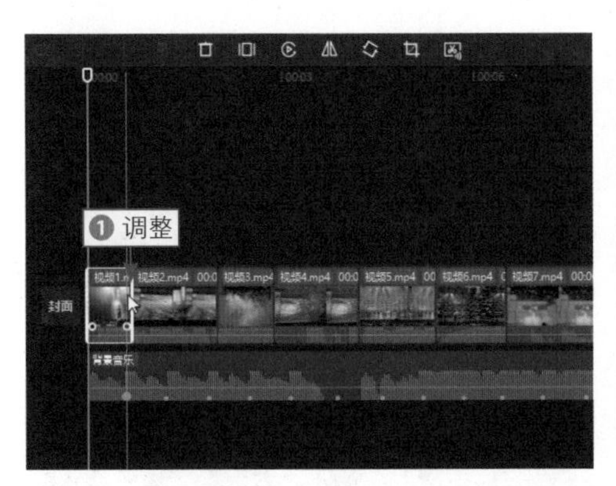

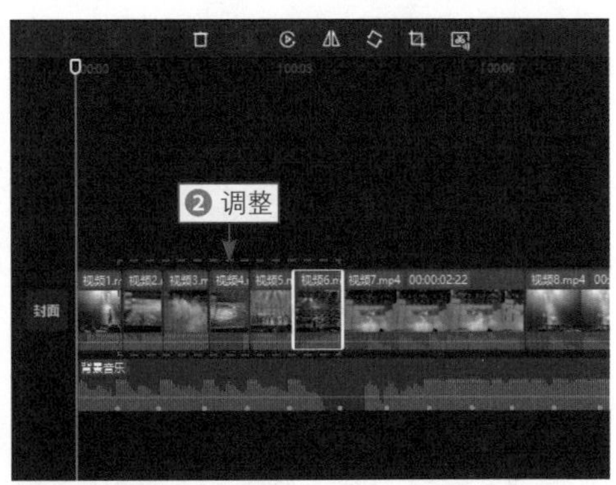

图 11-11　依次调整视频素材的时长

★ 专家提醒 ★

用户在剪辑视频的过程中，可以随时根据自身需要调整时间线的大小，“时间线缩小”按钮是和“时间线放大”按钮相对的，单击即可缩小时间线。

11.2.3　设置动画

扫码看教程

为视频《晚会精彩回顾》中的视频素材设置合适的动画效果，可以增强视频的酷炫感，调动观众思绪，让观众更加沉浸于视频之中。

下面介绍在剪映中设置动画的操作方法。

步骤 01 ❶ 选择“视频 1”素材；❷ 在“动画”操作区中，选择“雨刷”入场动画，如图 11-12 所示。

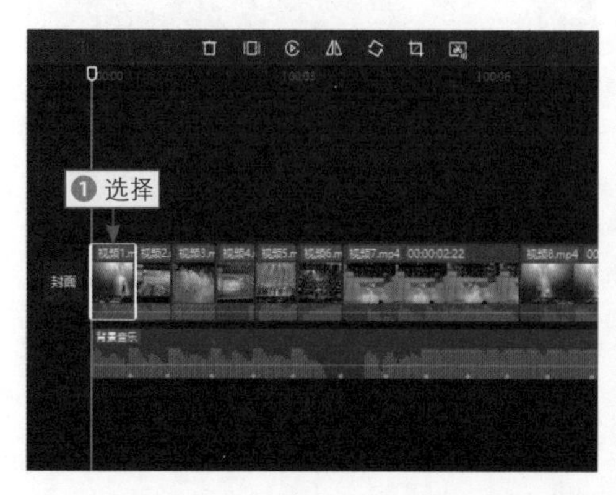

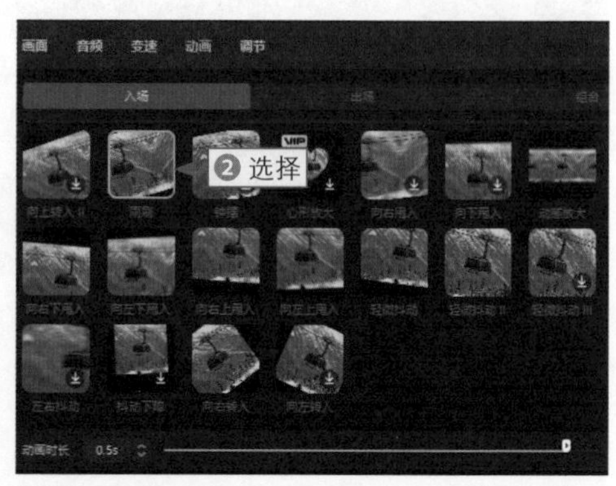

图 11-12　选择“雨刷”入场动画

步骤 02 用同样的方法，依次为“视频 2”～“视频 6”素材设置 5 种不同的入场动画效果，为“视频 12”素材选择“折叠闭幕”出场动画，并设置“动画时长”参数为 1.0s，动画效果选择如图 11-13 所示，在播放时会呈现不同的动画效果。

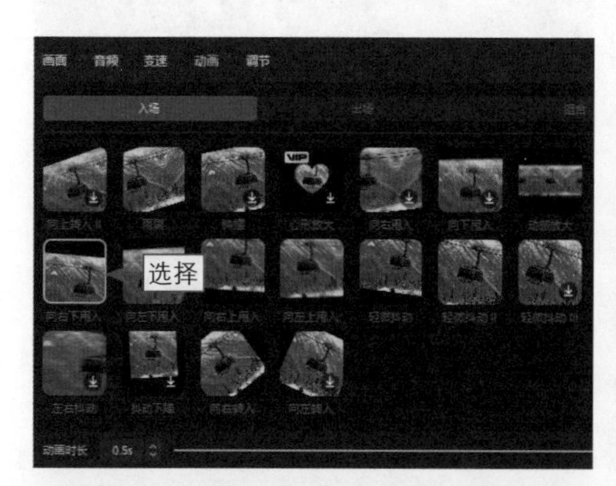

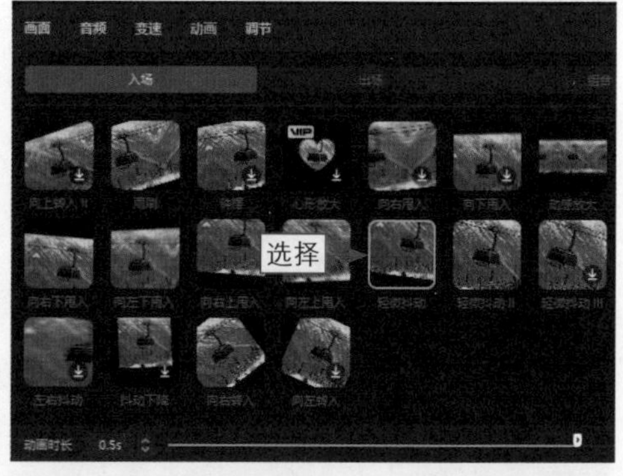

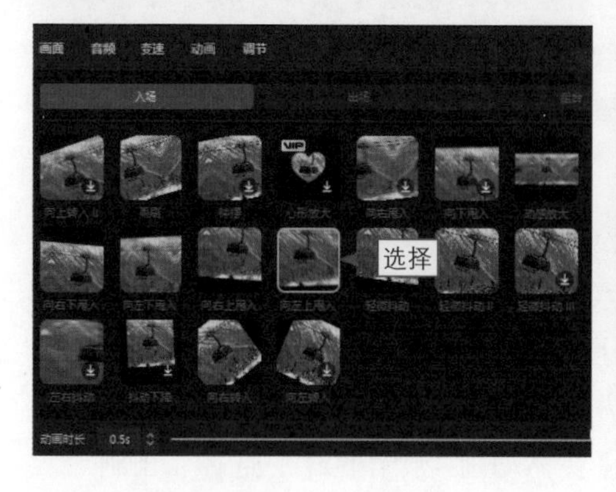

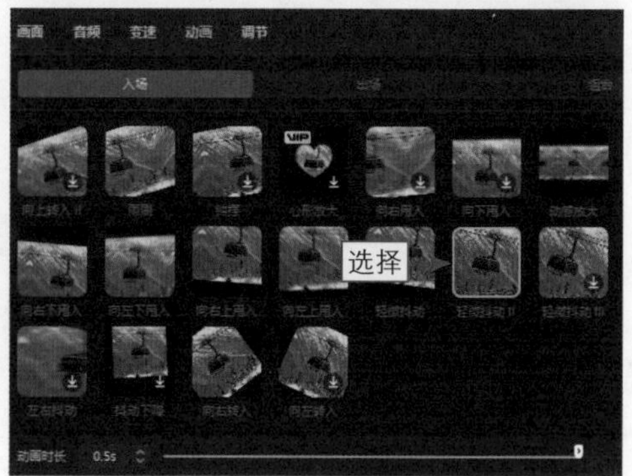

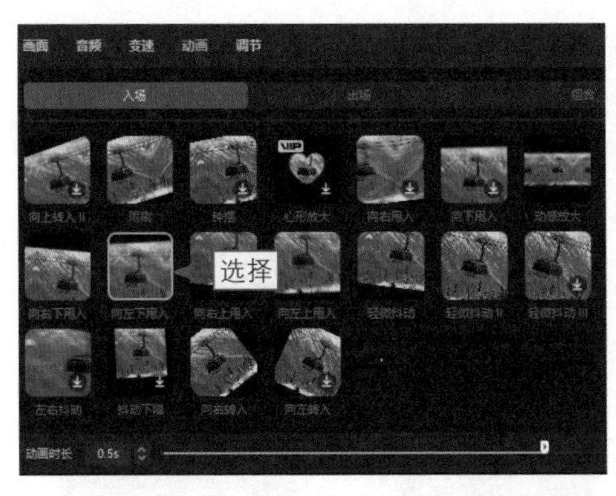

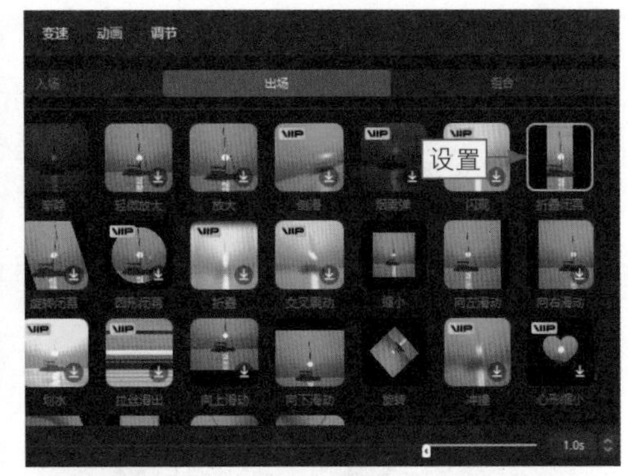

图 11-13 动画效果选择

11.2.4 添加片头片尾

扫码看教程

为视频《晚会精彩回顾》添加片头片尾，可以使观众更加清楚视频主题，且能够在片尾通过文字适当引导观众，让观众对该企业或者晚会有更多关注。

下面介绍在剪映中为视频添加片头片尾的操作方法。

步骤 01 拖曳时间轴至视频素材的起始位置，❶ 在“本地”选项卡中，单击“黑色背景图”素材的“添加到轨道”按钮，将其添加到片头位置；❷ 在时间线面板中，调整该素材的时长为 00:00:00:21；❸ 调整音频素材的位置，如图 11-14 所示，使其起始位置与“视频 1”的起始位置对齐。

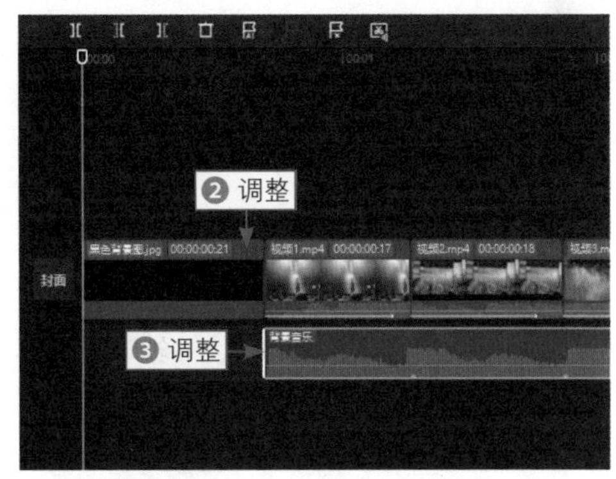

图 11-14 调整素材的时长

步骤 02 ❶ 在“文本”功能区中，展开“文字模板”选项卡；❷ 在“片头标题”中选择一个合适的模板，单击“添加到轨道”按钮，如图 11-15 所示。

步骤 03 ❶ 在“文本”操作区，依次修改“第 1 段文本”和“第 2 段文本”

中的文字内容；❷ 在时间线面板中，调整文字素材的时长，如图 11-16 所示，使其结束位置和“黑色背景图”素材的结束位置对齐。

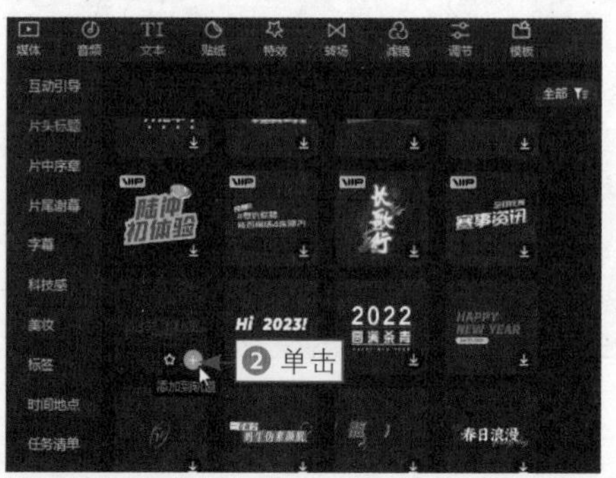

图 11-15　单击“添加到轨道”按钮

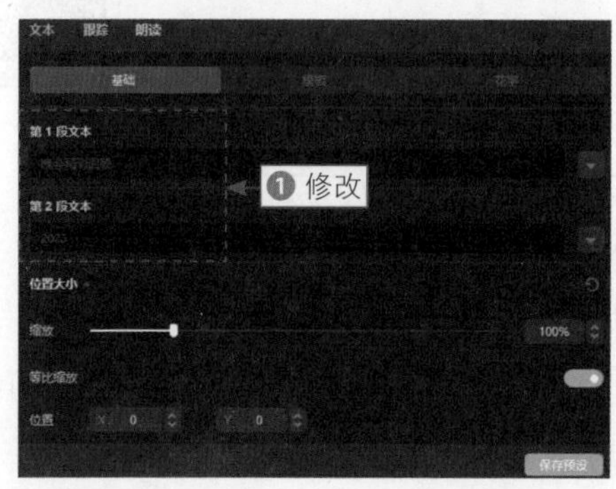

图 11-16　调整文字素材的时长

步骤 04 拖曳时间轴至视频素材的结束位置，❶ 在“媒体”功能区中，单击“素材库”按钮；❷ 在搜索框中，搜索“消散粒子”；❸ 选择“烟雾粒子消散”素材，单击“添加到轨道”按钮；❹ 在时间线面板中，调整素材时长，如图 11-17 所示，使其结束位置和音频素材的结束位置对齐。

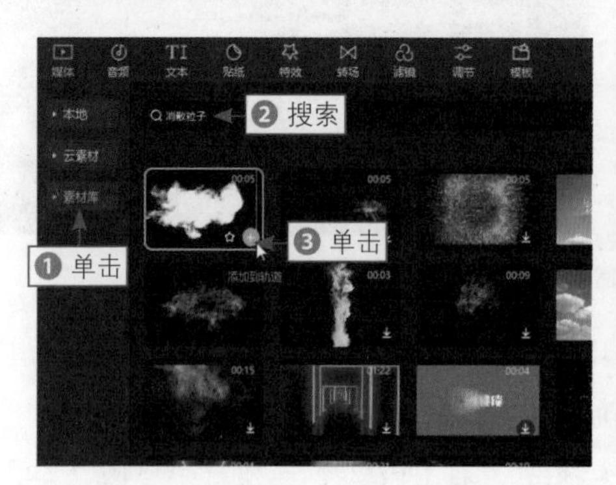

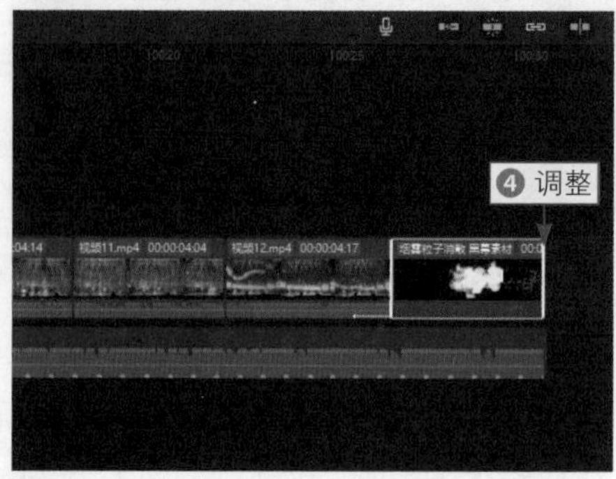

图 11-17　调整素材的时长

步骤 05 ❶ 从“文本”功能区中添加一个“默认文本”到轨道中，并调整文字素材的时长，使其结束位置与“烟雾粒子消散”素材的结束位置对齐；❷ 在“文本”操作区中修改文字内容；❸ 选择一个合适的字体，如图 11-18 所示。

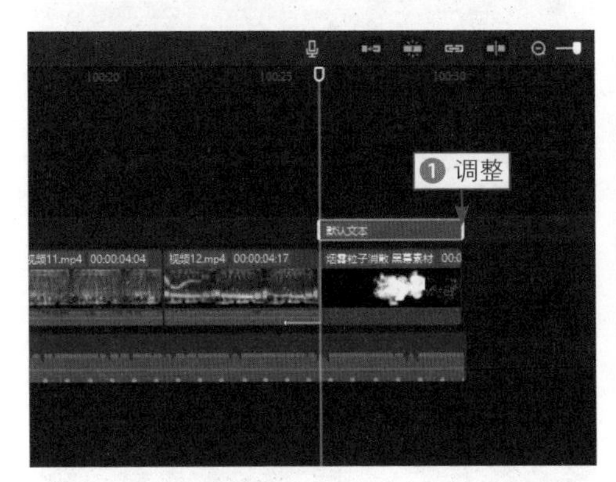

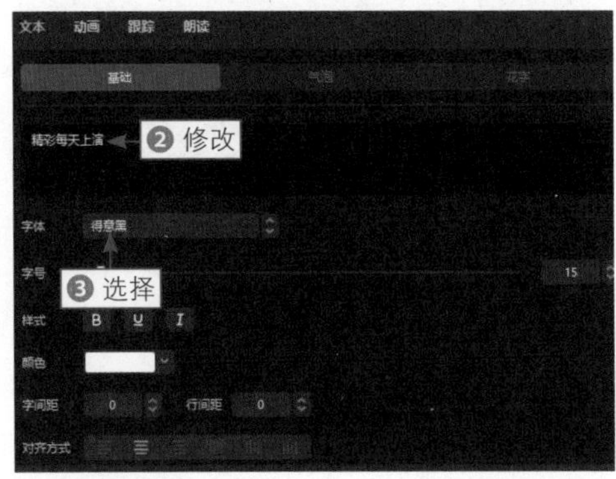

图 11-18　选择一个合适的字体

步骤 06 ❶ 设置“缩放”参数为 70%，将文字缩小一点；❷ 切换至“动画”操作区；❸ 选择“向右露出”入场动画效果；❹ 设置“动画时长”参数为 2.0s，如图 11-19 所示。

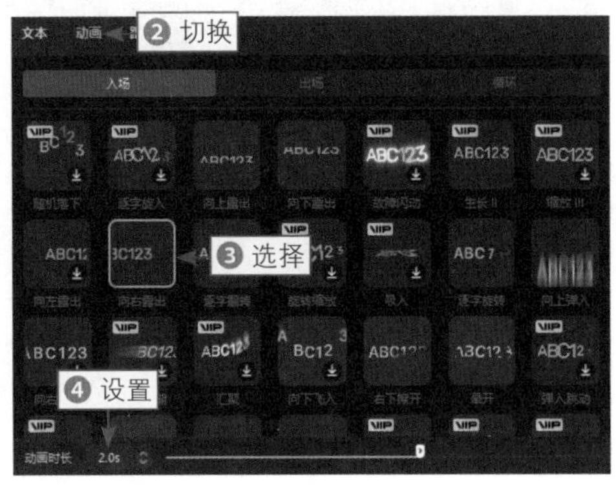

图 11-19　设置“动画时长”参数

步骤 07 ❶ 复制并粘贴“精彩每天上演”文字素材，调整复制后的文字素材的位置与时长，使其结束位置与“烟雾粒子消散”素材的结束位置对齐，使其时长略短于原文字素材的时长；❷ 在“文本”操作区修改文字内容，如图 11-20 所示。

步骤 08 ❶ 在“动画”操作区中，选择“向下露出”入场动画；❷ 拖曳时间轴至第 30s 左右的位置，在预览窗口中调整文字在画面中的位置，如图 11-21 所示，使两段文字上下排列，且处于画面中间。

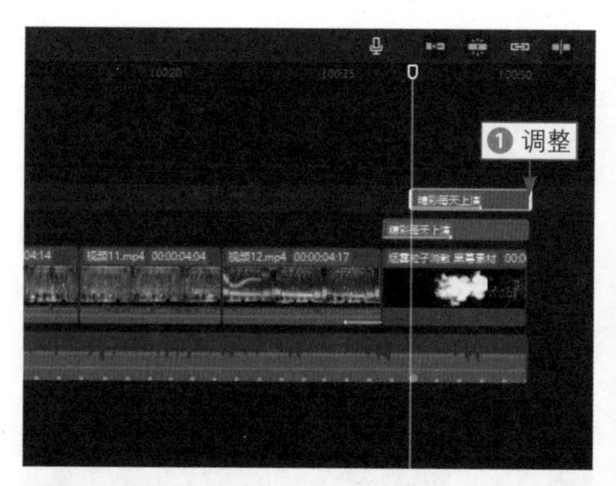

图 11-20　修改文字内容

图 11-21　调整文字在画面中的位置

11.2.5　添加字幕

扫码看教程

为视频《晚会精彩回顾》添加字幕，是为视频适当增加解说效果，让观众对画面有更好的理解，也会起到一定的引导作用，吸引观众去晚会现场。

下面介绍在剪映中为视频添加字幕的操作方法。

步骤 01 ❶ 拖曳时间轴至“视频 7”素材的起始位置；❷ 从“文本”功能区中，添加一个“默认文本”至轨道中，并调整文字素材的时长，使其结束位置和“视频 7”素材的结束位置对齐；❸ 在“文本”操作区中修改文字内容；❹ 选择一个合适的字体；❺ 设置“字号”参数为 13，如图 11-22 所示，将文字适当缩小一点。

步骤 02 ❶ 设置“缩放”参数为 50%；❷ 在预览窗口中调整文字在画面中的位置，如图 11-23 所示，将其调整至画面中间上方的位置。

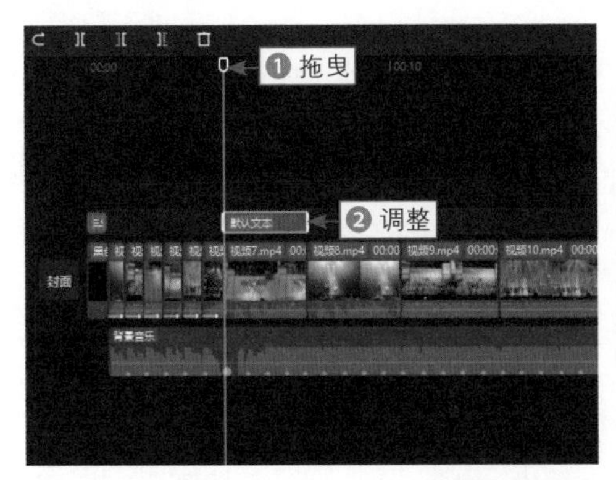

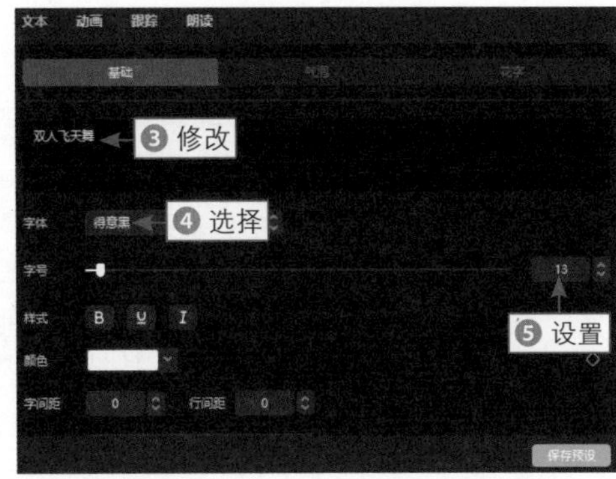

图 11-22　设置“字号”参数

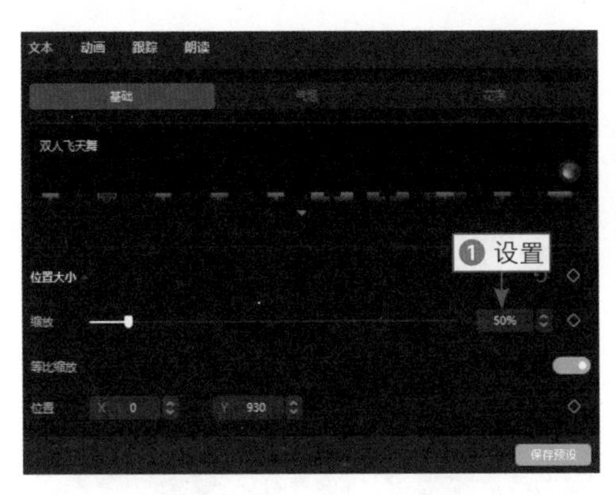

图 11-23　调整文字在画面中的位置

步骤 03 对于“视频 8”～“视频 12”素材对应的字幕内容，可以在刚刚制作好的文字素材的基础上，修改具体的文字内容。“视频 11”和“视频 12”两个素材对应同一个文字内容，添加好所有文字素材的时间线面板如图 11-24 所示。

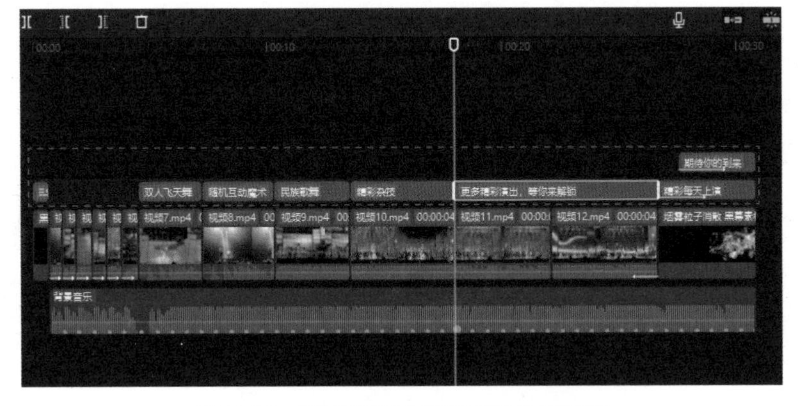

图 11-24　添加好所有文字素材的时间线面板

11.2.6 添加水印

扫码看教程

为视频添加水印，是保护原创，让观众对账号增加记忆点的一种方式。为视频《晚会精彩回顾》添加企业名称水印（该案例中使用的是虚拟名称），可以潜移默化地让观众增强对企业的印象，进而吸引更多关注。

下面介绍在剪映中为视频添加水印的操作方法。

步骤 01 ❶ 拖曳时间轴至“视频 1”素材的起始位置；❷ 从“文本”功能区中添加一个“默认文本”至轨道中；❸ 在操作区中修改文字内容；❹ 选择一个合适的字体；❺ 设置“字间距”参数为 4，如图 11-25 所示，将文字之间的距离拉开一点。

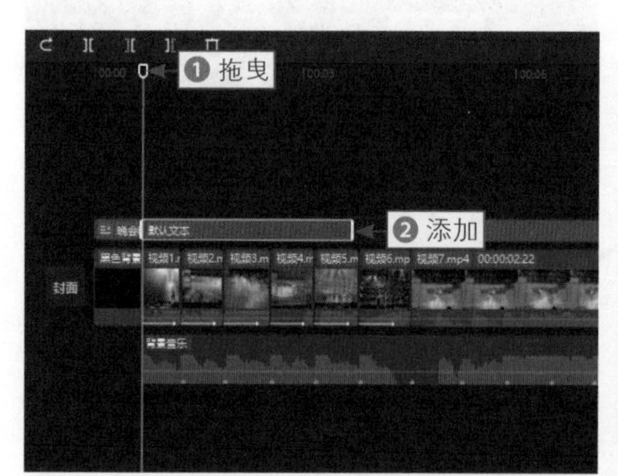

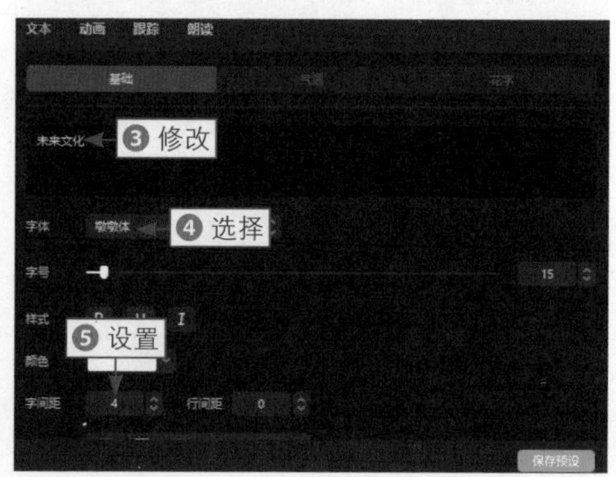

图 11-25 设置“字间距”参数

步骤 02 ❶ 设置“缩放”参数为 40%，将文字缩小一点；❷ 设置“不透明度”参数为 25%；❸ 在“花字”选项卡中选择一个合适的花字效果，如图 11-26 所示。

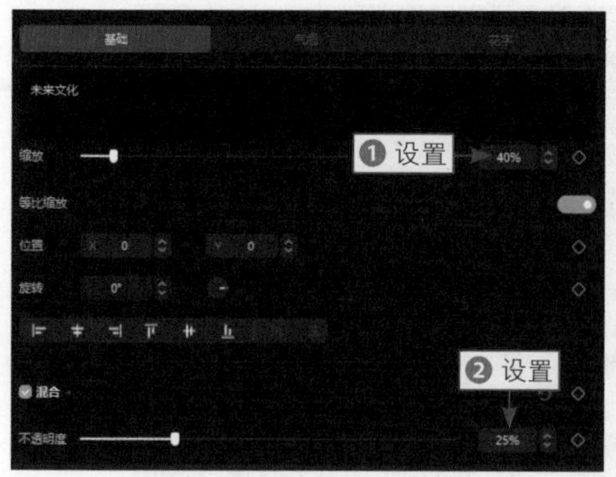

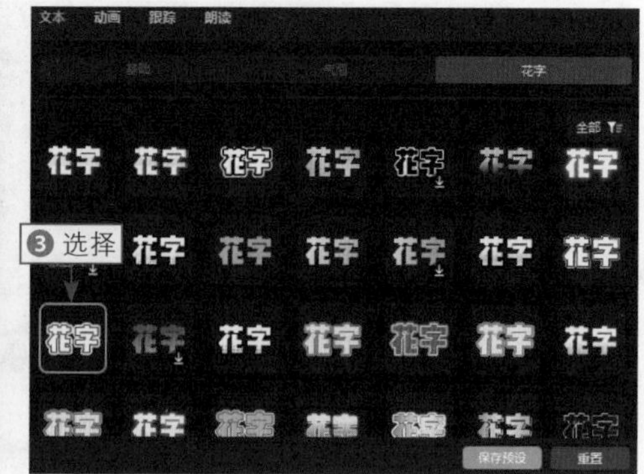

图 11-26 选择一个合适的花字效果

步骤03 ❶ 切换至“动画”操作区；❷ 选择“环绕”循环动画效果；❸ 设置“动画快慢”参数为2.0s，为水印文字设置一个合适的播放速度；❹ 在预览窗口中调整文字在画面中的位置，如图11-27所示，使其位于画面左上角。

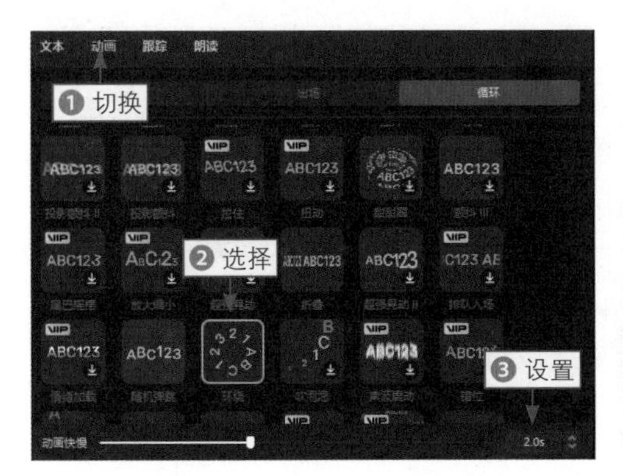

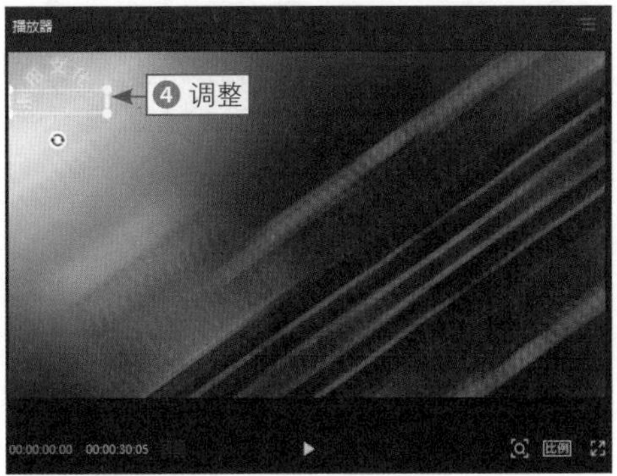

图 11-27　调整文字在画面中的位置

步骤04 在时间线面板中，调整文字素材的位置和时长，使其位于第3条文字轨道中，使其结束位置与“视频12”素材的结束位置对齐，如图11-28所示，即可成功为视频添加水印。

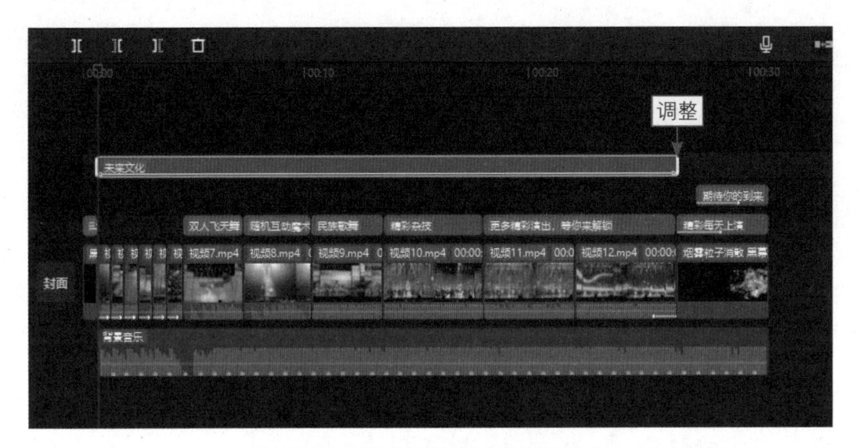

图 11-28　调整文字素材的位置和时长

11.2.7　添加转场

扫码看教程

为视频《晚会精彩回顾》添加转场效果，可以让素材与素材之间的衔接更流畅，同时一个符合视频调性的转场效果，也可以为视频增色不少。

下面介绍在剪映中为视频添加转场效果的操作方法。

步骤 01 ❶ 拖曳时间轴至“视频 7”和“视频 8”素材之间的位置；❷ 在“转场”功能区中，选择“向左拉伸”扭曲转场效果，单击“添加到轨道”按钮，使其如图 11-29 所示，将该转场应用到两个素材之间。

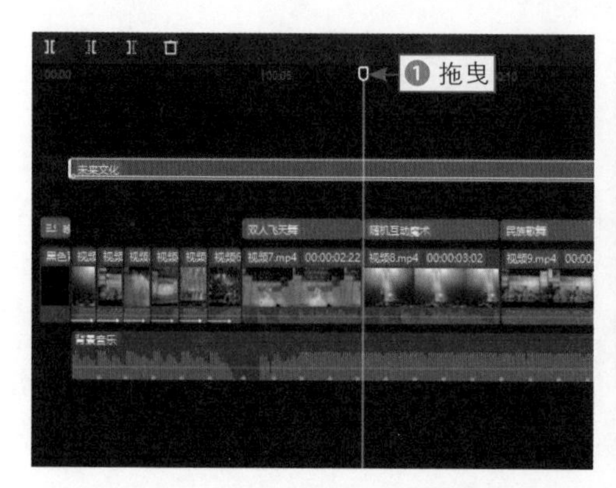

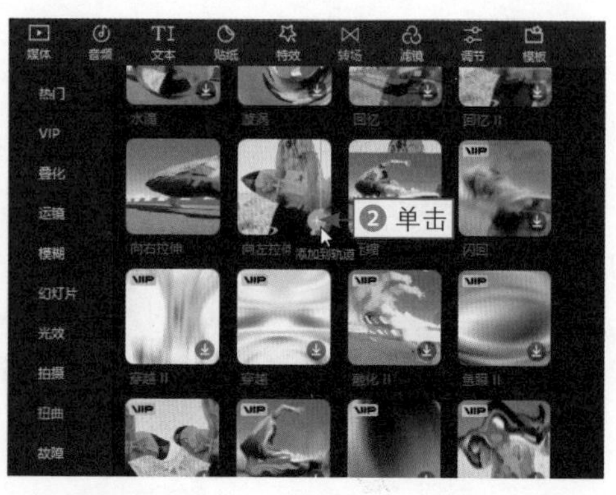

图 11-29　单击“添加到轨道”按钮

步骤 02 用同样的操作方法，在“视频 8”～“视频 12”所有素材之间依次添加“向左拉伸”转场效果，如图 11-30 所示，该视频中一共添加了 5 个转场效果。

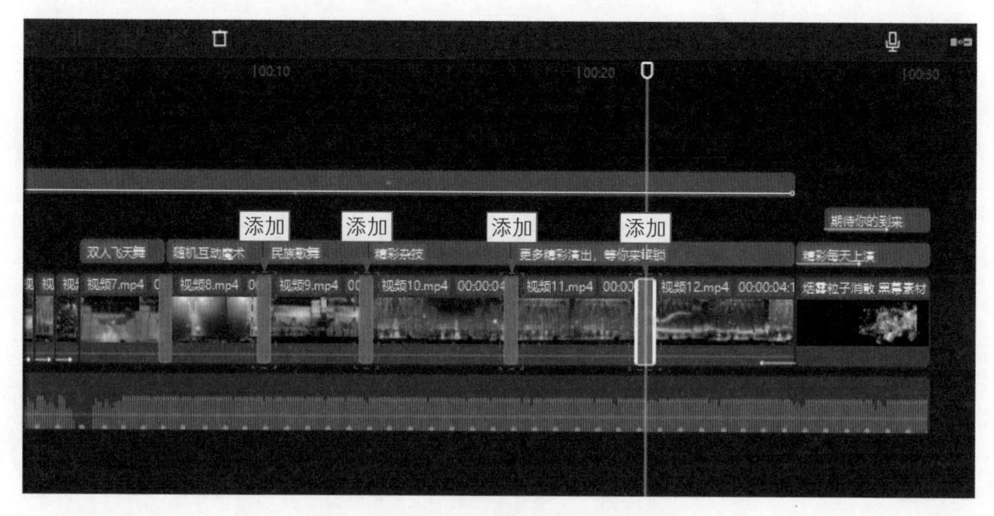

图 11-30　为多个素材之间添加转场效果

步骤 03 关闭视频素材的原声后，即可导出视频。

第 12 章　节日活动：AI 短视频创作

随着人工智能（Artificial Intelligence，AI）技术的迅猛发展，用AI来生成和制作短视频成了许多用户的新选择。用户只需准备一段文本、几张图片或几段视频，就能轻松生成一个主题突出、画面美观的短视频，极大地提升了短视频的创作效率。本章将以《端午起源》《父亲节》《520纪念》为例，教大家借助ChatGPT、Midjourney和剪映电脑版快速生成视频的操作方法。

12.1 文本生视频：《端午起源》

在创作短视频的过程中，用户常常会遇到这样一个问题：怎么又快又好地写出视频文案呢？AI 文案写作工具就能轻松解决这个问题。用户通过与 AI 文案写作工具交流，就能让其根据需求创作出对应的视频文案。

那么，有了文案，如何快速生成视频呢？剪映电脑版的“图文成片”功能就能满足这个需求。用户只需要在“图文成片”面板中粘贴文案或文章链接，并设置相应的朗读音色，单击“生成视频”按钮，即可借助 AI 生成相应的视频。

本节介绍运用 ChatGPT 和剪映电脑版的“图文成片”功能进行文本生视频的具体操作方法。图 12-1 所示为《端午起源》效果展示。

图 12-1　效果展示

12.1.1　用 ChatGPT 生成文案

ChatGPT 是一款操作简单、功能强大、智能化程度高的聊天机器人程序，它可以通过聊天的形式为用户生成各类文档内容，其中就包括短视频文案。不过，用户在生成文案之前，要确定好短视频的主题，这样才能提出具体、清晰的需求，从而便于 ChatGPT 的理解和生成。

扫码看教程

下面介绍用 ChatGPT 生成文案的操作方法。

步骤 01 打开 ChatGPT 的聊天窗口，单击底部的输入框，在其中输入“请根据端午节的来历创作 10 个短视频标题”，单击输入框右侧的发送按钮 ▶ 或按【Enter】键，ChatGPT 即可根据要求生成 10 个有关端午节来历的短视频标题，如图 12-2 所示。

步骤 02 用户可以选择一个标题，让 ChatGPT 继续生成对应的文案。例如，在输入框中输入“写一篇关于‘屈原传奇，探寻端午节的背后故事！’的视频文案，要求逻辑清晰，通俗易懂，字数在 50 字以内”，按【Enter】键，ChatGPT 即可根据该要求生成一篇文案，如图 12-3 所示。

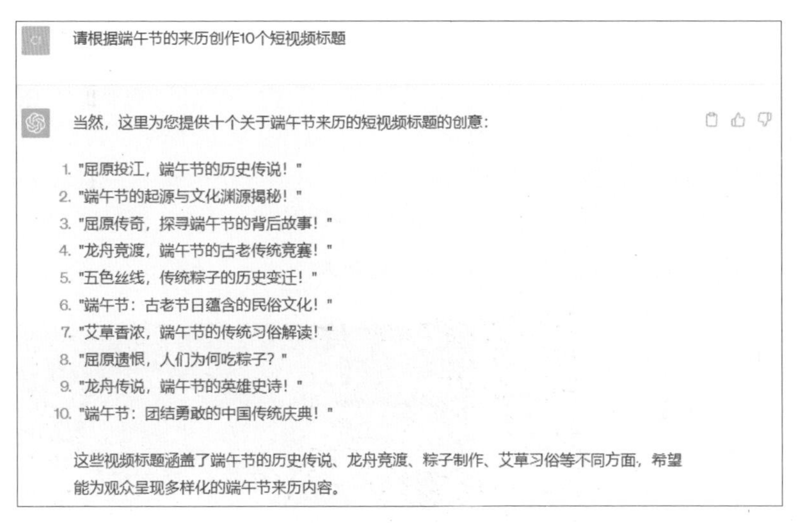

图 12-2　ChatGPT 生成 10 个短视频标题

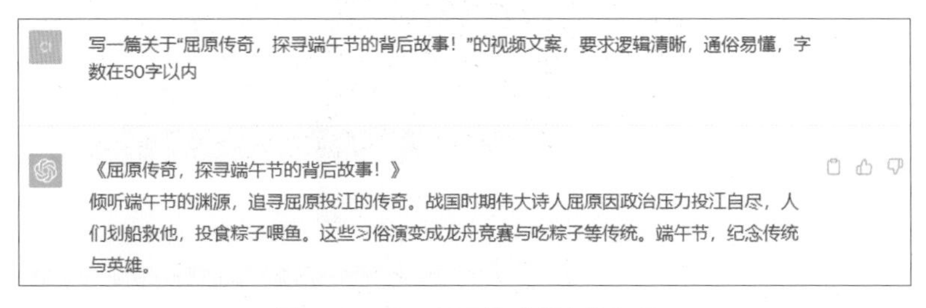

图 12-3　ChatGPT 生成相应的文案

步骤 03 到这里，ChatGPT 的工作就完成了。全选 ChatGPT 回复的文案内容，在文案上单击鼠标右键，在弹出的快捷菜单中选择“复制”命令，如图 12-4 所示，即可复制 ChatGPT 生成的文案内容。

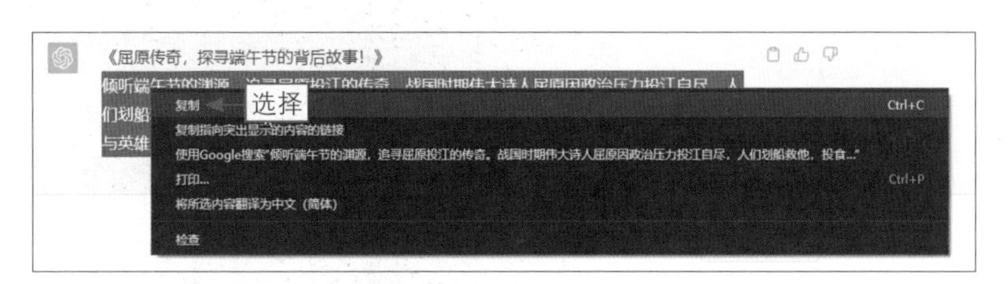

图 12-4　选择“复制”命令

★ 专家提醒 ★

用户可以将 ChatGPT 的文案内容复制并粘贴到一个文档中，然后根据需求对文案进行修改和调整，以优化生成的视频效果。

12.1.2 用图文成片功能生成视频

剪映电脑版的“图文成片”功能可以根据用户提供的文案，智能匹配图片和视频素材，并自动添加相应的字幕、朗读音频和背景音乐，轻松完成文本生视频的操作。此外，用户还可以对生成的视频进行适当的调整，让效果更美观。

下面介绍用“图文成片”功能生成视频的操作方法。

步骤 01 打开剪映电脑版，在首页单击“图文成片”按钮，如图 12-5 所示，即可弹出“图文成片”面板。

步骤 02 打开记事本，全选文案内容，在文案上单击鼠标右键，在弹出的快捷菜单中选择“复制”命令，如图 12-6 所示，将文案复制。

步骤 03 在“图文成片”面板中，按【Ctrl+V】组合键将复制的内容粘贴到文字窗口中，如图 12-7 所示。

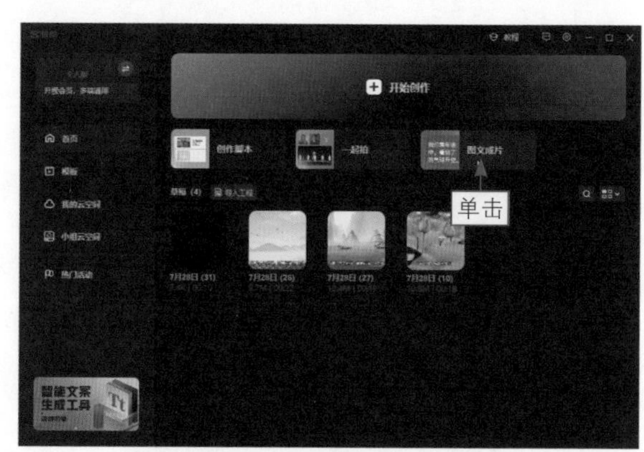

图 12-5 单击“图文成片”按钮

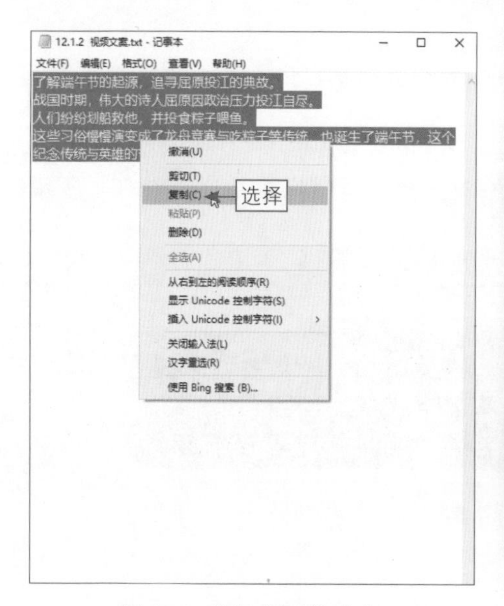

图 12-6 选择“复制”命令

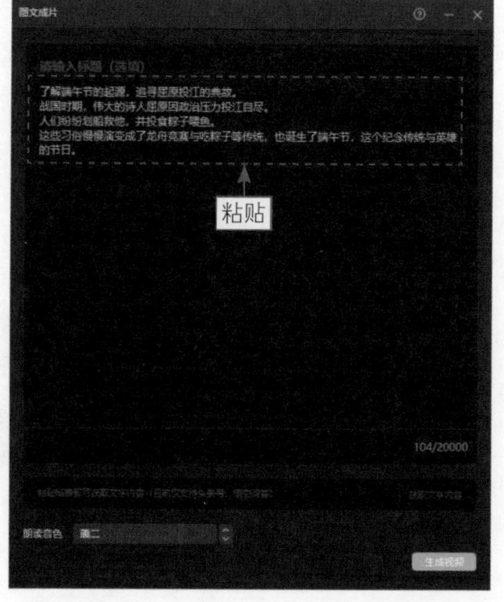

图 12-7 将文案粘贴到文字窗口中

步骤 04 剪映的“图文成片”功能会自动为视频配音，用户可以选择自己喜欢的音色，例如设置“朗读音色”为“解说小帅”，如图 12-8 所示。

步骤 05 单击右下角的“生成视频”按钮，即可开始生成视频，并显示生成进度，如图 12-9 所示。

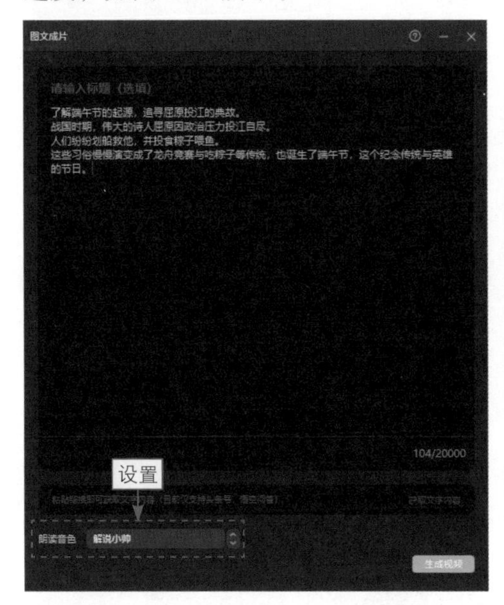

图 12-8　设置“朗读音色”为“解说小帅”

图 12-9　显示视频生成进度

步骤 06 稍等片刻，即可进入剪映的视频编辑界面，在视频轨道中可以查看剪映自动生成的短视频缩略图，如图 12-10 所示。

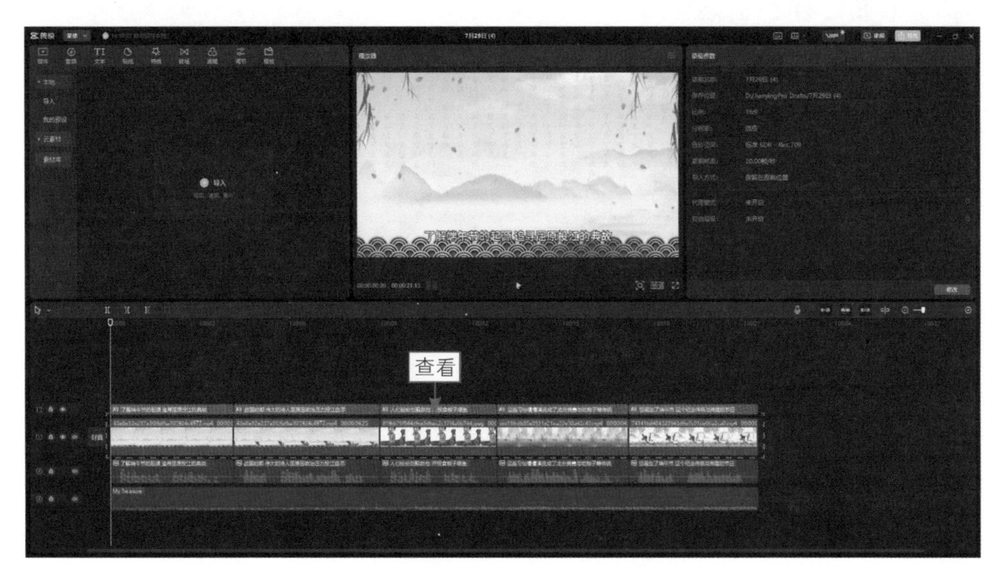

图 12-10　查看剪映自动生成的短视频缩略图

步骤 07 用户可以选择直接导出视频，也可以对视频的字幕、素材、朗读音频和背景音乐进行调整。以调整字幕为例，用户可以选择第 1 段文本，在“文本”操作区中，❶ 在字幕的适当位置添加一个逗号；❷ 设置一个合适的文字字体，如图 12-11 所示，系统会根据修改后的字幕重新生成对应的朗读音频，并且设置的字体效果会自动同步到其他字幕上。

步骤 08 用同样的方法，在其他字幕中的合适位置添加相应的标点符号，完成对所有字幕的调整，单击界面右上角的“导出”按钮，如图 12-12 所示，将视频导出即可。

图 12-11　设置文字字体

图 12-12　单击“导出”按钮

12.2　图片生视频：《父亲节》

当用户想好了视频的主题以后，还只是完成了短视频创作的第一步，接下来还有非常关键的一个步骤——准备素材。俗话说：“巧妇难为无米之炊。”如果用户没有与主题匹配的素材，那么再好的主题也难以被呈现。此时，用户可以借助 AI 绘画工具生成需要的图片素材，让短视频的创作工作得以继续。

有了主题和图片素材，用户还要面对一个难题，那就是制作。如何快速生成一个内容丰富的视频呢？用户可以运用剪映电脑版的“素材包”功能，一键为图片添加特效、字幕、音效和滤镜等多个素材，完成视频效果的制作。

本节介绍运用 Midjoueney 和剪映电脑版的“素材包”功能进行图片生视频的具体操作方法。图 12-13 所示为《父亲节》效果展示。

图 12-13　效果展示

12.2.1　用 Midjourney 绘制图片素材

扫码看教程

Midjourney 是一个通过人工智能技术进行绘画创作的工具，用户在其中输入文字、图片等提示内容，就可以让 AI 机器人自动创作出符合要求的图片。不过，如果用户想生成与主题匹配的图片，就要准备好相应的关键词，并将 Midjourney 切换至对应的模式。

下面介绍用 Midjourney 绘制图片素材的操作方法。

步骤 01 Midjourney 有多种模式可以选择，不同模式生成的图片风格也不同，由于本案例需要的图片属于二次元风格，因此用户在开始生成前需要进行模式的切换，❶ 在 Midjourney 下面的输入框内输入 /（正斜杠符号）；❷ 在弹出的列表框中选择 settings（设置）指令，如图 12-14 所示。

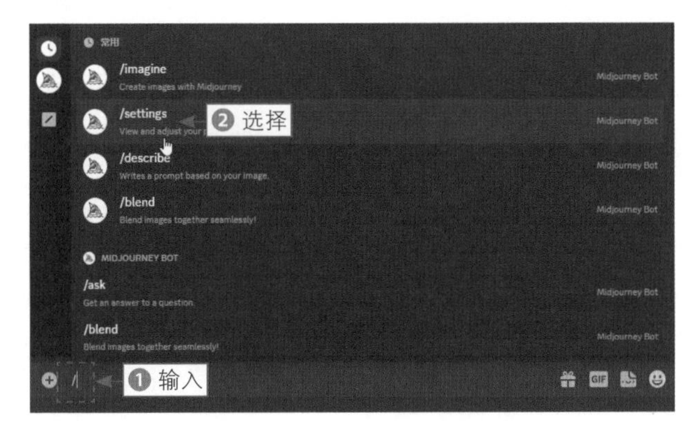

图 12-14　选择 settings 指令

步骤 02 按【Enter】键确认，进入 Midjourney 的设置板块，当前显示的模式为 Midjourney Model（模型） V5.2，❶ 单击其右侧的下拉按钮；❷ 在弹出的下拉列表中选择 Niji Model V5 模式，如图 12-15 所示，即可完成模式的切换，该模式适合用来生成二次元动漫风格的图片。

步骤 03 在 Midjourney 下面的输入框内输入 /（正斜杠符号），在弹出的列表框中选择 imagine（想象）指令，在指令后方的 prompt（提示）输入框中输入相应的关键词，如图 12-16 所示。

图 12-15 选择 Niji Model V5 模式

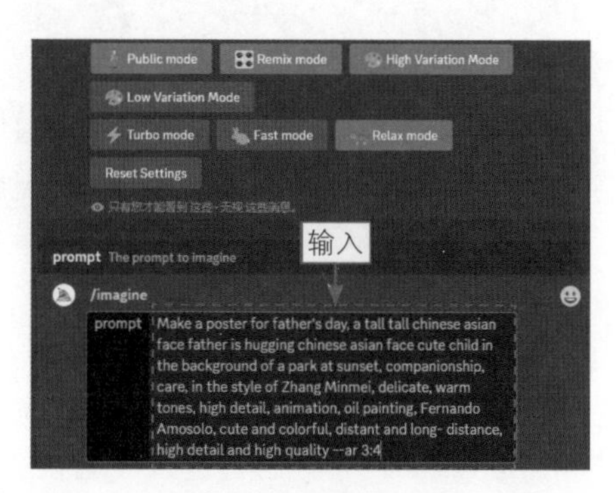

图 12-16 输入关键词

步骤 04 按【Enter】键确认，Midjourney Bot 即可开始工作，稍等片刻，Midjourney 将生成 4 张对应的图片，效果如图 12-17 所示。

步骤 05 如果用户对 4 张图片中的某张图片感到满意，可以使用 U1 ～ U4 按钮进行选择，例如单击 U2 按钮，Midjourney 将在第 2 张图片的基础上进行更加精细的刻画，并放大图片，效果如图 12-18 所示。

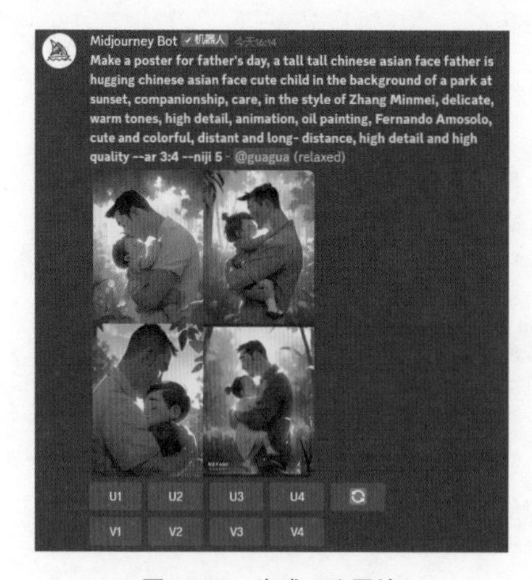

图 12-17 生成 4 张图片

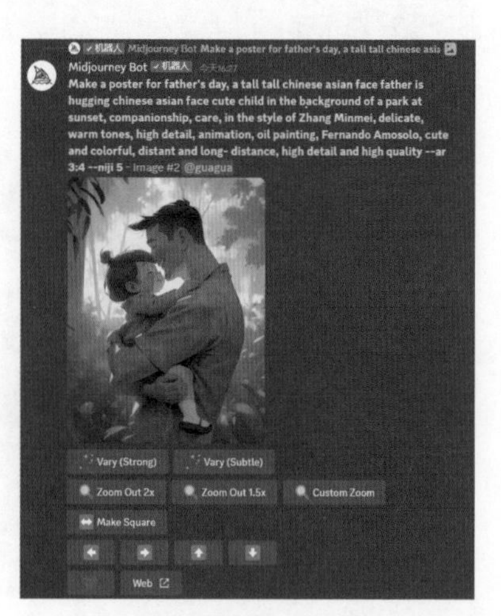

图 12-18 放大第 2 张图片

步骤 06 如果用户要用图片来制作视频，还需要将图片保存到本地，单击图片，在放大的图片左下角单击“在浏览器中打开”文字超链接，如图 12-19 所示。

步骤 07 执行操作后，在新的标签页中打开图片，在图片上单击鼠标右键，在弹出的快捷菜单中选择“图片另存为”命令，如图 12-20 所示，弹出“另存为”对话框，设置图片的保存位置和名称，单击“保存”按钮，即可保存图片。

图 12-19　单击“在浏览器中打开”文字链接

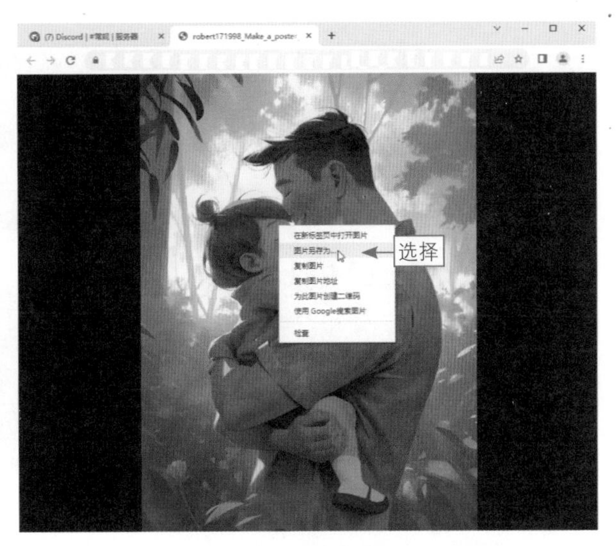

图 12-20　选择“图片另存为”命令

用同样的操作方法，输入第 2 张图片的关键词，生成 4 张图片，并放大第 3 张图片，效果如图 12-21 所示。

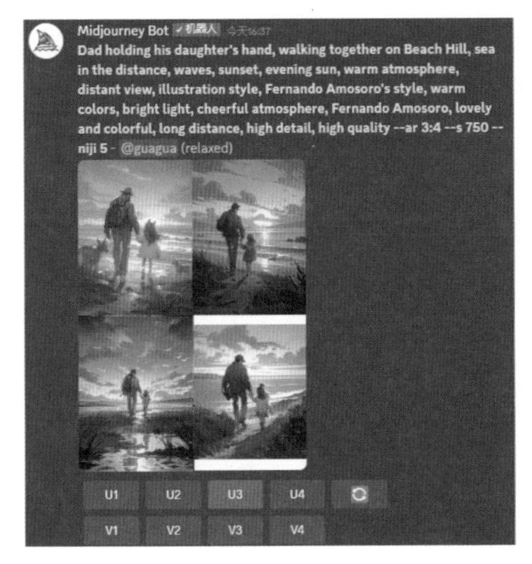

图 12-21　放大第 3 张图片

12.2.2 为图片添加合适的素材包

扫码看教程

剪映电脑版的“素材包”功能是通过为图片添加不同主题和样式的素材包，从而达到用多张图片生成一个完整视频的目的。

下面介绍为图片添加合适的素材包的操作方法。

步骤 01 打开剪映电脑版，在首页单击“开始创作”按钮，如图 12-22 所示。

图 12-22 单击“开始创作”按钮

步骤 02 执行操作后，进入视频编辑界面，在“媒体”功能区中单击“导入”按钮，如图 12-23 所示。

步骤 03 弹出“请选择媒体资源”对话框，❶ 全选两张图片素材；❷ 单击“打开”按钮，如图 12-24 所示。

图 12-23 单击“导入”按钮

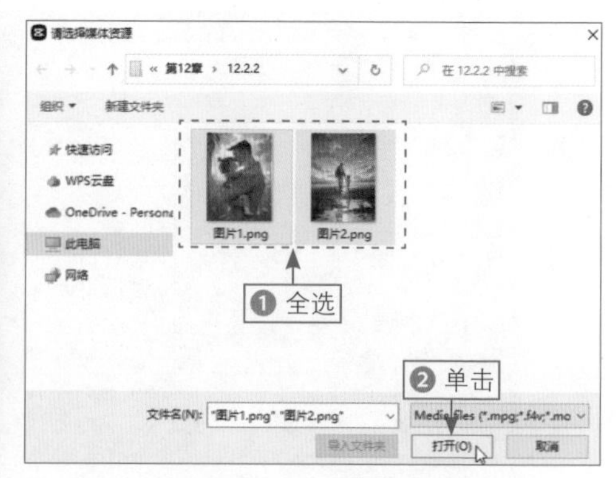

图 12-24 单击“打开”按钮

步骤 04 执行操作后，即可将两张图片素材导入“媒体”功能区的“本地”选项卡中，单击“图片 1”右下角的“添加到轨道”按钮，如图 12-25 所示，即可将两张图片素材按顺序导入视频轨道中。

步骤 05 拖曳时间轴至00:00:01:08的位置，在“模板”功能区中，❶展开“素材包”|“片头”选项卡；❷单击相应素材包右下角的“添加到轨道”按钮⊕，如图12-26所示，为“图片1”添加一个素材包。

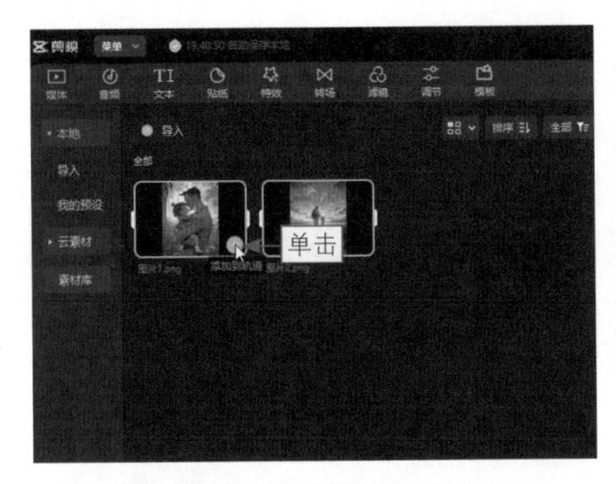

图 12-25　单击“添加到轨道”按钮（1）

图 12-26　单击“添加到轨道”按钮（2）

步骤 06 拖曳时间轴至“图片2”的起始位置，如图12-27所示。

步骤 07 在“素材包”|“片头”选项卡中，单击相应素材包右下角的“添加到轨道”按钮⊕，如图12-28所示，为“图片2”添加一个素材包。

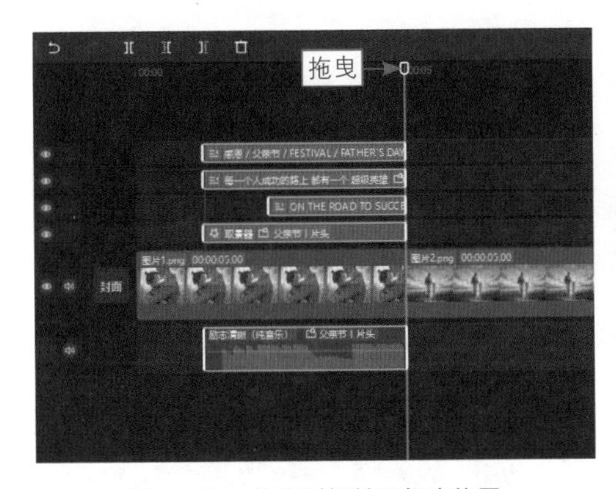

图 12-27　拖曳时间轴至相应位置

图 12-28　单击“添加到轨道”按钮（3）

12.2.3　编辑图片和素材包中的素材

完成素材包的添加后，用户就可以将生成的视频效果导出了。不过，为了让效果更美观，用户可以对图片和素材包中的素材进行编辑，例如为图片添加动画效果、调整图片的持续时长、添加特效、删除和调整素材包中的素材等。

扫码看教程

下面介绍编辑图片和素材包中的素材的操作方法。

步骤 01 选择“图片 1”，❶ 切换至“动画”操作区；❷ 在“入场”选项卡中选择“渐显”动画；❸ 设置“动画时长”参数为 1.2s，如图 12-29 所示，即可为“图片 1”添加入场动画。

步骤 02 ❶ 在音频轨道中双击第 1 段音乐；❷ 单击“删除”按钮，如图 12-30 所示，即可将第 1 个素材包中自带的背景音乐删除。

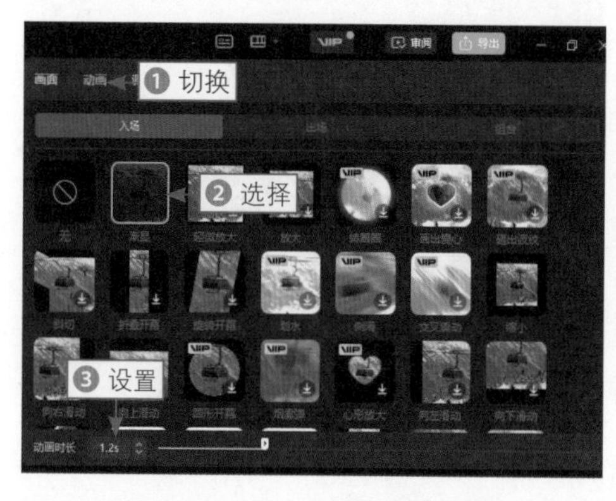

图 12-29　设置“动画时长”参数

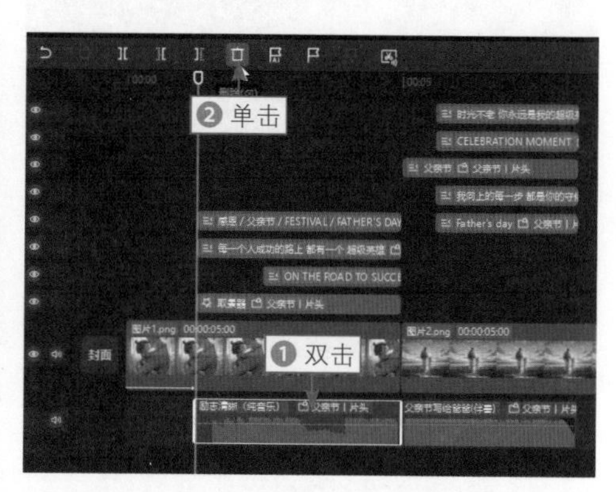

图 12-30　单击“删除”按钮（1）

★ 专家提醒 ★

素材包中的所有素材都是一个整体，用户在正常状态下只能进行整体的调整和删除。如果用户想单独对某一个素材进行调整，只需双击该素材即可。

步骤 03 用同样的方法，❶ 双击第 2 个素材包中的音乐；❷ 单击“删除”按钮，如图 12-31 所示，即可将所有素材包中的音乐都删除。

步骤 04 双击“取景器”特效，在“特效”操作区中，设置“发光”参数为 100，如图 12-32 所示，让特效的发光效果更明显。

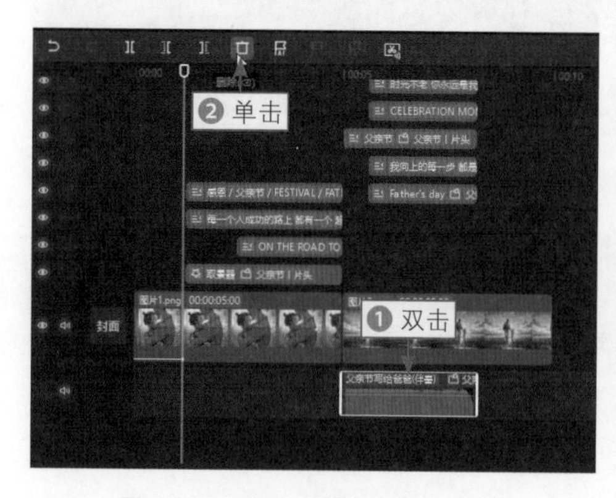

图 12-31　单击“删除”按钮（2）

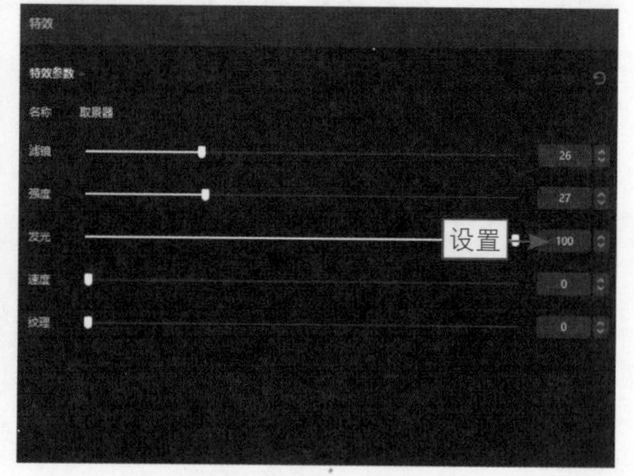

图 12-32　设置“发光”参数

步骤 05 双击“时光不老 你永远是我的超级英雄”文本，在“文本”操作区的“基础”选项卡中，单击文本框右侧的“展开”按钮，如图 12-33 所示。

步骤 06 执行操作后，展开文字编辑板块，在“预设样式”选项区中，选择一个合适的文字样式，如图 12-34 所示，让文本在视频中更醒目。

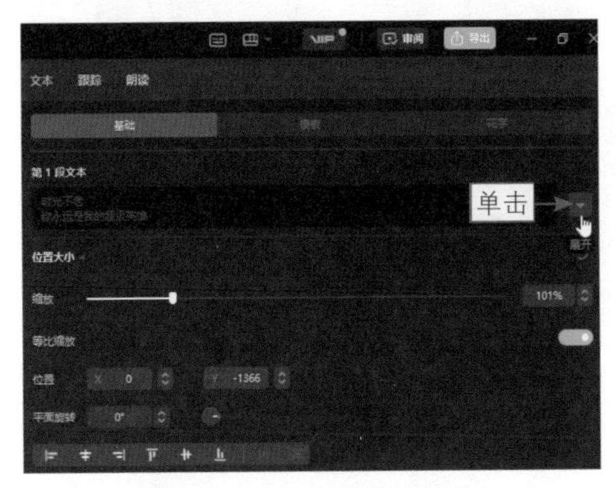

图 12-33　单击相应的按钮

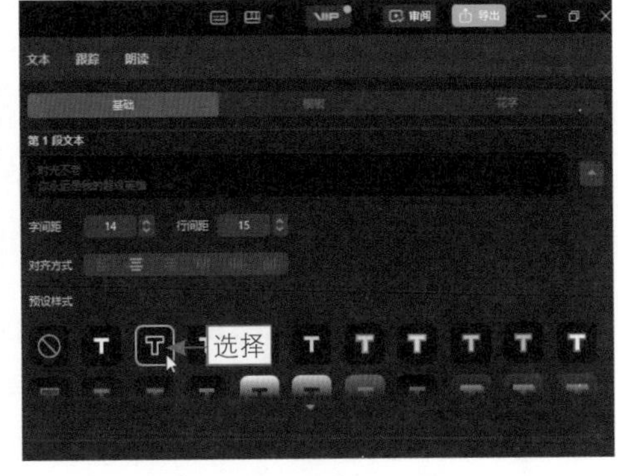

图 12-34　选择文字样式

步骤 07 在“位置大小”选项区中，设置“缩放”参数为 120%，如图 12-35 所示，使文本变大。

步骤 08 用同样的方法，为第 2 个素材包中的其他文本设置同样的文字样式，如图 12-36 所示，增加文本的辨识度。

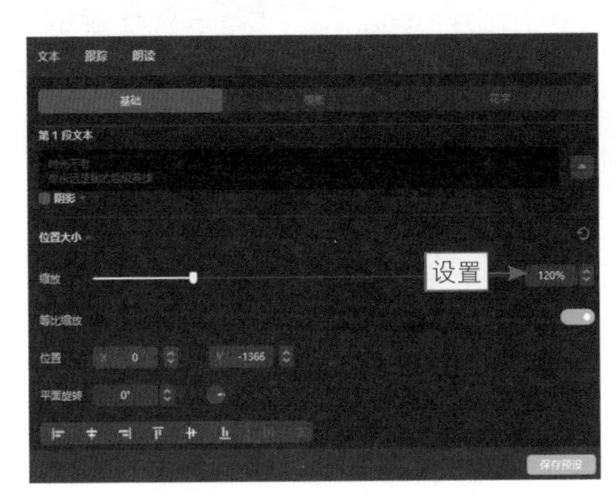

图 12-35　设置“缩放”参数

图 12-36　设置相同的文字样式

步骤 09 设置 CELEBRATION MOMENT（庆祝时刻）的“缩放”参数为 100%、“位置”的 Y 参数为 -1614，如图 12-37 所示，调整其大小和位置。

步骤 10 拖曳时间轴至 00:00:08:01 的位置，❶ 切换至“特效”功能区；❷ 在“画面特效”|“基础”选项卡中，单击“全剧终”特效右下角的“添加到轨道”按钮，如图 12-38 所示，为视频添加一个片尾特效。

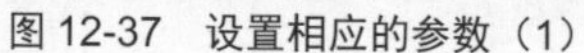
图 12-37　设置相应的参数（1）

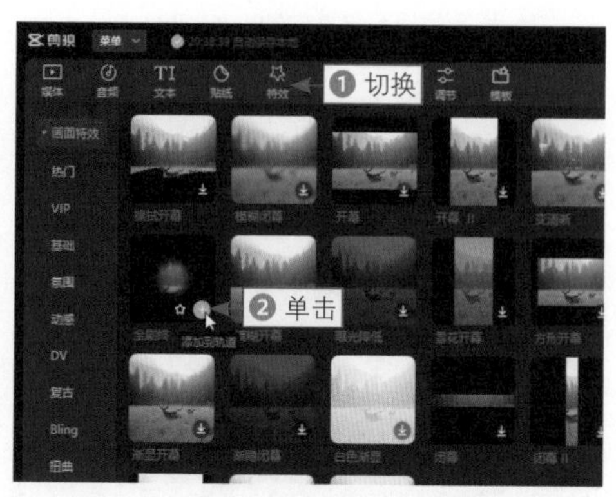

图 12-38　单击“添加到轨道”按钮（1）

步骤 11 ❶ 拖曳“图片 2”右侧的白色拉杆，将其时长调整为 00:00:04:00；❷ 调整“全剧终”特效的时长，使其结束位置对准“图片 2”的结束位置，如图 12-39 所示，完成素材和特效时长的调整。

步骤 12 拖曳时间轴至视频的起始位置，❶ 在“音频”功能区的“音乐素材”选项卡中搜索“父亲节纯音乐”；❷ 在搜索结果中单击相应音乐右下角的“添加到轨道”按钮，如图 12-40 所示，添加一段背景音乐。

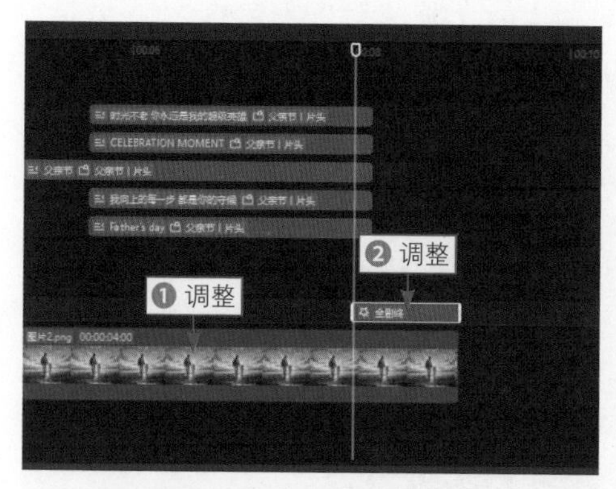

图 12-39　调整特效的时长

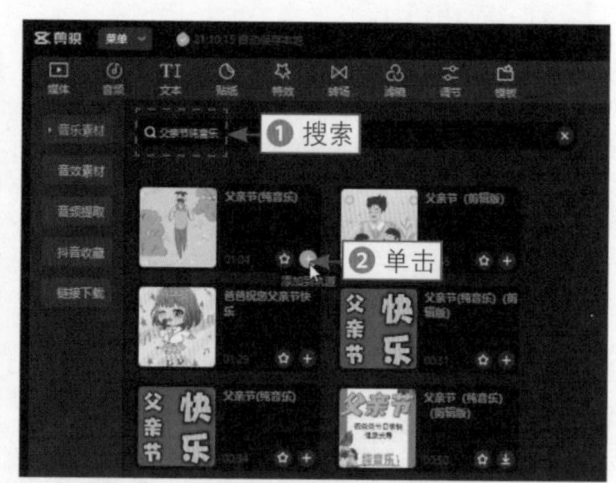

图 12-40　单击“添加到轨道”按钮（2）

步骤 13 ❶ 拖曳时间轴至视频的结束位置；❷ 单击“向右裁剪”按钮，如图 12-41 所示，即可自动分割并删除多余的背景音乐。

步骤 14 在“音频”操作区中，设置背景音乐的“淡入时长”参数为 1.0s、“淡出时长”参数为 1.0s，如图 12-42 所示，为音频添加淡入淡出效果，使音频的出现和结束变得更柔和，即可完成视频的编辑处理。

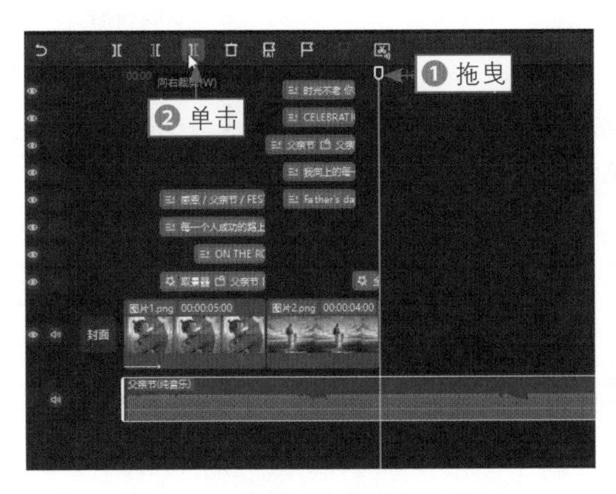

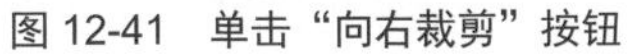
图 12-41　单击“向右裁剪”按钮

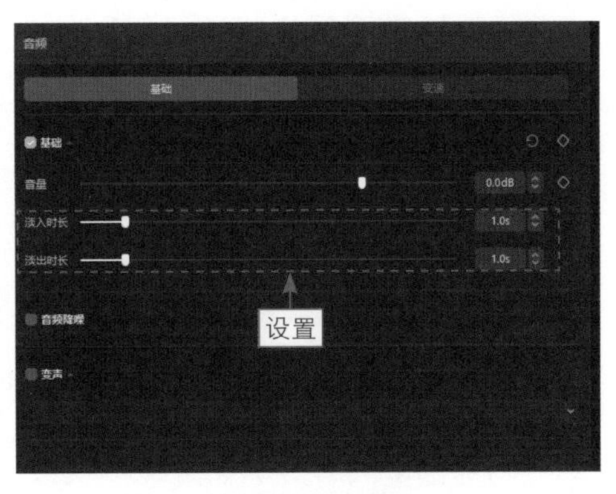

图 12-42　设置相应的参数（2）

12.3　视频生视频：《520纪念》

如果用户有拍视频记录生活的习惯，可以运用剪映电脑版的“模版”功能将平时拍摄的素材快速生成精美的视频。“模板”功能提供了不同画幅比例、片段数量、时长和主题的视频模板，用户只需要完成选择模板和导入素材两步，就能得到一个用自己素材生成的同款视频。

本节介绍在剪映电脑版中挑选合适的视频模板和导入素材生成视频进行视频生视频的具体操作方法。图 12-43 所示为《520 纪念》效果展示。

图 12-43　效果展示

12.3.1 挑选合适的视频模板

扫码看教程

为了让用户更省力、更精准地找到想要的视频模板，“模板”功能提供了多种挑选模板的方法，包括直接搜索模板主题 / 类型、设置基础筛选条件和主动推荐不同主题的模板 3 种。其中，搜索和筛选功能可以同时使用，从而帮助用户更快地找到合适的视频模板。

下面介绍挑选合适的视频模板的操作方法。

步骤 01 打开剪映电脑版，在首页左侧单击“模板”按钮，如图 12-44 所示。

步骤 02 执行操作后，进入“模板”面板，在搜索框中输入 520，如图 12-45 所示，按【Enter】键确认，即可搜索与 520 相关的视频模板。

步骤 03 ❶ 单击“画幅比例”右侧的下拉按钮；❷ 在弹出的列表框中选择“横屏”选项，如图 12-46 所示，即可在搜索结果中筛选出横屏的视频模板。

图 12-44　单击“模板”按钮

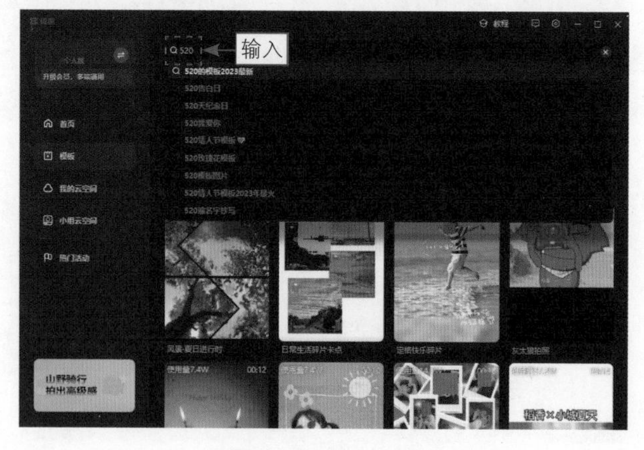

图 12-45　输入 520

图 12-46　选择“横屏”选项

步骤 04 用同样的方法，设置“片段数量”为 1 ～ 3，在搜索结果中选择合适的模板，预览模板效果，单击“使用模板”按钮，如图 12-47 所示，即可完成视频模板的挑选。

图 12-47　单击“使用模板”按钮

★ 专家提醒 ★

如果用户在剪映电脑版中登录了账号，在“模板”面板中会显示“收藏”和“已购”两个选项卡。用户在碰到喜欢的模板时，可以单击✿图标将其收藏起来，下次就可以直接在“收藏”选项卡中找到该模板。

另外，如果用户想对模板进行更多编辑，需要解锁模板的草稿，部分模板的草稿是需要付费或成为 VIP 会员才能解锁的。用户进行解锁后，可以在“已购”选项卡中查看和使用对应的模板。

12.3.2　导入素材生成视频

扫码看教程

有了合适的模板，用户只需导入对应的素材就能完成视频的生成。不过，用户在选择素材时，既要考虑素材的美观性，又要注意素材内容与模板主题的匹配度，尽量使用既好看又符合主题的素材，这样才能让生成的视频画面更好看、主题更突出。

下面介绍导入素材生成视频的操作方法。

步骤 01 稍等片刻，进入模板编辑界面，在视频轨道中单击第 1 段素材缩略图中的+按钮，如图 12-48 所示。

步骤 02 弹出“请选择媒体资源”对话框，❶ 选择相应的视频素材；❷ 单击“打开”按钮，如图 12-49 所示，即可将第 1 段素材导入视频轨道，并套用模板效果。

步骤 03 用同样的方法，导入剩下的两段素材，如图 12-50 所示，即可生成同款视频。

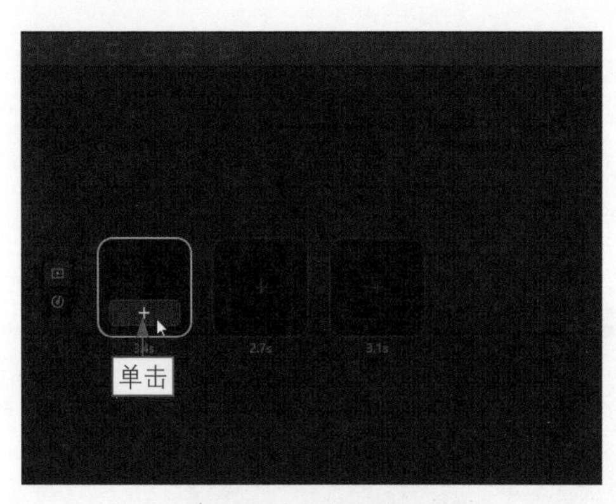

图 12-48　单击相应的按钮

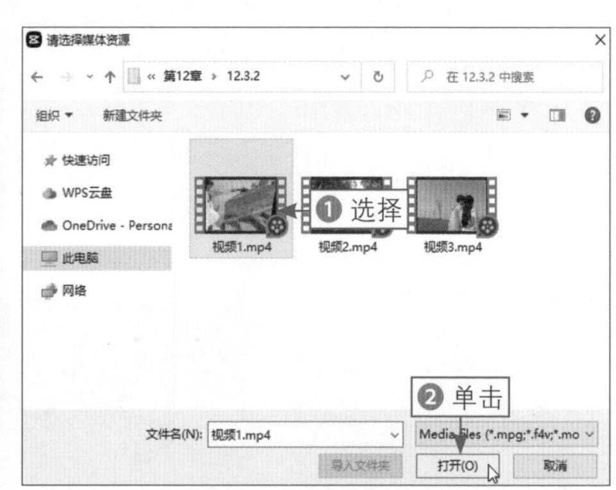

图 12-49　单击“打开”按钮

步骤 04 在模板编辑界面的右下角单击“完成”按钮，如图 12-51 所示，进入视频编辑界面，用户可以对视频的整体进行编辑。如果不需要任何编辑，可以在模板编辑界面或视频编辑界面的右上角单击“导出”按钮将其导出。

图 12-50　导入两段素材

图 12-51　单击“完成”按钮